全国高等职业教育
技能技术型人才培养规划教材

建筑设备

（土建类高职高专教育非建筑设备类专业用）

主　编　余　宁　严　莹
主　审　周序洋　张晓东

东南大学出版社
·南京·

内容提要

全书有八个单元，第1、2单元为建筑给排水工程，介绍了建筑给水系统、排水系统、热水供应系统和消防给水系统的分类、组成、方式，管网与主要设备的布置、敷设要求、建筑工地临时供水及管道的防腐、绝热与减振防噪等；第3、4、5单元为暖通工程，介绍了供热采暖系统、供燃气系统、通风系统和空气调节系统的类型、组成设备、工作过程、特点与适用范围，有关管道、设备布置的原则与安装要求，水暖施工图和通风与空调施工图的识读等；第6、7单元为建筑强电工程，介绍了建筑供配电系统、照明系统的组成，各种供、配电设备与室内照明布置、安装的要求，电力负荷等级，防雷、接地、安全用电和建筑施工现场的供配电等知识；第8单元为建筑弱电工程，主要介绍了电话通信系统、共用天线电视系统、火灾自动报警及消防联动系统、有线广播电视系统和综合布线系统的构成、工作原理及安装规范与要求。

本教材是根据江苏开放大学所确定的工学科土建类"建筑工程管理专业(专科)"人才培养方案的指导思想及要求，并经专家审定的课程指导性教学大纲来编写的。本书还可作为高职高专土建类施工与管理专业、工程造价专业教材使用，也可作为建筑技术管理施工人员的培训用书或参考书。

图书在版编目(CIP)数据

建筑设备/余宁，严莹主编. —南京：东南大学出版社，2015.12

全国高等职业教育技能技术型人才培养规划教材

ISBN 978-7-5641-6129-3

Ⅰ.①建… Ⅱ.①余… ②严… Ⅲ.①房屋建筑设备—高等职业教育—教材 Ⅳ.①TU8

中国版本图书馆CIP数据核字(2015)第263093号

建筑设备

主　　编	余　宁　严　莹	**责任编辑**	陈　跃
电　　话	(025)83795627/83362442(传真)	**电子邮件**	chenyue58@sohu.com
出版发行	东南大学出版社	**出 版 人**	江建中
地　　址	南京市四牌楼2号	**邮　　编**	210096
销售电话	(025)83794121/83795801		
网　　址	http://www.seupress.com	**电子邮箱**	press@seupress.com
经　　销	全国各地新华书店	**印　　刷**	南京雄州印刷有限公司
开　　本	787 mm×1 092 mm　1/16	**印　　张**	13.75
字　　数	352千		
版 印 次	2015年12月第1版　　2015年12月第1次印刷		
书　　号	ISBN 978-7-5641-6129-3		
定　　价	36.00元		

＊本社图书若有印装质量问题，请直接与营销部联系。电话：025-83791830

前 言

本教材《建筑设备》是土建类高职高专建筑工程管理专业的主要选修课程之一。其任务是通过本教材的学习，使学习者具有建筑给水与排水、消防、供热供燃气、通风与空气调节、建筑供配电、电气照明、防雷与接地、建筑弱电（电话通信系统、有线电视与闭路电视系统、消防与防盗监控系统等）设备工程的专业基本知识，以及掌握这些基本知识和技术所必备的基本理论，以便在从事建筑工程管理工作时，解决建筑工程施工管理、造价及监理工作中与建筑设备专业很好协调配合的问题，成为建筑工程管理专业的高素质中、高级专门人材。

本教材是根据江苏开放大学所确定的工学科土建类“建筑工程管理专业（专科）”人才培养方案的指导思想及要求，并经专家审定的课程指导性教学大纲来编写的。

全书有八个单元，第 1、2 单元为建筑给排水工程，介绍了建筑给水系统、排水系统、热水供应系统和消防给水系统的分类、组成、方式，管网与主要设备的布置、敷设要求、建筑工地临时供水及管道的防腐、绝热与减振防噪等；第 3、4、5 单元为暖通工程，介绍了供热采暖系统、供燃气系统、通风系统和空气调节系统的类型、组成设备、工作过程、特点与适用范围，有关管道、设备布置的原则与安装要求，水暖施工图和通风与空调施工图的识读等；第 6、7 单元为建筑强电工程，介绍了建筑供配电系统、照明系统的组成，各种供、配电设备与室内照明布置、安装的要求，电力负荷等级，防雷、接地、安全用电和建筑施工现场的供配电等知识；第 8 单元为建筑弱电工程，主要介绍了电话通信系统、共用天线电视系统、火灾自动报警及消防联动系统、有线广播电视系统和综合布线系统的构成、工作原理及有关的安装规范与要求。

本教材在符合专业人才培养方案及课程指导性教学大纲要求的知识点、能力点基础上，突出了专业的实用性与针对性，编写得简明扼要，较快地切入主题；各单元前写有学习内容与学习目标，单元后布置有相应的复习思考题，能够帮助学生掌握学习重点，加深内容理解，提高学生分析问题、解决问题的能力；论述上考虑适当的深度，做到层次分明，重点突出，使知识易于学习掌握。为方便教学，本教材各单元还配有适用的教学课件PPT，在江苏开放大学学习平台里还有本课程的学习主页。

本教材由江苏开放大学余宁、严莹担任主编，江苏城市职业学院周序洋教授、张晓东高级工程师担任主审。江苏开放大学余宁编写了绪论、第4～8单元，严莹编写了第1～3单元。

限于编者水平，教材中难免有不妥或错误之处，恳请读者提出宝贵意见或指正。

编者

2015年12月

目　录

0 绪论

0.1 课程的性质与内容

“建筑设备”课程是土建类建筑工程管理专业的主要选修课程之一，其内容主要有四个部分：建筑给水与排水工程，建筑采暖、通风与空气调节工程，建筑供配电与照明工程，建筑弱电工程等。

1. 建筑给水与排水工程(简称建筑给排水工程)

此项内容主要介绍了建筑给水系统、排水系统、热水供应系统和消防给水系统的分类、组成、方式，管网与主要设备的布置、敷设要求、建筑工地临时供水及管道的防腐、绝热与减振防噪等。

2. 建筑采暖、通风与空气调节工程(简称建筑暖通工程)

此项内容主要介绍了供热采暖系统、供燃气系统、通风系统和空气调节系统的类型、组成设备、工作过程、特点与适用范围，有关管道、设备布置的原则与安装要求，水暖施工图和通风与空调施工图的识读等。

3. 建筑供配电与照明工程(属于建筑强电工程)

此项内容主要介绍了建筑供配电系统、照明系统的组成，各种供、配电设备与室内照明布置、安装的要求，电力负荷等级，防雷、接地、安全用电和建筑施工现场的供配电等知识。强电工程是指进行电力能源提供、电能转换(如空调用电、照明用电、动力用电等)的系统工程，具有电压高、功率大、频率低(如交流220 V、50 Hz及以上的建筑用电)特点。

4. 建筑弱电与消防电气控制工程(归属建筑弱电工程)

主要介绍了电话通信系统、共用天线电视系统、火灾自动报警及消防联动系统、有线广播电视系统和综合布线系统的构成、工作原理及安装规范与要求。弱电工程是指进行信息信号采集、传输、处理、控制的系统工程，具有电压低、电流小、功率小、频率高特点。

0.2 学习本课程的目的与任务

概括地讲，建筑设备通常是指保障建筑物正常、安全使用，并提高建筑物使用效能所需的各种基本设备，它包括建筑给、排水与卫生、消防设备，建筑通风与空调设备，建筑供气、供热与采暖设备，建筑供、配电与电气照明设备，电梯设备，电话、电视、网络、消防与防盗监控、报警等弱电系统设备等，是现代建筑中不可缺少的重要工程。

建筑设备不仅影响着建筑物的使用效能，而且还影响着社会生产和生活。如为了保证生产，保证某些产品的生产质量或满足工艺过程中的要求，不仅需要有合适的供配电，而且可能要提供恒温、恒湿和洁净的生产环境；为改善人们劳动生产条件，需要创造良好的光照环境和采暖、通风、空调等防冷防冻、防暑降温、除尘排毒的劳动环境，使人能在安全、舒适而又高效的环境中从事工作；现代智能建筑所安装的通信网络、办公自动化、建筑设备监控、安全防范、火灾自动报警及联动控制、建筑物业管理等系统使人们在建筑物中工作、生活的环境、效率达到前所未有的程度。

建筑设备工程的有关基本知识是从事现代建筑工程管理（包括工程预算、施工组织、建筑装饰等）工作的工程技术人员必备的知识。对于从事工程造价的人员，主要关注建筑设备工程的施工图识读、施工方案、施工流程、施工工艺的规范要求，设备、材料、施工机械与机具的合理选用与工程量计算的知识；对于从事建筑装饰的人员，主要关注建筑设备工程的施工图识读，建筑设备和管道的施工流程、布置要求以及与建筑物的关系；而对于从事建筑工程管理的人员，则应具备建筑设备工程施工图的识读能力，熟悉各建筑设备安装的工艺流程、施工要求，熟悉工程与建筑主体施工工程、建筑装饰工程的关联关系和协调配合要求。

1. 本课程学习的目的

使学习者在从事建筑工程管理工作时，具有建筑设备工程的基本知识，以及掌握这些基本知识和技术所必备的基本理论，以解决建筑施工、管理及工程预算、工程监理工作中与建筑设备专业很好协调配合的问题。

2. “建筑设备”课程学习的基本任务

使学习者了解建筑给水系统、排水系统、建筑消防给水系统、热水供应系统、建筑中水系统的类型、组成，理解各类系统的使用特点，掌握设备、管道的布置原则与要求，掌握建筑工地临时供水基本设计计算与要求；了解供热采暖、燃气供应、通风与空调等系统的类型、组成、特点；掌握设备与管道的布置规范要求；了解建筑供、配电系统的组成，各种供、配电设备的构造，电力负荷等级，防雷、接地及安全用电等知识，掌握施工现场临时用电的基本知识与要求及临时供电的基本设计；了解电气照明工程的基本知识，理解室内照明布置、安装有关的技术规范与要求；了解建筑弱电工程的系统构成及安装规范与要求。

0.3 建筑设备技术发展的概况和方向

建筑设备工程在新中国成立前，因科技落后，没有形成专门的学科，建筑设备安装也不成行业，具有的采暖通风、给排水和电气照明设施只是一些旧式的传统装置，附属于土木建筑工程之中。新中国成立前的一段时期，在哈尔滨、天津、上海等较发达的大、中城市中，那些供贵族、帝国列强享乐的租界洋房中，建筑设备工程的设施和技术也大多掌握在外国人手中，较大的建筑设备工程是由外国的“洋行”和买办承包商所经营。我国那时的安装技术大多停留在手工业、作坊式的安装和维护修理水平上。

新中国诞生后，国民经济快速恢复，基本建设得到大规模发展。自1952年起开设了建筑设备这个新的学科，建造了供热空调工程设备器材制造厂，在建筑企业中组成了“水、电设备安装公司”，之后又成立了各省、各部门的“工业设备安装公司”。经过第一个、第二个五年计划(1953～1962年)的10年基本建设，国家形成了较完善的基础工业体系，建筑设备安装队伍也初具规模，暖通空调、建筑电气工程的理论与技术都有了很大发展。例如，1959年完成的首都10大建筑之一的人民大会堂，建筑面积达17万 m^2，仅用10个月建成。全部建筑中，有完善的采暖通风空调设施。其中通风管道总长度达260 km之多。该工程设计、施工、材料供应均自力更生，工期短，速度快，设备复杂，多工种交错施工，其工程技术与质量代表了我国20世纪60年代初的建筑安装技术水平。

20世纪80年代，随着我国经济的改革，对外的开放，开创了我国经济建设的新纪元，建筑设备技术也迅猛发展，大量国外引进的先进技术，不仅被安装企业吸收、消化、掌握和推广，而且有的技术还有了新的发展。现在，全国各省及大、中城市的安装公司，不仅能承担本地区和其他地区的安装任务，而且还能走出国门承揽国际安装业务，成为跨地区、跨行业的集团公司或跨国企业公司。这些企业集团公司，除承担安装工程外，还附有加工厂或预制厂，暖通产品销往世界各地。目前能够承担国家重点工程、引进工程、城镇安装工程以及国外安装工程的大型安装公司已达上千家，有数百万技术专业职工队伍。我国的建筑设备科学技术已走向世界。现代建筑设备工程技术的发展，已是：

(1) 现代高新技术广泛应用。如在智能建筑中广泛应用了数字通信技术、控制技术、计算机网络技术、数字视频技术、光纤通信技术、智能传感技术、数据库技术及物联网技术等，构成了各类智能化子系统。拿建筑设备监控系统来讲，它是通过中央计算机系统的网络将分布在各监控现场的区域智能分站连接起来，以分层分布式控制结构来完成集中操作和分散控制的综合监控系统，使建筑物内的所有设备处于高效、节能的最佳运行状态。再如办公自动化系统，它是由一个计算机网络与数据库技术结合的系统，利用计算机多媒体技术，提供集文字、声音、图像为一体的图文式办公手段，为各种行政、经营的管理与决策提供统计、规划、预测支持，实现信息库资源共享与高效的业务处理，实现无纸化办公。

(2) 新材料、新产品、新工艺快速发展，在暖通工程中引起了许多技术改革。例如采用钢塑管、铝塑管和铜塑管取代镀锌钢管作为热水供应管和采暖输送管，具有重量轻、耐腐蚀、易施工、好布置的优点；变速电动机和低扬程、小流量特性的水泵新产品，供水供暖系统运行得到合理的改善；国外开始采用的被动式太阳能采暖及降温装置，为暖通空调技术提供了新型冷源和热源；低温地板采暖和地下水采暖不仅节省能源、运行效率高，而且使采暖更接近自然、卫生、不占空间、不影响室内美化。

(3) 工程设备安装工艺朝工厂化、装配化方向发展，不仅提高、保证了施工质量，而且大大加快了施工速度，获得了良好的经济效果。例如，通风空调管道工厂化施工，是把管道施工分成预制组装和现场安装两个相互独立的过程来完成。在预制加工厂中，按车间、工段集中、大量地对各种管件、风管、阀件进行加工组装，以实现生产过程的机械化和自动化。在这方面，国外已使用电子计算机控制管道、管件、阀件自动加工预制的系统，使管道的预制加工实现全盘自动化。加工预制完毕后，对预制组装的管道、管件及阀件进行编号、分批运往施工现场，吊装就位连接后，再进行调试，测定后即可进行运行。再如整体保温管生产的工厂化进程，从根本上改变了原有热力管道的安装方法，使热力管道的施工技术有了一个质的飞跃。

为了与建筑设备工程技术的发展要求相适应，其设计、施工、安装的技术标准、规范也得到多次修订和逐步完善。国家从1955年起，建筑工程部先后制定出我国各种建筑工程、材料、设备产品等的质量标准、通用规格、设计规范和施工安装验收规范。20世纪70年代，随着基本建设迅速发展，各产业部根据本系统工程建设实践的需要，分别制定出适应本系统工程建设需要的技术标准和规范。如“GB”代表的国家标准；“YB”代表的原冶金部部颁标准，“JB”代表的原机械工业部部颁标准等，极大地丰富和完善了我国基本建设工作的技术政策，并促进了基建战线的发展和技术进步。20世纪80年代，随着我国经济体制改革带来的计划经济向市场经济的转变，建筑市场已打破了过去按地区按行业承建工程的封闭机制，使原有适用于各特定部门或系统的技术标准和规范不能完全适应新的发展形势需要。为此我国在20世纪80年代、21世纪初和近几年先后多次重新修订或统一了各个专业的技术标准和施工规范，如《建筑工程施工质量验收统一标准》(GB50300—2001和GB50300—2014)、《机械设备安装工程施工及验收通用规范》(GB50231—98和GB50231—2009)、《采暖通风与空气调节设计规范》(GB50019—2003)和《民用建筑采暖通风与空气调节设计规范》(GB50736—2012)、《供热工程制图标准》(CJJ/T78—97和CJJ/T78—2010)、《建筑给水排水及采暖工程施工质量验收规范》(GB50242—2002)、《通风与空调工程施工质量验收规范》修订版(GB50243—2014)、《给水排水管道工程施工及验收规范》(GB50268—2008)、《建筑电气工程施工质量验收规范》(GB50303—2013)、《智能建筑工程质量验收规范》(GB50339—2013)等。这些“规范”和“标准”是法令性文件，所有安装企业和其他企事业单位、工程技术人员和工人都必须严格遵守。

0.4 本课程的特点与学习方法

“建筑设备”是一门专业性与实践性很强的课程，且内容多、范围广。如本课程的建筑暖通工程部分，不仅介绍了建筑供热采暖，通风与空调系统的类型、组成、工作原理及特点，而且还讲述了系统设备与管道的布置、安装、调试、调节、维护、管理等方面的知识。为此在教与学的过程中，应注意如下的学习方法与要求。

1. 书本知识与实践、实际的紧密结合

本课程内容专业性很强，所讲的系统设备也都是建筑设备工程上应用常见的实际东西。为此学习者应注意课程内容与实际工程的紧密结合，真正熟悉了解建筑设备工程安装施工的全过程和有关的规范要求，真正了解设备工程与土建工程、装饰工程之间的紧密联系与配合关系。

2. 在学好课本教材内容的基础上，更应注意本课程其他媒体资源(如课程网上资源、教学课件PPT和其他相关参考书)的学习

为了帮助学习者的自主学习，本课程在江苏开放大学主页的学习平台中，建有(建筑工程管理专业的)本课程建筑设备的网上学习资源(不仅有完整的课程教学视频、教学PPT，还有很好的课程学习导航与自测练习、考核作业等)，适用于江苏开放大学注册学员的学

习;随课本教材的课件光盘(有适用的教学课件 PPT、教学大纲和自测练习等),可方便教师与学生的教与学;另还应看一些相关的参考书(如本书后面所列的一些参考文献),这样才能见多识广,对问题有更细、更深、更宽的了解。

3. 注意专业技术标准和规范的学习与熟悉

建筑设备方面的专业技术标准和规范在工程建设中的贯彻应用,构成了具有我国特色、符合我国国情的建筑工程应用技术体系。学习并掌握这技术体系是从事建筑设备工程事业的科技人员必备的基本知识之一。同时应看到,对外开放,加入 WTO,已使我国的建筑设备技术市场与国际市场接轨,并将融为一体。为此,学习和熟悉我国和有关国家的技术标准和规范,也是我们的重要任务。

第 1 单元

建筑给水工程

◇ 学习内容

主要讲述建筑给水系统的分类、组成、给水方式，主要管材、附件与设备，室内给水管网的布置与敷设要求，建筑消防给水系统、热水供应系统和建筑工地临时供水的类型、组成及计算、布置、敷设要求。

◇ 学习目标

1. 了解建筑给水系统的分类和组成，建筑给水系统的供水方式，高层建筑室内给水系统，给水水质及其防止水质污染的措施；

2. 熟悉室内给水管道的常用材料附件及设备的使用特点；

3. 掌握室内给水管网的布置与敷设要求，给水管道的防冻、防腐、防结露与防噪声措施；

4. 熟悉室内消防给水系统组成及设置要求；

5. 了解室内热水供应系统的组成和分类、室内热水的制备、储存设备及主要附件、太阳能热水器；

6. 了解建筑工地临时供水系统的组成，熟悉临时供水管网的布置、敷设与设计要求。

1.1 室内给水系统

室内给水系统的任务，就是在保证用水安全可靠的前提下，经济合理地将水由室外给水管网输送到装设在室内的各种配水龙头、生产用水设备或消防设备等用水处，满足用户对水质、水量、水压的不同要求。

1.1.1 室内给水系统的分类和组成

1. 室内给水系统的分类

室内给水系统根据用途的不同一般可分为三类。

(1) 生活给水系统　为民用建筑和工业建筑内的饮用、烹调、盥洗、洗涤、淋浴等日常生活用水所设的给水系统称为生活给水系统，其水质必须严格符合国家规定的饮用水水质标准。

(2) 生产给水系统　为工业、企业生产方面用水所设的给水系统称为生产给水系统。生产用水对水质、水量、水压的要求因生产工艺不同而有所差异。

(3) 消防给水系统　为建筑物扑灭火灾用水而设置的给水系统称为消防给水系统。消防给水系统对水质的要求不高，但必须根据建筑设计防火规范的要求保证足够的水量和水压。

这三种系统可以分别设置，也可以组成共用系统，如生活—生产—消防共用系统、生活—消防共用系统、生产—消防共用系统等。

2. 室内给水系统的组成

室内给水系统一般由以下部分组成，详见图 1.1。

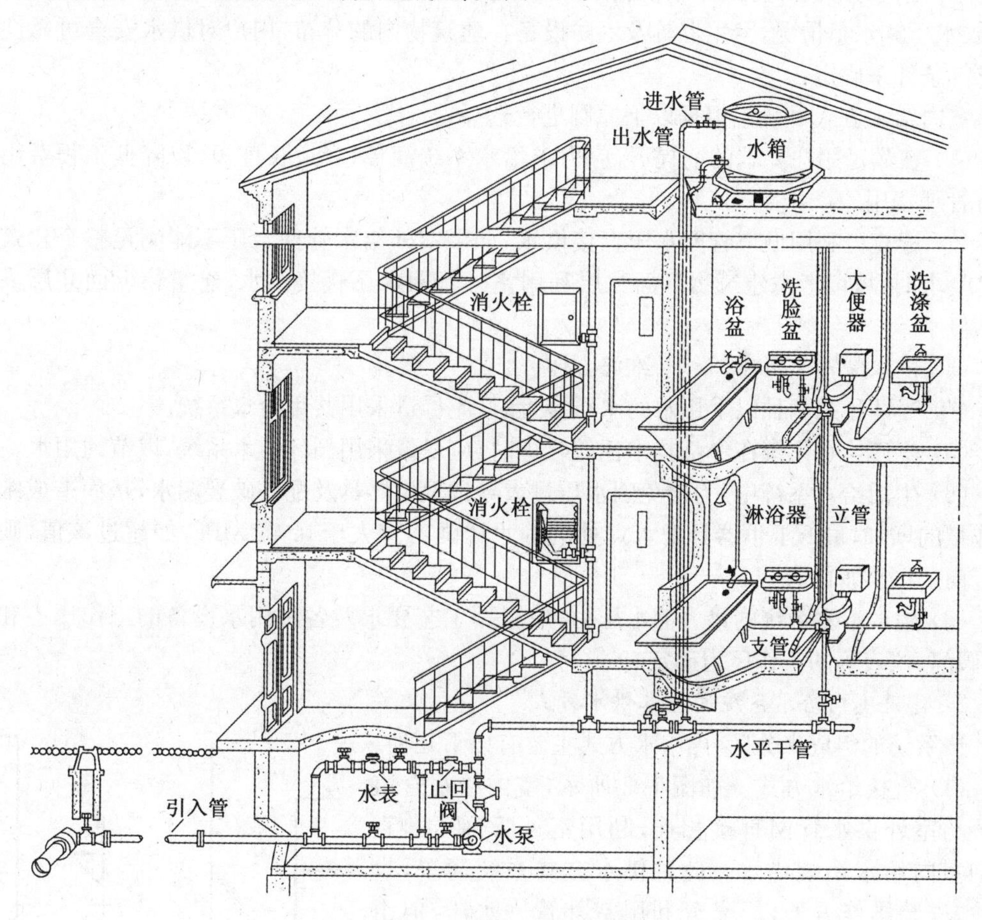

图 1.1　建筑室内给水系统

(1) 引入管　引入管是市政给水管网和建筑内部给水管网之间的连接管道，又称进户管。其作用是将水从从市政给水管网引入建筑内部给水系统。

(2) 水表节点　水表节点是指引入管上装设的水表及其前后设置的阀门及泄水装置等的总称。阀门用于水表检修、更换时关闭管路；泄水阀用于系统检修时排空之用；止回阀用于防止水流倒流；水表用来计量建筑物内的总用水量。

(3) 给水管网　指建筑内给水水平干管、立管和横支管。

(4) 给水附件　为了便于取用、调节和检修，在给水管路上设置的各种给水附件，例如管路上各种阀门、水龙头等。

(5) 增压和贮水设备　当室外给水管网水压不足或室内对安全供水和稳定水压有要求时，需要设置各种附属设备，例如水泵、水箱、水池、气压给水装置、贮水设备等。

(6) 室内消防设备　根据《建筑设计防火规范》的要求，需要设置室内消防给水时，一般应设消火栓。有特殊要求时，可另外专门设置自动喷水灭火系统、水幕消防系统等。

1.1.2 建筑给水系统的供水方式

1. 室内给水方式的选择

室内给水方式的选择，必须依据用户对水质、水压和水量的要求，室外管网所能提供的水质、水压和水量情况，卫生器具及消防设备在建筑物内的分布，用户对供水安全可靠性的要求等条件来确定。

室内给水方式一般应根据以下原则进行选择：

(1) 在满足用户要求的前提下，应力求给水系统简单、管道长度短，以降低工程费用及运行管理费用。

(2) 应充分利用城市管网水压直接供水，如果室外给水管网水压不能满足整个建筑物用水要求时，可以考虑建筑物下面数层利用室外管网水压直接供水，建筑物上面几层采用加压供水。

(3) 供水应安全可靠，管理、维修方便。

(4) 当两种及两种以上用水的水质接近时，应尽量采用共用给水系统。

(5) 生产给水系统在经济技术比较合理时，应尽量采用循环给水系统，以节约用水。

(6) 生活给水系统中，为避免因水压过大导致卫生器具及配件破裂漏水，从而造成维修工作量的增加，最低卫生器具配水点处的静水压强不宜大于 0.45 MPa，如超过该值，则采用竖向分区供水的方式。

(7) 生产给水系统的最大静水压力，应根据工艺要求及各种用水设备的工作压力和管道、阀门、仪表等的工作压力确定。

2. 建筑室内给水系统的基本供水方式

按系统的组成来分，室内给水方式主要有以下几种。

(1) 直接给水方式　如图 1.2 所示，室内给水管道系统与室外供水管网直接相连，利用室外管网压力直接向室内给水系统供水。此种供水方式系统简单，投资少，安装维修方便，能充分利用室外管网水压，但由于系统内部无贮备水量，因此其供水可靠性受室外管网影响较大。

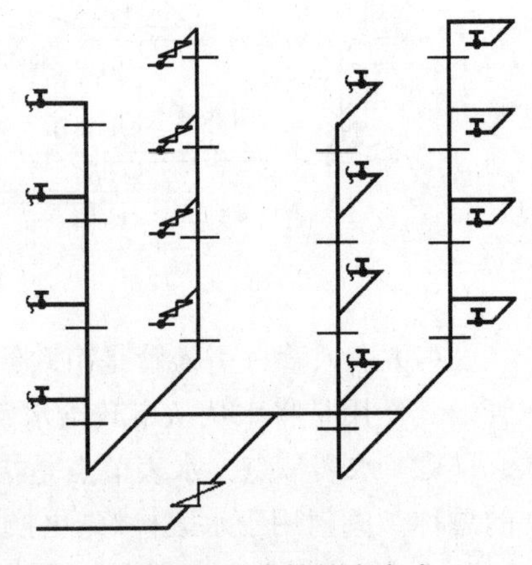

图 1.2　直接给水方式

直接给水方式适用于室外管网水量和水压充足，能够全天保证室内用户的用水要求的地区。当室外管网压力超过室内用水设备允许压力时应设置减压阀。

(2) 单设水箱的给水方式　如图 1.3 所示，建筑物内部设有管道系统和屋顶水箱(亦称高位水箱),室内给水系统与室外给水管网直接连接。当室外管网水压能够满足室内用水需要时,则由室外管网直接向室内管网供水,并向水箱充水,以贮备一定水量。当用水高峰时,室外管网压力不足,则由水箱向室内系统补充供水。为了防止水箱中的水回流至室外管网,在引入管上要设置止回阀。

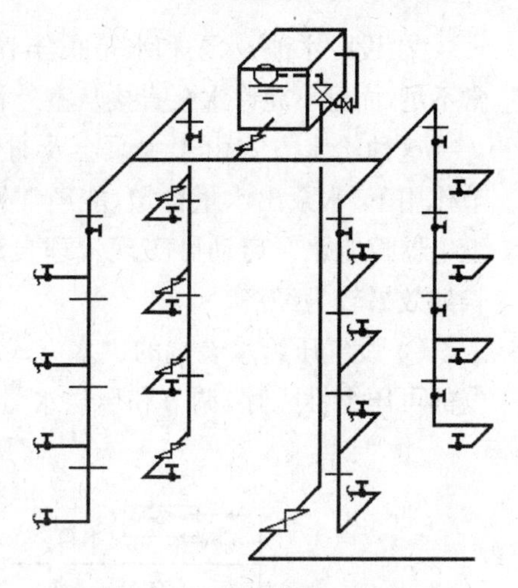
图1.3　单设水箱的给水方式

这种给水方式系统比较简单,投资较省;充分利用室外管网压力供水,节省电耗;系统具有一定的贮备水量,供水的安全可靠性较好。但高位水箱的设置增加了建筑物结构荷载。

设有水箱的给水方式,适用于室外管网的水压周期性不足,及室内用水要求水压稳定并且允许设置水箱的建筑物。

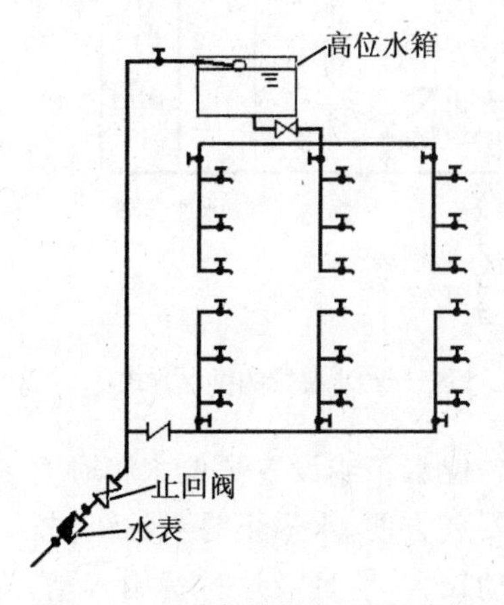

图1.4　上层水箱供水、下层直接供水的给水方式

在室外管网水压周期性不足的多层建筑中,为减小水箱的容积,可采用如图1.4所示的给水方式,即建筑物上面几层采用有水箱的给水方式,下面几层则由室外管网直接供水。

(3) 设置贮水、升压设备的给水方式

① 设有水泵的给水方式　如图1.5所示,当室外管网水压经常不足且室内用水量较为均匀时,可利用水泵进行加压后向室内给水系统供水。为避免因水泵直接从室外管网吸水而造成室外管网压力大幅度波动,不允许水泵直接从室外管网吸水,为此必须设置断流水池。图1.6为水泵从断流水池吸水示意图。断流水池可以兼作贮水池使用,从而增加了供水的安全性。

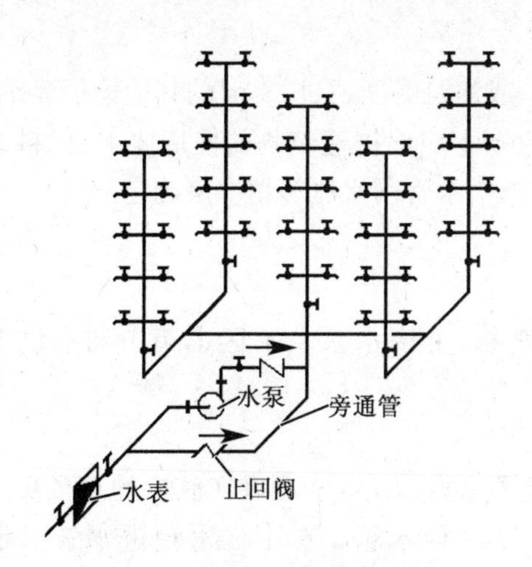

图1.5　设有水泵的给水方式

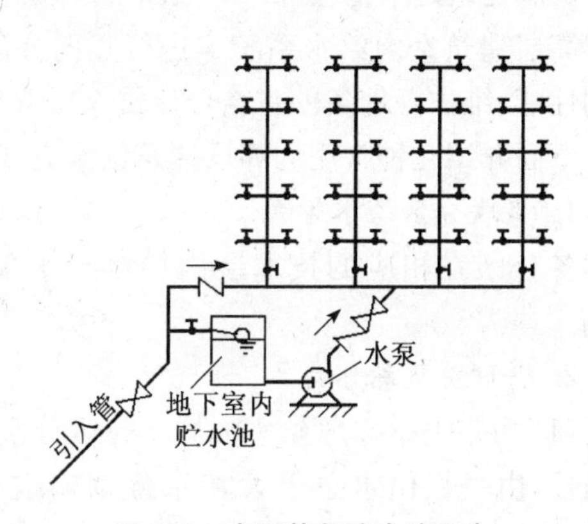

图1.6　水泵从断流水池吸水

② 设贮水池、水泵和水箱联合工作的给水方式　如图 1.7 所示，当室外给水管网水压经常不足，而且不允许水泵直接从室外管网吸水和室内用水不均匀时，常采用该种供水方式。

这种给水方式由于水泵会及时向水箱充水，使得水箱容积大为减小；同时在水箱的调节作用下，水泵出水量稳定，能经常处在高效率下工作，节省电耗。通过高位水箱上的水位继电器控制水泵启动可实现管理自动化。该方式供水安全可靠，虽然设备费用较高，但其长期效果较为经济。

③ 设气压给水装置的供水方式　如图 1.8 所示，气压给水装置是利用密闭压力罐内空气的可压缩性贮存、调节和压送水量的给水装置，其作用相当于高位水箱和水塔。

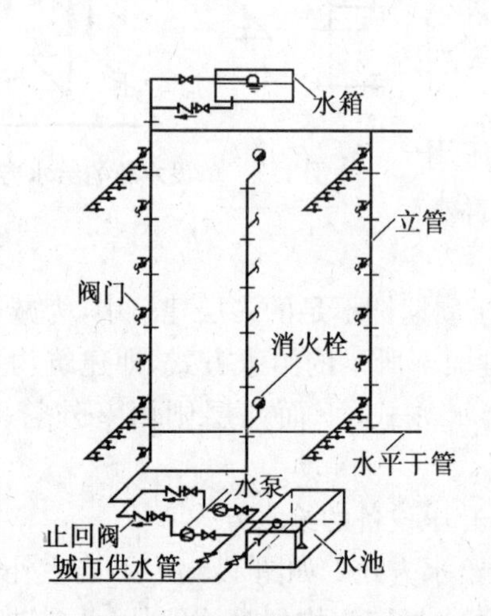

图 1.7　设贮水池、水泵和水箱联合工作的给水方式

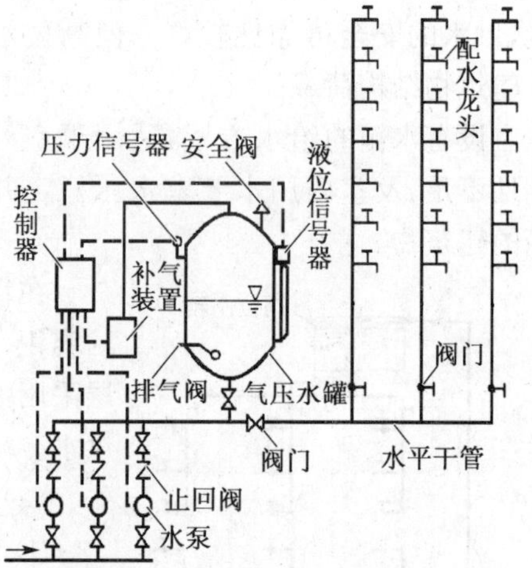

图 1.8　设气压给水装置的供水方式

这种给水方式适用于室外管网水压经常不足，不宜设置高位水箱或设置高位水箱确有困难的建筑。该供水系统设备可设在建筑物的任何高度上，安装方便，水质不易受污染，投资省，建设周期短，便于实现自动化等。但由于给水压力变动较大，管理及运行费用较高，供水安全性较差。

1.1.3　高层建筑室内给水系统

高层建筑是指 10 层及 10 层以上的住宅建筑或建筑高度超过 24 m 的其他民用建筑等。

高层建筑室内给水系统应进行竖向分区，原则上应根据建筑物的使用要求、材料及设备的性能、维护管理条件并结合建筑物层数和室外给水管网水压等情况来确定。

下面介绍几种常用的高层建筑给水方式。

1. 串联分区给水方式

各分区在相应的技术层内均设有水泵和水箱，上区水泵从下区水箱中抽水供上区使用。

2. 并联分区给水方式

(1) 并联分区单管给水方式　各区分别设有高位水箱，给水经设在底层的总泵房统一加压后，由一根供水总干管将水分别输送至各区高位水箱。在下区水箱进水管上设减压阀。

(2) 并联分区平行给水方式 各分区水泵集中设置在建筑物底层的总泵房内，各区水泵与水箱设独立管道连接，各区由水泵和水箱联合工作供水。

3. 减压给水方式

建筑物的用水由设置在底层的水泵加压，输送至最高层水箱，再由此水箱依次向下区供水，并通过各区水箱或减压阀减压。

4. 分区无水箱给水方式

各分区设置单独的供水水泵，水泵集中设置在建筑物底层的水泵房内，分别向各区管网供水。

1.1.4 给水水质及其防止水质污染的措施

1. 给水水质

水是人们日常生活及生产过程中必备的物资。生活饮用水的水质应符合现行的《生活饮用水卫生标准》的国家标准要求。生产用水水质因生产的性质不同而差异较大，应按生产工艺要求来确定。消防用水对水质一般无具体要求。

2. 防止水质污染的措施

为了确保用水水质，在设计、施工、管理中要有防止水质污染的措施。

(1) 饮用水管道不得因回流而被污染。《建筑给排水设计规范》(GB50015—2010)规定：给水管配水出口不得被任何液体或杂质所淹没，且应高出用水设备最高水位，最小空气间隙不得小于配水出口处给水管外径的2.5倍。特殊器具和生产用水设备不可能设置最小空气间隙时，应设置防污隔断器或采取其他有效的隔断措施。

(2) 生活饮用水管道不得与非饮用水管道连接。必须连接时应在连接处设防污染的双止回阀，并应保证饮用水管道压力经常高于其他管道压力。各单位自备生活饮用水水源时，也不得与城市给水管网直接相连，而应设贮水池、水箱或水塔进行隔断。

(3) 水箱溢流管不得与排水系统直接连接，必须采用间接排水。

(4) 选用管材及配件时，要防止因材料腐蚀、溶解而污染水质。施工安装时，要保证工程质量，避免外界对水质的污染。

(5) 生活、消防合用的水箱(池)，应有防止水质变坏的措施。

(6) 生活饮用水管道应避开毒物污染区，当受条件限制时，应采取防护措施。埋地生活饮用水贮水池与化粪池的净距，不得小于10 m。

1.2 室内给水系统的管材、附件及设备

1.2.1 室内给水管道的常用材料

室内给水常用管材有钢管、给水铸铁管、铜管、塑料管、复合管等。

1. 钢管

室内给水常用的钢管有焊接钢管、无缝钢管两种。焊接钢管又分为镀锌钢管(白铁管)和不镀锌钢管(黑铁管)。

钢管具有强度高、承受内压力大、抗振性能好、重量比铸铁管轻、接头少、内外表面光滑、容易加工和安装等优点。但抗腐蚀性能差,造价较高。

钢管的连接方法有螺纹连接、法兰连接、焊接、卡箍连接等几种。

2. 螺纹连接的配件

连接图如图1.9所示。

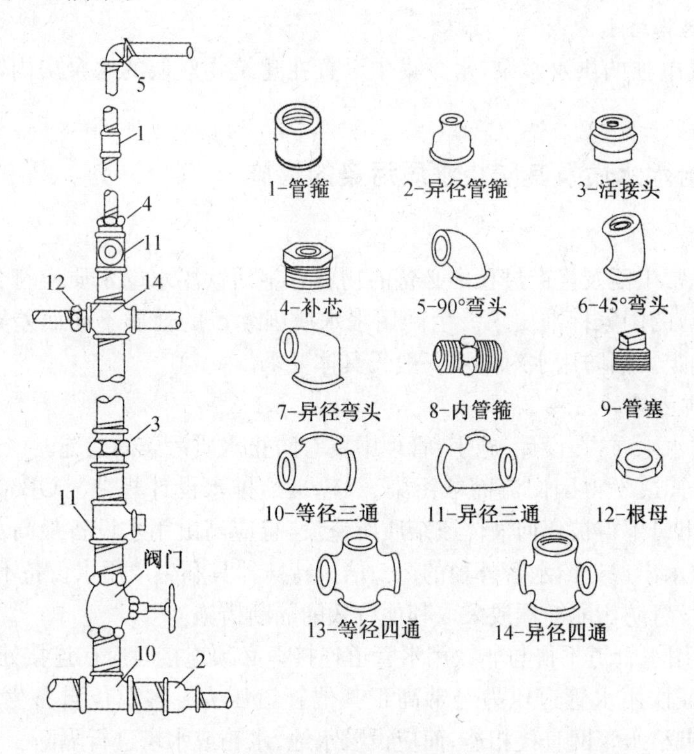

图1.9 螺纹连接配件

3. 给水铸铁管

给水铸铁管按其材质分为球墨铸铁管和普通灰口铸铁管,按其浇注形式分为砂型离心铸铁直管和连续铸铁直管。铸铁管耐腐蚀性强、使用寿命长、价格较低,但其材质较脆、重量大。一般适用于作埋地管道,多采用承插方式连接,连接阀门等处常采用法兰盘连接。

4. 铜管

铜管具有耐腐蚀、卫生条件好的特点,且光亮美观、豪华气派,并配有成套的连接配件、阀门等。但其价格较高,在我国多用于装修级别较高的宾馆、酒店等建筑内。铜管一般采用螺纹卡套压接或焊接。

5. 塑料管

我国生产的塑料管材有:聚氯乙烯管(PVC管)、聚乙烯管(PE管)、聚丙烯管(PP管)、ABS管等,目前用得最多的有硬聚氯乙烯塑料管、聚丙烯塑料管等。

塑料管具有良好的化学稳定性,耐腐蚀、不受酸、碱、盐和油类等介质的侵蚀,物理机械性能好,无不良气味,质轻而坚,运输安装方便、管壁光滑、水流阻力小、容易切割并可制成各种颜色。但其强度较低,耐久性能较差。塑料管常用连接方法有:螺纹连接、焊接、法兰连接、承插连接和黏接等方法。

6. 复合管

建筑给水系统常用的复合管有钢塑复合管和铝塑复合管。

钢塑复合管有衬塑和涂塑两类，并有相应的配件和附件。它兼有钢管强度高和塑料管耐腐蚀、水质保持性好的特点。钢塑复合管一般采用螺纹连接。

铝塑复合管是中间以铝合金为骨架，内外壁均为聚乙烯等塑料的管道。除具有塑料管的优点以外，还兼具耐压强度好、耐热、可绕曲、接口少、安装方便、美观等优点。多用于建筑给水系统的分支管，一般采用螺纹卡套压接。

1.2.2　室内给水用附件

1. 配水用附件

配水附件用以调节和分配水流量，如装设在卫生器具及用水点的各式水龙头等。常用配水附件如图 1.10 所示。

（1）截止阀式配水龙头　装设在洗脸盆、污水盆、盥洗槽上的水龙头均属此类。水流经过此类水龙头因改变流向，故压力损失较大。

（2）旋塞式配水龙头　该龙头旋转 90°即完全开启，可在短时间内获得较大的流量，由于水流呈直线通过，其阻力较小。缺点是启闭迅速时易产生水锤，适用于浴池、洗衣房、开水间等处。

（3）混合配水龙头　用以调节冷、热水的温度，如盥洗、洗涤、浴用热水等。这种配水龙头的式样较多，可结合实际选用。

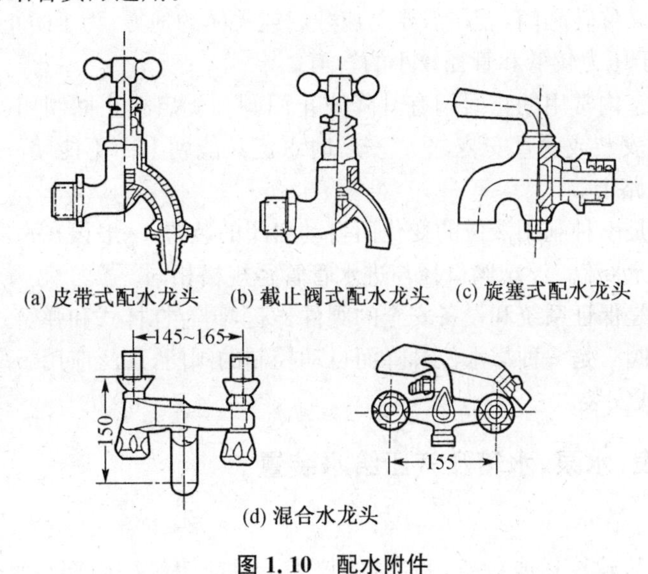

(a) 皮带式配水龙头　(b) 截止阀式配水龙头　(c) 旋塞式配水龙头

(d) 混合水龙头

图 1.10　配水附件

除上述配水龙头外，还有小便器角形水龙头、皮带水龙头、电子自控水龙头等。

2. 控制附件

控制附件用来调节水量和水压，关断水流等。几种控制附件如图 1.11 所示。

（1）闸阀　该阀全开时水流呈直线通过，因而压力损失小。但水中杂质沉积阀座时，阀板关闭不严，易产生漏水现象。管径大于 50 mm 或双向流动的管段上宜采用闸阀。常用于只需开、关的管路中。

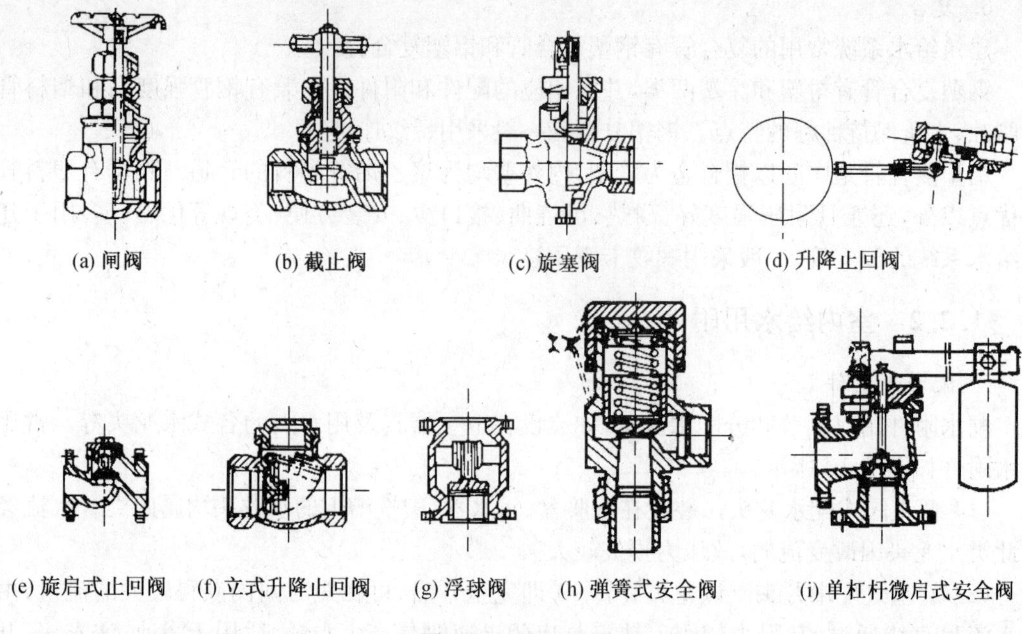

图 1.11 控制附件

(2) 截止阀　该阀关闭严密,但水流阻力较大,用于管径小于或等于 50 mm 和经常启闭的管段上。

(3) 旋塞阀　又称转心门,装在需要迅速开启或关闭的地方,为了防止因迅速关断水流而引起水击,常用于压力较低和管径较小的管道。

(4) 止回阀　室内常用的止回阀有升降式止回阀和旋启式止回阀,其阻力均较大。旋启式止回阀可水平安装或垂直安装,垂直安装时水流只能朝上而不能朝下。升降式止回阀只能安装在水平管路上。

(5) 浮球阀　是一种利用液位的变化而自动启闭的装置,一般设在水箱、水池的进水管上,用以开启或切断水流。浮球阀口径与进水管管径规格相同。

(6) 安全阀　是保证系统和设备安全的阀件,安全阀有杠杆式和弹簧式两种。

(7) 液位控制阀　是一种靠水位升降而自动控制的阀门,广泛应用于高位水箱和水池、塔的进水管上,立式安装。

1.2.3　水表、水泵、水箱及气压给水装置

1. 水表

水表是一种计量建筑物或设备用水量的仪表。目前建筑物内部给水系统中广泛使用流速式水表。流速式水表是根据管径一定时,通过水表的水流速度与流量成正比原理来量测的。

流速式水表按叶轮构造不同,分旋翼式(又称叶轮式)和螺翼式两种,如图 1.12 所示。

旋翼式的叶轮转轴与水流方向垂直、水流阻力较大,多为小口径水表,用以测量较小流量。螺翼式水表叶轮转轴与水流方向平行,水流阻力较小,启步流量和计量范围比旋翼式水表大,适用于流量较大的给水系统。

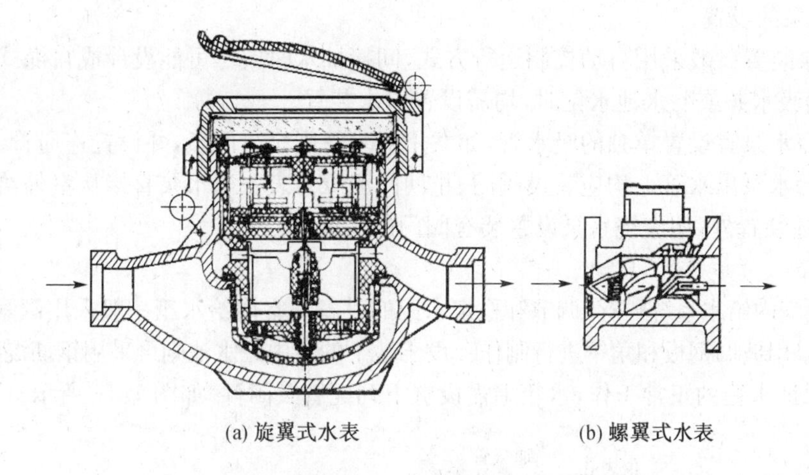

图 1.12　流速式水表

旋翼式水表按计数机件所处的状态又分为干式和湿式两种。干式水表的计数机件和表盘与水隔开;湿式水表的计数机件和表盘浸没在水中,机件较简单,计量较准确,阻力比干式水表小,应用较广泛,但只能用于水中无固体杂质的横管上。

水表应安装在查看方便、不受曝晒、不致冻结和不受污染的地方。一般设在室内或室外的专门水表井中,室内水表井及其安装如图 1.13 所示。

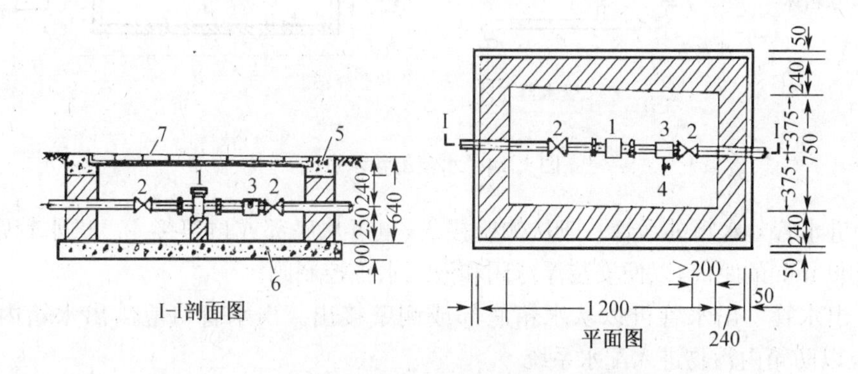

图 1.13　室内水表井及水表安装

1—水表;2—阀门;3—三通;4—泄水龙头;5—井盖座;6—混凝土基础;7—盖板

2. 水泵

(1) 水泵的作用和类型　水泵在室内给水系统中起着水的输送、提升、加压的作用。水泵的种类有很多,在建筑给水系统中,一般采用离心式水泵。

离心式水泵按泵轴的位置可分为卧式泵及立式泵;按叶轮的个数可分为单级泵及多级泵;按水泵产生的压力(扬程)可分为低压泵、中压泵和高压泵;按水进入叶轮的形式可分为单吸入口和双吸入口;按被抽升的液体含有的杂质可分为清水泵和污水泵。

离心式水泵具有流量大、扬程选择范围大,安装方便,效率较高,工作稳定等优点。

立式离心泵较卧式泵占地面积小、结构紧凑,多用于大型建筑生活消防系统加压输送。卧式泵须设防振装置,减少振动及噪声。

(2) 水泵的设置

① 水泵装置一般采用自动控制运行方式，间接抽水时应尽可能设计成自灌式。当泵的中心线高出吸水井或贮水池水位时，均需设置引水装置。

② 每台水泵宜设置单独的吸水管，如共用吸水管则至少两条，并设置连通管。

③ 每台水泵出水管上均应装设阀门、止回阀和压力表。当水泵直接从室外给水管网抽水时，除上述装置外，还应绕水泵设置装有阀门的旁通管。

3. 水箱

水箱是室内给水系统贮存、调节和稳定水压的设备。室内给水箱一般采用碳素钢板焊制而成，也可采用玻璃钢板和角钢进行制作。设于地下的室内贮水池则可采用钢筋混凝土结构。

为了保证水箱的正常工作，水箱上需设置下列配管及附件，如图 1.14 所示。

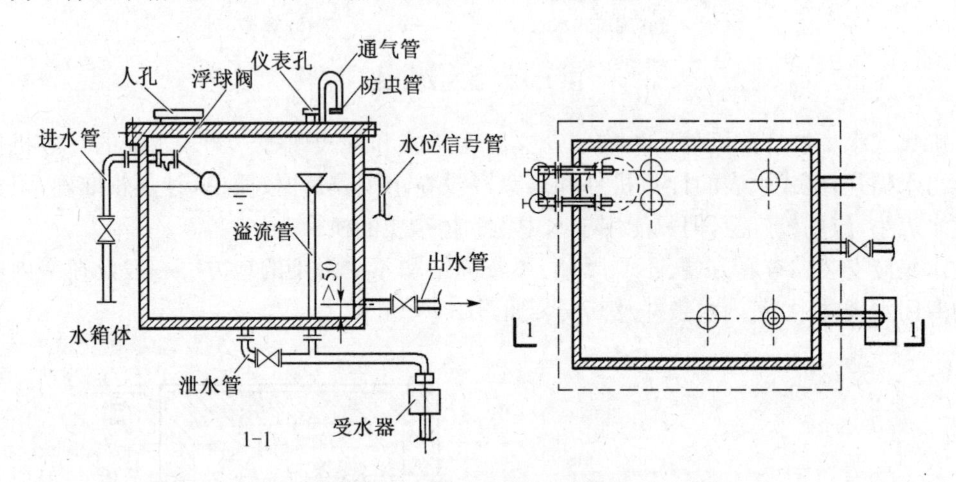

图 1.14　水箱配管示意图

(1) 进水管　水箱进水管一般从侧壁接入，也可从底部或顶部接入。进水管距水箱上缘应有 200 mm 的距离，以便安装浮球阀和液压水位控制阀。

(2) 出水管　出水管可以从水箱底部或侧壁接出。出水管口应高出水箱内底 50～100 mm，以防箱内污物进入配水系统。

(3) 溢水管　溢水管可从侧壁或底部接出，用来控制水箱内最高水位。溢水管喇叭口顶面（底部接出）或管内底（侧面接出）应在最高设计水位以上 20 mm，距箱顶不小于 150 mm，其管径比进水管大 1～2 号；溢水管不得与排水系统直接相连，以防水质被污染。

(4) 泄水管　为了放空水箱和冲洗水箱的污水，在水箱的底部最低处设置泄水管，管子由水箱底部接出和溢水管相连接，管上设阀门。

(5) 水位信号管　水位信号管从水箱侧壁接出，其管内底安装高度与溢水管溢流水面齐平，水位信号管的另一端需引至值班人员房间的洗脸盆或洗涤盆处。若采用电传报警装置时，可不设此管。

水箱间应有良好的通风和采光，室温不得低于 5℃。水箱若有冻结和结露的可能时，应采取保温防露措施。为防止水质被污染，水箱应加盖。水箱之间、水箱与墙壁之间、水箱顶距建筑结构最低点的最小净距离按表 1.1 采用。水箱底距地板面的最小距离以不小于 0.4 m为宜。

表1.1　水箱布置的最小间距　（单位：m）

水箱形式	水箱外壁距墙面的距离		水箱之间的净距离	水箱顶至建筑结构最低点的距离
	有阀门	无阀门		
圆形	0.8	0.6	0.7	0.6
矩形	1.0	0.7	0.7	0.6

注：水箱旁连接管道时，表中规定的距离应从管外表面算起。

4. 气压给水装置

气压给水是利用密闭罐内压缩空气的压力，将罐中的水压送到给水管网各配水点去。气压给水装置有多罐式和单罐式两种；按照罐内压力变化情况又有定压式和变压式之分。

气压给水装置必须定期向罐内补充空气。为了防止压缩空气在罐内与水体接触，影响生活用水水质，可采用单罐隔膜式变压气压给水装置。也可采用压力氮气瓶代替压缩空气机向罐内定期补气，从而减少建设投资费用，节省机房占地面积，简化设备管理。

1.3　室内给水管网的布置与敷设

1.3.1　引入管和水表节点的布置

1. 引入管的布置

建筑物的引入管，从配水平衡和供水可靠角度考虑，一般宜从建筑物用水量最大和不允许断水处接入。当建筑物内部卫生器具和用水设备分布较均匀时，可从建筑物中部引入，以缩短管网向不利点的输水长度，减少管网的水头损失。引入管一般设置一条，当建筑物不允许间断供水或者室内消火栓总数在10个以上时，需要设置两条，并由城市环形管网的不同侧引入，在室内连成环状或贯通枝状双向供水，如图1.15所示。如果受条件限制时，可采取必要的措施以保证用水安全。

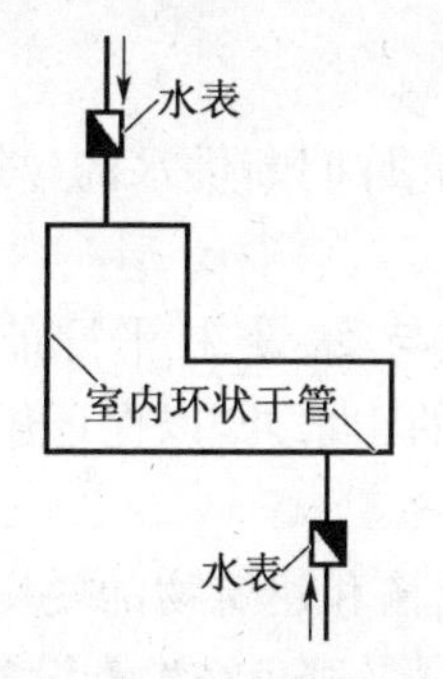

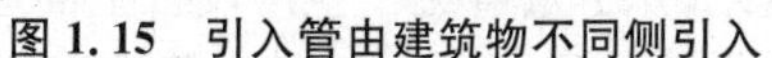

图1.15　引入管由建筑物不同侧引入

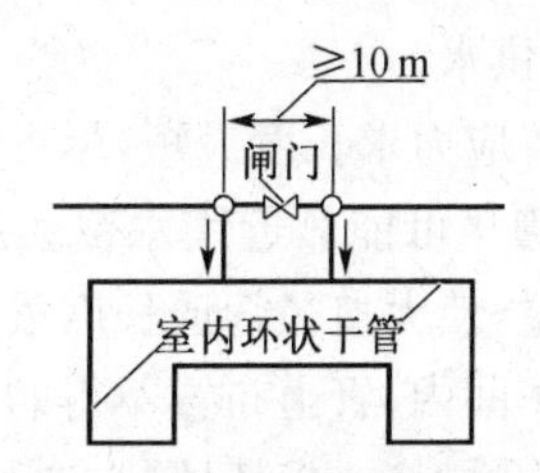

图1.16　引入管由建筑物同侧引入

（1）设贮水池或水箱及第二水源等保证安全供水的措施。

（2）由室外环网同侧引入时，两条引入管的间距不得小于10 m，并在节点间的室外管网上设置阀门，如图1.16所示。

生活给水引入管与污水排出管管外壁的水平净距不宜小于1.0 m。

引入管穿过承重墙或基础时，应预留孔洞，其孔洞尺寸见表1.2。管顶上部净空不得小于建筑物的沉降量，一般不小于0.1 m，当沉降量较大时，应由结构设计人员提交资料决定。当引入管穿过地下室或地下构筑物的墙壁时，应采取防水措施。

表1.2 引入管穿过承重墙基础预留孔洞尺寸规格 （单位：mm）

管径	50以下	50～100	125～150
孔洞尺寸	200×200	300×300	400×400

2. 水表节点

水表节点是对用水量进行监测的设备。应根据规范的要求在建筑物的引入管上或每户总支管上装设水表，并在其前后装有阀门及排放阀，以便于维修和拆换水表，安装要求如图1.17和图1.18所示。

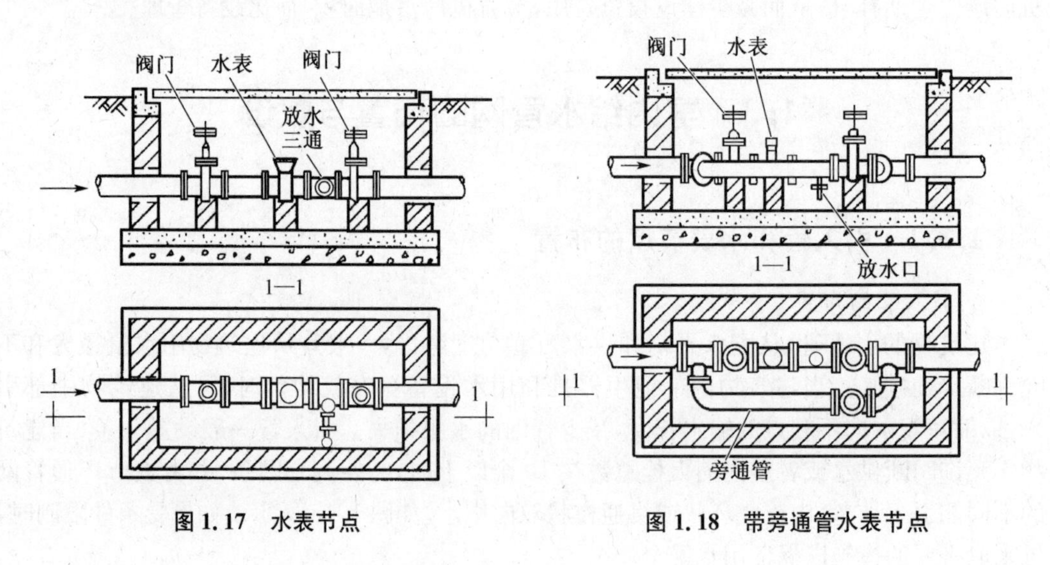

图1.17 水表节点 **图1.18 带旁通管水表节点**

1.3.2 室内给水管道的布置

室内给水管道一般布置成枝状，单向供水；对于不允许间断供水的建筑物在室内应连成环状，双向供水。

管道布置应力求长度最短，尽可能呈直线走向，一般与墙、梁、柱平行布置。

给水干管尽可能靠近用水量大或不允许间断供水的用水处，以保证供水可靠，减少管道的输送流量，使大口径管道长度最短。

在工厂车间内，管道布置不得妨碍生产操作、交通运输和建筑物的使用；不得布置在遇水能引起爆炸、燃烧或损坏原料、产品和设备的地方，并尽量避免在生产设备上面通过。

埋地给水管道应避免布置在可能被重物压坏或设备振动处。管道不得穿过设备基础，如必须穿过时，应与有关部门协商处理。

给水管道不得穿过橱窗、壁柜、木装修面，并不得穿过大、小便槽。当给水立管距小便槽端部小于及等于0.5 m时，应采取建筑隔断措施。

给水管道不宜穿过伸缩缝,必须通过时,应采取相应的技术措施以确保使用安全。

消防给水管道的布置除符合上述要求外,还应符合《建筑设计防火规范》的要求。

给水横管宜有0.002～0.005的坡度坡向泄水装置。

室内给水管道与排水管道平行埋设和交叉埋设时,管外壁的最小距离分别为0.5 m和0.15 m。交叉埋设时,给水管应布置在排水管上面,当地下管道较多,敷设有困难时,可在给水管道外面加设套管,再由排水管下面通过。

给水管道可与其他管道同沟或共架敷设,但给水管应布置在排水管、冷冻管的上面,热水管或蒸汽管的下面。给水管道不宜与输送易燃易爆或有害的气体及液体的管道同沟敷设。

给水立管穿过楼层时需加设套管,在土建施工时应预留孔洞,其留洞尺寸见表1.2,立管管外皮距墙面距离及预留孔尺寸见表1.3。

表1.3 立管管外皮距墙面距离及预留孔尺寸 (单位:mm)

管径	15～25	32～50	75～100	125～150
管外皮距墙面(抹灰面)距离	25～35	30～50	50	60
预留孔尺寸(宽×高)	80×80	100×100	200×200	300×300

1.3.3 室内给水管道的敷设

根据建筑物性质和卫生标准要求不同,室内给水管道敷设分为明装和暗装两种方式。

1. 明装

明装是指管道在建筑物内沿墙、梁、柱、天花板下、地板旁暴露敷设,施工简单,安装维修方便;缺点是管道表面易积灰;产生凝结水而影响环境卫生且有碍室内美观。一般的民用建筑和大部分生产车间内的给水管道均采用明装。

2. 暗装

暗装是指管道敷设在地下室、楼层等处的吊顶中,以及管沟、管道井、管槽和管廊内。这种敷设方式室内整洁、美观,但施工复杂,维护管理不便,工程造价高。常用于标准较高的民用建筑、宾馆及工艺要求较高的生产车间内的给水管道。

管道暗装时,必须考虑便于安装和检修。给水水平干管宜敷设在地下室、技术夹层、吊顶或管沟内,立管和支管可设在管道井或管槽内。管道井的尺寸,应根据管道的数量、管径大小、排列方式、维修条件,结合建筑平面的结构形式等合理确定,当需进人检修时,其通道宽度不宜小于0.6 m。管道井应按照规范的要求设置检修门,暗装在顶棚或管槽内的管道在阀门处应留有检修门,检修门应开向走廊。

为了便于管道的安装和检修,管沟内的管道尽量作单层布置。当采取双层或多层布置时,一般将管径较小、阀门较多的管道放在上层。管沟应有与管道相同的坡度和防水、排水设施。

1.4 室内消防给水系统

室内消防给水系统按功能不同,常用的有消火栓灭火系统、闭式自动喷水灭火系统、开式自动喷水灭火系统。除上述以外,还有不宜用水作灭火剂灭火的卤代烷 1211 灭火系统,以及扑灭室外变压器火灾的水喷雾灭火系统和扑灭油罐区的泡沫灭火系统等。上述几种系统中,又以用水来灭火的系统最为常见。本节重点介绍其中的消火栓灭火系统及自动喷水灭火系统。

1.4.1 设置室内消防给水的原则

根据我国常用消防车的供水能力,九层及九层以下的住宅建筑(包括底层设有商业服务网点的住宅),高度不超过 24 m 的其他民用建筑、单层及多层工业建筑的室内消防给水,属于低层建筑室内消防给水系统。低层建筑物设置室内消防给水系统的目的,主要是为了扑灭建筑物初期火灾,对较大火灾还要求助于城市消防车赶到现场扑灭。十层及十层以上的住宅建筑(包括底层设有商业服务网点的住宅),建筑高度超过 24 m 的其他民用建筑和工业建筑的室内消防给水系统,属于高层建筑消防给水系统,高层建筑消防完全立足于自救,且以室内消防给水设备灭火为主。我国建筑设计防火规范规定,下列建筑物必须设置室内消火栓灭火系统。

(1) 高层工业建筑与低层建筑

① 厂房、库房、高度不超过 24 m 的科研楼(存有与水接触能引起爆炸、燃烧的物品除外)。

② 超过 800 个座位的剧院、电影院、俱乐部和超过 1 200 个座位的礼堂、体育馆。

③ 体积超过 5 000 m^3的车站、码头、机场建筑物以及展览馆、商店、病房楼、门诊楼、教学楼、图书馆等。

④ 超过七层的单元式住宅、超过六层的塔式住宅、通廊式住宅、底层设有商业网点的单元式住宅。

⑤ 超过五层或体积超过 10 000 m^3的其他民用建筑。

⑥ 国家级文物保护单位的重点砖木结构的古建筑。

(2) 高层民用建筑

(3) 人防建筑

① 作为商场、医院、旅馆、展览馆、体育场等使用且面积超过 300 m^2时。

② 作为餐厅、丙类和丁类生产车间、丙类和丁类物品库房使用且面积超过 450 m^2时。

③ 作为电影院、礼堂使用时。

④ 作为消防电梯间的前室。

(4) 停车库、修车库

1.4.2 室内消火栓灭火系统

1. 给水方式

根据建筑物的高度,室外给水管网的水压和流量,以及室内消防管道对水压和水量的要求,室内消火栓灭火系统一般有下面几种给水方式。

(1) 当室外给水管网的压力和流量能满足室内最不利点消火栓的设计水压和水量时,宜采用无加压水泵和水箱的消火栓灭火系统,如图 1.19 所示。

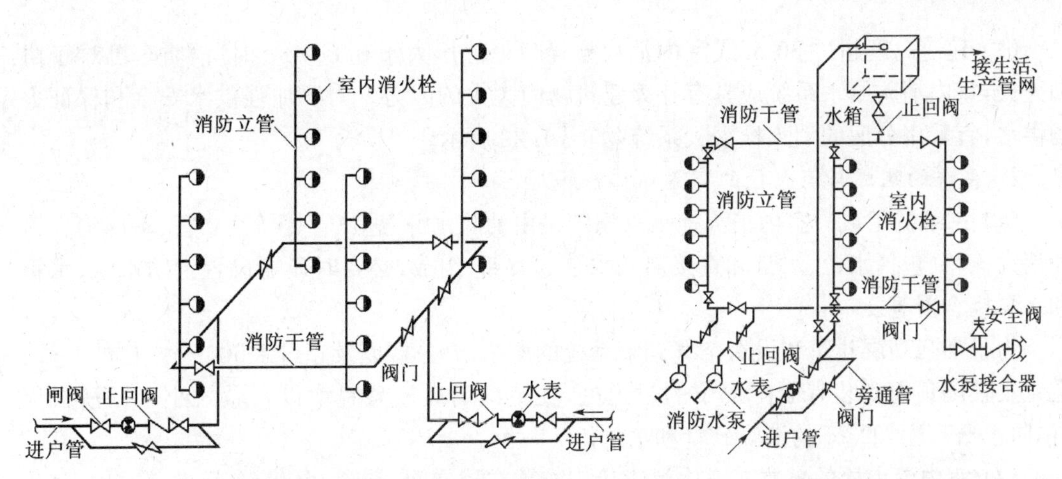

图 1.19　无加压水泵和水箱的消火栓灭火系统

图 1.20　设有加压水泵和水箱的消火栓灭火系统

(2) 当室外管网的压力和流量不能经常满足室内消防给水系统需用的水压和流量时，宜采用设有加压水泵和水箱的消火栓灭火系统，如图 1.20 所示。

(3) 建筑高度大于 24 m 但不超过 50 m，室内消火栓栓口处静水压力不超过 0.8 MPa 的工业与民用建筑室内消火栓灭火系统，仍可得到消防车通过水泵接合器向室内管网供水，以加强室内消防给水系统工作，系统可采用不分区的消火栓灭火系统，如图 1.21 所示。

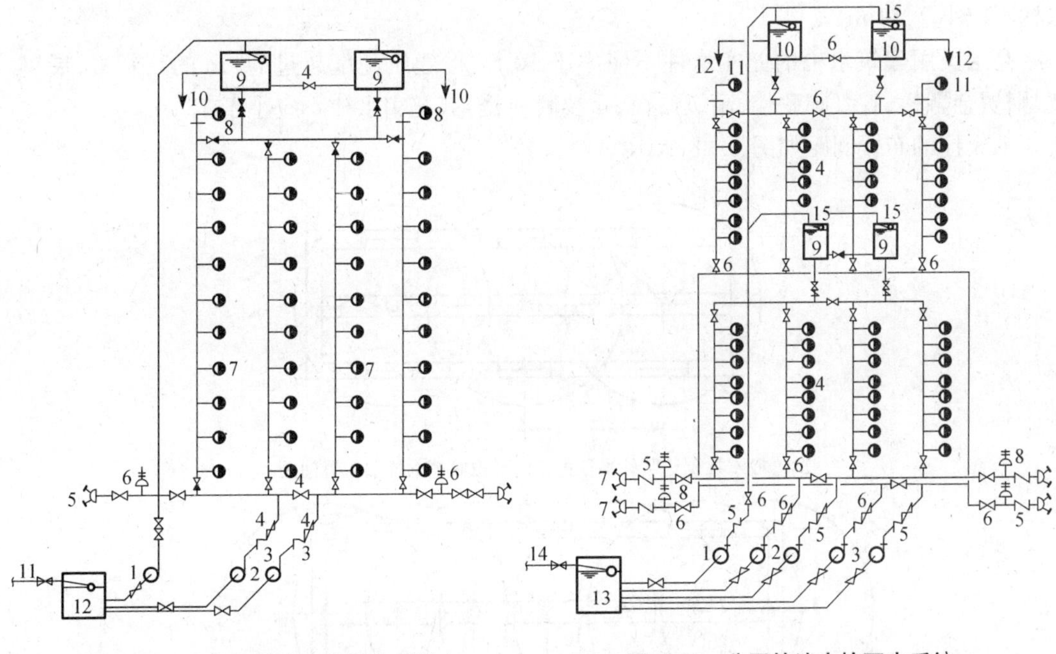

图 1.21　不分区的消火栓灭火系统

1—生活、生产水泵；2—消防水泵；3—止回阀；4—阀门；5—水泵接合器；6—安全阀；7—室内消火栓和远距离启动消防水泵的按钮；8—屋顶消火栓；9—水箱；10—接生活、生产给水管网；11—进户管；12—蓄水池

图 1.22　分区的消火栓灭火系统

1—生活、生产水泵；2—一区消防水泵；3—二区消防水泵；4—室内消火栓及远距离启动消防水泵的按钮；5—止回阀；6—阀门；7—水泵接合器；8—安全阀；9—一区水箱；10—二区水箱；11—屋顶消火栓；12—接生活、生产给水管网；13—蓄水池；14—进户管；15—浮球阀

(4) 建筑高度超过 50 m 或室内消火栓栓口处静压大于 0.8 MPa 时,消防车已难于协助灭火,室内消防给水系统应具有扑灭建筑物内大火的能力。为了加强供水安全和保证火场供水,宜采用分区的消火栓灭火系统,如图 1.22 所示。

2. 系统的组成与消火栓的布置

(1) 系统的组成　室内消火栓灭火系统是由消防水源、进户管、干管、立管、室内消火栓和消火栓箱(包括水枪、水带和直接启动水泵的按钮)组成,必要时还需设置消防水泵、水箱和水泵接合器等。

为了加强高层建筑和设有空气调节系统的旅馆、办公楼以及超过 1 500 个座位的剧院、会堂及其闷顶内安装有面灯部位的过道处,在室内消火栓旁宜增设自救式小口径消火栓(消防水喉),配 *DN*25 的消防软管和水枪。

(2) 室内消火栓的布置　室内消火栓应布置在楼梯间、走廊、大厅、车间过道的出入口、消防电梯的前室等建筑物内各层明显、易取用和经常有人出入的地方。设有室内消火栓的建筑物为平屋顶时,在平屋顶上需设试验检查用消火栓。消火栓口距地面的高度为1.1 m,出水方向宜向下或与设置消火栓的墙面成 90°角。

室内消火栓的布置应保证有两支水枪的充实水柱同时达到室内任何部位,建筑高度小于或等于 24 m,且体积小于或等于 5 000 m^2的库房,可用一支水枪充实水柱到达室内任何部位。水枪充实水柱的长度由计算确定,一般不小于 7 m。但在甲、乙类厂房,超过六层的民用建筑,超过四层的厂房和库房,应不小于 10 m。高层工业建筑、高架库房,水枪的充实水柱不应小于 13 m。

高层民用建筑水枪的充实水柱不应小于 10 m,但建筑高度超过 50 m 的百货楼、展览楼、财贸金融楼、省级邮政楼、高级旅馆、重要科研楼,其充实水柱不应小于 13 m。

消火栓的布置间距如图 1.23 所示。

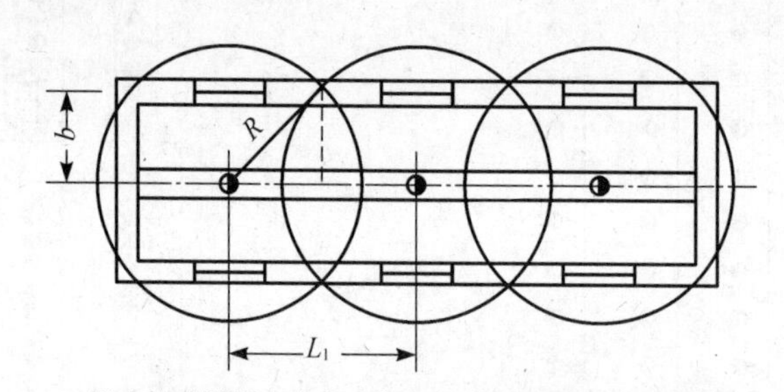

(a) 一股水柱到达服务半径内任何部位时消火栓的布置间距

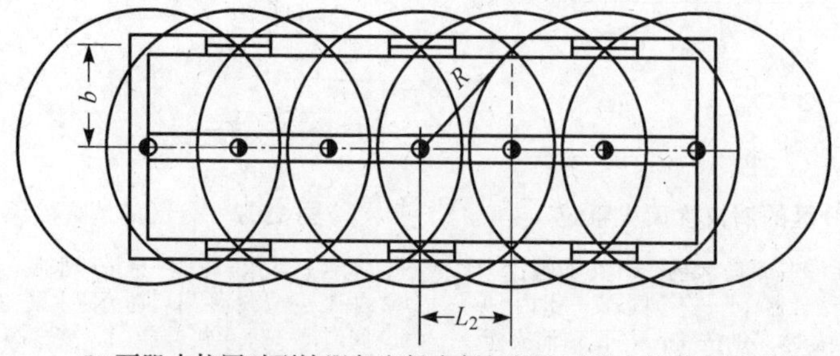

(b) 两股水柱同时到达服务半径内任何部位时消火栓的布置间距

图 1.23　消火栓的布置间距

3. 室内消火栓灭火系统的设备

(1) 消防水泵　室内消火栓灭火系统的消防水泵房宜与其他水泵房合建，以便于管理。高层建筑的室内消防水泵宜设在建筑物的底层。泵房应有自己的独立安全出口，出水管不少于两条，并与室外管网相连接。

固定式消防水泵应设有和主要泵性能相同的备用泵。但符合下列条件之一时可不设备用泵：室外消防用水量不超过 25 L/s 的工厂和仓库；七至九层单元式住宅。

每台消防水泵应有独立的吸水管，分区供水的室内消防给水系统，每区的进水管亦不应少于两条。水泵装置应设计成自灌式。在水泵的出水管上应装置试验与检查用的出水阀门。

为了及时启动消防水泵，保证火场供水，高层工业建筑应在每个室内消火栓处设置直接启动消防水泵的按钮。消防水泵应在火警后 5 min 内开始工作。

设有备用泵的消防水泵房，应设置备用动力，若采用双电源有困难时，可采用内燃机作动力。

消防用水与其他用水统一的给水系统，消防水泵应保证供应生活、生产和消防用水的最大设计流量。

(2) 室内消防水箱　当建筑物内设有能满足室内消防要求的常、高压给水系统则可不设消防水箱；设置临时高压和低压给水系统的建筑物应设消防水箱或气压给水装置。消防水箱设在建筑物的最高部位，其高度应能保证室内最不利点消火栓的需要水压。若确有困难时，应在每个室内消火栓处设置直接启动消防水泵的设备或在水箱的消防出水管上安设水流指示器(水流报警启动器)，当水箱内的水一经流入消防管网，立即发出火警信号报警。消防水箱应贮存10 m^3的室内消防用水量，并应保证建筑设计防火规范对消防水箱容积的要求。

(3) 水泵接合器　水泵接合器是消防车或机动泵往室内消防管网供水的连接口，如图1.24 所示。超过四层的厂房和库房、高层工业建筑，设有消防管网的住宅及超过五层的其他民用建筑，其室内消防管网应设水泵接合器。距接合器 11～40 m 的范围内，应有供消防车取水的室外消火栓或消防水池。

水泵接合器可安装成墙壁式、地上式、地下式三种类型。水泵接合器应有明显的标志，以免误认为是消火栓。

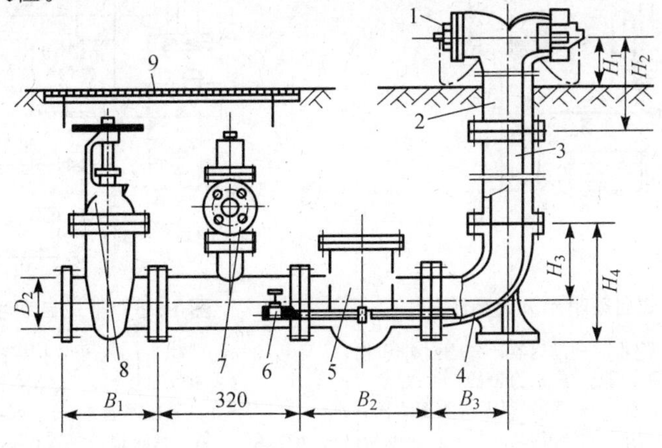

图 1.24　地上式水泵接合器

1—消防接口；2—本体；3—法兰短管；4—弯管；5—止回阀；6—放水阀；7—安全阀；8—闸阀；9—井盖

(4) 消防水池　当生活、生产用水量达到最大时，市政给水管道、进水管或天然水源不能满足室内外消防用水量，市政给水管网为枝状或只有一条进水管，且室内外消防用水量之和大于 25 L/s 时，应设消防水池。消防水池的容量应满足在火灾延续时间内室内外消防用水总量的要求。

供消防车取水的消防水池应设取水口，取水口与被保护建筑物距离不宜小于 15 m，消防车吸水高度不超过 6 m，消防水池的保护半径不宜大于 150 m。

消防水池与其他用水共用时，应有确保消防用水不作他用的技术措施。在寒冷地区，消防水池应有防冻设施。

消防水池的容积如超过 1 000 m^3时，应分设成两个或两格。

1.4.3 自动喷水灭火系统

1. 闭式自动喷水灭火系统

闭式自动喷水灭火系统是利用火场达到一定温度时，能自动地将喷头打开，扑灭和控制火势并发出火警信号的室内消防给水系统。它具有良好的灭火效果，火灾控制率达 97% 以上。它布置在火灾危险性较大、起火蔓延快的场所，容易自燃而无人管理的仓库，对消防要求较高的建筑物或个别房间内。

根据地区气候条件和建筑物情况，自动喷水灭火系统一般有下面两种类型。

(1) 湿式自动喷水灭火系统　该系统由闭式喷头、湿式报警阀、报警装置、管网及供水设施等组成，如图 1.25 所示。由于该系统在报警阀的前后管道内始终充满压力水，故称湿式喷水灭火系统。

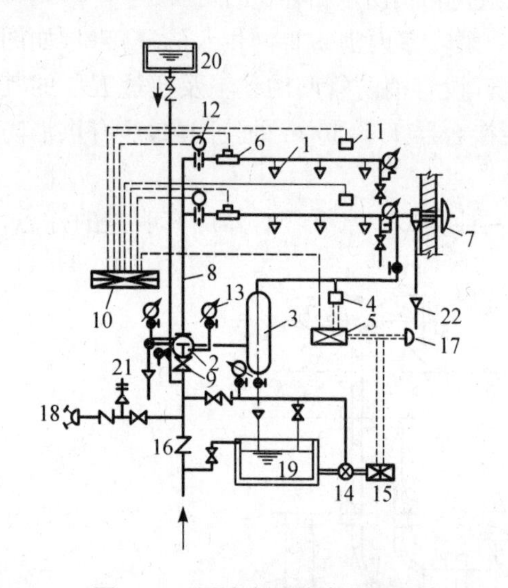

图 1.25　湿式自动喷水灭火系统

1—闭式喷头；2—湿式报警阀；3—延迟器；4—压力继电器；5—电气自控箱；6—水流指示器；7—水力警铃；8—配水管；9—阀门；10—火灾收信机；11—感烟、感温火灾探测器；12—火灾报警装置；13—压力表；14—消防水泵；15—电动机；16—止回阀；17—按钮；18—水泵接合器；19—水池；20—高位水箱；21—安全阀；22—排水漏斗

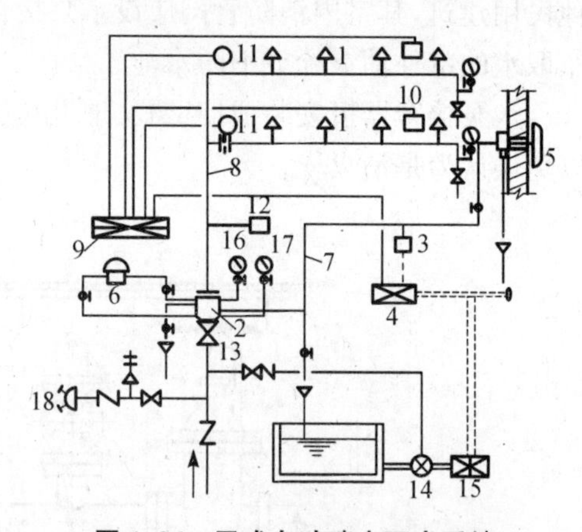

图 1.26　干式自动喷水灭火系统

1—闭式喷头；2—干式报警阀；3—压力继电器；4—电气自控箱；5—水力警铃；6—快开器；7—信号管；8—配水管；9—火灾收信机；10—感温、感烟火灾探测器；11—火灾报警装置；12—气压保持器；13—阀门；14—消防水泵；15—电动机；16—阀后压力表；17—阀前压力表；18—水泵接合器

这种系统结构简单、使用方便可靠、便于施工、容易管理、比较经济，故应用广泛。适于安装在常年室温不低于4℃且不高于70℃能用水灭火的建筑物、构筑物内。

(2) 干式自动喷水灭火系统　该系统由闭式喷头、管道系统、干式报警阀、干式报警控制装置、充气设备、排气设备和供水设施等组成，如图1.26所示。该系统内平时充有压缩空气，使水源之水不能进入配水管网，适于布置在室内温度低于4℃或室温高于70℃的场所，其喷头宜向上设置。干式和湿式系统相比较，多增设一套充气设备，一次性投资高、平时管理复杂且灭火速度较慢。

2. 开式自动喷水灭火系统

开式自动喷水灭火系统，按其喷水形式分雨淋灭火系统和水幕灭火系统。通常敷设在火势猛烈蔓延迅速的严重危险级建筑物和场所。

雨淋灭火系统用于扑灭大面积火灾。水幕灭火系统用于阻火、隔火、冷却防火隔断物和局部灭火。

按照淋水传动管网的充水与否，又分为开式充水系统和开式空管系统。开式充水系统用于易燃易爆的特殊危险场所，开式空管系统用于一般火灾危险场所。

1.5　室内热水供应系统

1.5.1　室内热水供应系统

1. 热水供应系统的类型与方式

一个完全的热水供应系统是由加热设备(热源)、热媒管道、热水输配与循环管道、配水龙头或用水设备、热水箱以及水泵等组成。

热水供应系统按其供应的范围大小可分为三种类型。

① 局部热水供应系统　采用炉灶、电加热器、煤气加热器、太阳能热水器、工厂废热等作为水加热设备，仅供单个或几个配水点使用，加热设备就设在用水点附近。适用于小型食堂、浴室、理发馆、住宅等。

② 集中热水供应系统　采用锅炉或水加热器对水集中加热，通过管道向一幢或数幢建筑物供应热水，其供应范围比局部系统大得多，适用于医院、疗养院、体育馆、集体宿舍、公共浴室、旅馆等。

③ 区域热水供应系统　以集中供热的热网作为热源来加热冷水或直接从热网取水，用以满足一个建筑群或一个区域(小区或厂区)的热水用户的需要。因此，它的供应范围比集中热水供应系统还要大得多。

(1) 集中热水供应的方式　集中热水供应系统按加热方式分为间接加热方式和直接加热方式两种。

如图1.27所示为间接加热下行上给式系统。它是一个完全的热水供应系统，由两大循环系统组成：第一循环系统主要由锅炉、水加热器、凝结水箱、水泵以及热媒管道等构成；第二循环系统主要由上部贮水箱、冷水管、热水管、循环管及水泵等构成。该系统适用于热水用量大、要求较高的建筑。

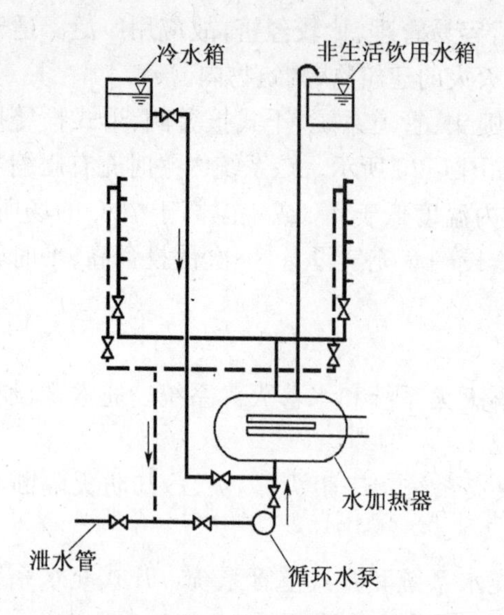

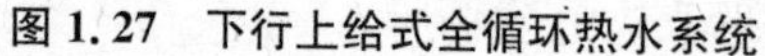
图 1.27　下行上给式全循环热水系统

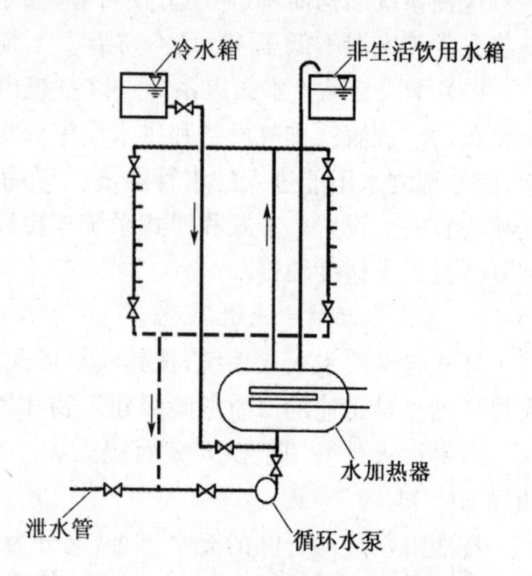

图 1.28　上行下给式全循环热水系统

如果把热水输配干管敷设在系统上部，就是一种上行下给式系统，此时循环立管是由每根热水立管下部延伸而成，如图 1.28 所示。

(2) 区域热水供应的方式　区域热水供应系统的热源是集中供热的热网，室内热水供应系统与热网的连接方式可分为与热水网路连接及与蒸汽网路连接两大类型。

① 热水供应系统与热水网路的连接　如果热水供应系统通过表面式水加热器与热网连接，热网水不直接被取用，这种热网被称为闭式热水网路。热水供应系统与闭式热网的连接均系间接加热。

② 热水供应系统与蒸汽网路的连接　热水供应系统与蒸汽网路的连接方式可采用直接加热的连接方式、设容积式水加热器的连接方式及设快速汽—水加热器的连接方式。

对于高层建筑，采用与室内给水系统相同的竖向分区热水供应系统，热水供应系统的给水应由相应的给水系统来供给。

2. 热水供应管网的布置与敷设

热水供应管网的合理布置与敷设，要根据建筑物的性质、结构形式，用水要求和用水设备的类型及位置等具体条件来进行。

室内热水管道一般都明装，对卫生设备标准、美观有较高要求的建筑才暗装。热水配水水平管段一般应做成 0.003 的与水流方向相反的坡度；循环横管一般应做成 0.003 的与水流方向一致的坡度，以便于排除系统中的空气。在下行上给式系统中，循环立管应在最高配水点以下 0.5 m 处与配水立管连接。在上行下给式系统中，应在干管最高点设排气装置。为了检修放水需要，应在系统最低点设泄水装置。

考虑运行调节和检修的要求，必须在系统适当的地点设置阀门。如在干管、立管上下，支管起端，水加热器及贮水箱进出口等处设闸阀或截止阀，在防止水倒流的管道上设止回阀等。

为了清除因管道受热变形而产生的热应力，热水管网除设置自然热补偿外，在较长的直线管段上还应设特制的补偿器(伸缩器)。另外，管道上应设活动与固定支架，其间距由设计来决定。除自然循环系统的循环立管可不保温外，其他热水配水、循环干管和通过不采暖房间的管道及锅炉、水加热器、热水箱等均应保温。

地面以下的热水管道，多采用地沟敷设方式，亦可采用直埋的无沟敷设方式。

1.5.2 室内热水的制备、储存设备及主要附件

1. 热水的制备

实现冷流体(指接受热量的流体)与热流体(指放出热量的流体)换热的设备称为换热器，用于加热水的换热器一般称为水加热器。热水制备常采用水加热器进行。

在热水供应系统中多采用表面式水加热器。所谓表面式水加热器是指冷流体和热流体彼此不直接接触，而是通过金属表面进行换热，这是一种间接加热的方式。另外也可采用混合式水加热器，它通过冷、热流体直接接触互相混合而进行换热。

2. 热水储存设备

热水箱是常用储存热水的设备，有开式与闭式两种。开式水箱多设在系统上部。闭式水箱也称为贮水罐，为保证运行安全，贮水罐上应设安全阀或膨胀管、压力表、水位计、泄水管等。

3. 主要附件

(1) 自动温度调节器　自动温度调节器可自动调节进入水加热器的蒸汽量，从而控制热水出口温度。

(2) 疏水器　疏水器是装在汽—水加热器凝结水出口管上，其作用是阻隔蒸汽，疏通凝结水，保证蒸汽能在水加热器内充分凝结放热。常用的疏水器有倒吊筒式和热动力式等。

(3) 膨胀水箱　在热水供应系统设计中，有时还应考虑水的受热膨胀，需设膨胀水箱，多用钢板加工制成。

(4) 排气装置　主要用于排除系统中的空气。

1.5.3 热水水质、水温及用水量标准

1. 水质

集中热水供应系统中生活用热水水质必须符合我国现行的《生活饮用水卫生标准》，至于在加热前是否需经软化处理，应根据水质、水量、使用要求等进行技术经济比较确定。一般按水温65℃计算的日用水量小于10 m^3时，其原水可不进行软化处理。生产用热水水质按生产工艺要求而定。

2. 水温

热水的用水温度因用途不同而异，例如用于盥洗、洗澡为30～40℃，洗涤一般衣物为30～60℃，洗涤油污衣物为65～70℃，用于洗涤餐具为60～80℃用于饮用为100℃。生产工艺用水温度按要求而定。

用锅炉和水加热器制备热水时，出口水温一般为65～70℃，最高不超过75℃。配水点的水温一般不得低于60℃，但局部及区域热水供应系统配水点的最低水温可为50℃。当需要较低水温时，可通过冷、热水混合达到。当个别要求更高水温时，可根据要求采取进一步加热或单独加热方式。

3. 热水用水量定额

生活用热水量定额有两种。一是根据建筑物的使用性质及卫生设备的完善程度，用单

位数来确定，其水温按65℃计算，见表1.4。另一种是按卫生器具一次或一小时热水用量确定的标准，见表1.5。

表1.4 热水用水定额

序号	建筑物名称	单位	65℃的用水定额(最高日)(L)
1	住宅、每户设有沐浴设备	每人每日	80～120
2	集体宿舍：有盥洗室	每人每日	25～35
	有盥洗室和浴室	每人每日	35～50
3	旅馆、招待所：有盥洗室	每床每日	25～50
	有盥洗室和浴室	每床每日	50～100
	设有浴盆的客房	每床每日	100～150
4	宾馆：客房	每床每日	150～200

表1.5 卫生器具的一次或小时热水用水定额及水温

序号	卫生器具名称	一次用水量(L)	小时用水量(L)	水温(℃)
1	住宅、旅馆：带有淋浴器的浴盆	150	300	40
	无淋浴器的浴盆	125	250	40
	淋浴器	70～100	140～200	37～40
1	洗脸盆，盥洗槽水龙头	3	30	30
	洗涤盆(池)	—	180	60
2	集体宿舍淋浴器：有淋浴小间	70～100	210～300	37～40
	无淋浴小间	—	450	37～40
	盥洗槽水龙头	3～5	50～80	30
3	公共食堂：洗涤盆(池)	—	250	60
	洗脸盆：工作人员用	3	60	30
	顾客用	—	120	30
	淋浴器	40	400	37～40

生产用热水量定额根据生产工艺要求来确定。

1.5.4 开水供应

开水供应包括热开水与凉开水两种。

按照开水供应范围的大小，开水供应可分为分散制备局部供应、集中制备分装供应、集中制备管道输送供应等方式，按加热方式可分为蒸汽加热、燃气加热、电加热等供应方式。

开水间不宜设在厕所、卫生间等易受污染之处。开水间高度不宜小于2.5 m，应有门、窗及良好的通风、照明设施，墙面做防水处理，地面应有排水措施。

1.5.5　太阳能热水器

太阳能热水器是一种把太阳光的辐射能转为热能来加热冷水的装置。它的构造简单，加工制造容易，成本低，便于推广应用。可以提供40～60℃的低温热水，适于住宅、浴室、饮食店、理发馆等小型热水供应用。

如图1.29所示为常用的平板型太阳能热水器。它由集热器、贮热水箱、循环管、冷热水管道等组成。冷水可由补给水箱供给，热水是靠自然循环流动的，贮热水箱必须高于集热器。

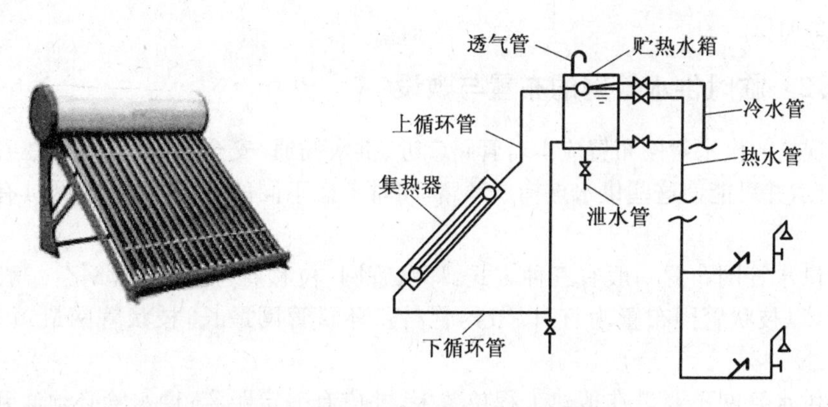

图1.29　太阳能热水器组成(自然循环直接加热)

平板型集热器是太阳能热水器的关键性设备，其作用是收集太阳能并把它转化为热能。

太阳能热水器可安装在屋顶的晒台和墙上，如图1.30所示。集热器的最佳方位是朝向正南，但允许偏东或偏西15°以内。集热器安装的最佳倾角与使用季节、地理纬度有关，一般可等于地理纬度，允许偏离±10°以内。此外，常用的太阳能热水器的集热器，还有池式、袋式、筒式及真空管式等类型。

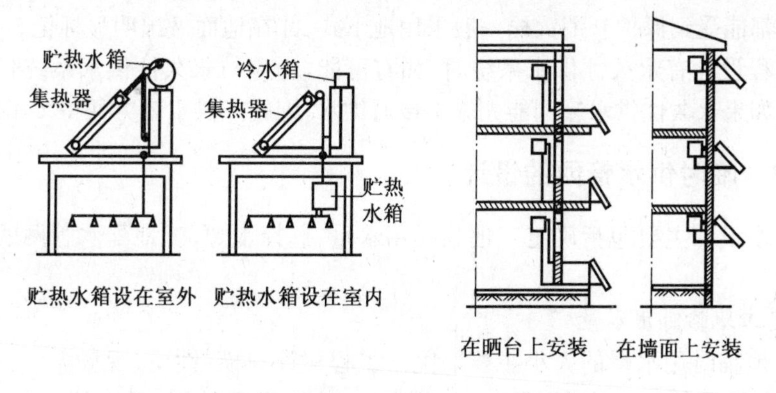

图1.30　太阳能热水器的安装位置示意图

1.6 建筑工地临时供水

在工程项目的建设中，施工现场必须解决临时供水，以满足施工、生活、消防三方面用水之需。

1.6.1 临时供水系统的组成

建筑工地临时供水系统由取水设施、净水设施、贮水构筑物（水塔、蓄水池）、输水管和配水管综合而成。

1.6.2 临时供水管网的布置与敷设

施工现场的供水管网布置应本着管路就近、供水畅通、安全可靠的原则，在管路上设置多个供水点，并可能使这些供水点构成环路，同时考虑不同的施工阶段，管网具有移动的可能性。

临时供水管网布置一般有三种方式：环状管网、枝状管网、混合管网。一般中小型工程施工时，以枝状管网布置为宜，以节约管材。环状管网最长，枝状管网最短，混合管网居中。

临时供水管网不要设在拟建工程位置上，并应有一定距离；供水管必须通到各施工及生活用水处附近，并接出水龙头；在保证各处用水的基础上，供水管网布置总长度应越短越好。

管网敷设有明敷（地面上）及暗敷（地面下）两种，以暗敷为好，可以不影响交通，但要增加敷设费用。在冬季或寒冷地区，要考虑到水管是否会冰冻，如果会出现冰冻，则宜埋置在冰冻线以下，或采用包管保温，防止水管冻裂。

施工现场消防供水。在施工现场的给水管网上，按照每栓消防半径 50 m 设置消火栓，其出水量要大于 5 L/s；高层建筑在施工高度超过 20 m 时，要安装高压水泵和直径大于 80 mm的竖管；每层均设消火栓，配备 25 m 水龙带，口径 19 mm 的喷嘴，以确保施工现场的所有建筑物都能受到保护。消火栓一般采用地下式，并在地面做出明显标记。

拟建工程设计有永久性供水系统时，如有可能，则应与永久性供水系统管网布置联系起来考虑。如果永久性供水管网能先施工接通供水，则施工供水就方便得多了。

1.6.3 临时供水管网的设计

临时供水设计主要包括确定工地临时用水量、选择水源、工地配水管网的布置及管径计算等。

1. 确定工地临时用水量

建筑工地临时用水量的大小主要取决于工程建设规模、性质、现场大小、施工安排、工期长短、机械多少、施工高峰期现场工人数多少、施工进度计划、消防用水的安排等因素。工地临时用水量由施工（机械）、生活、消防用水量三部分构成。

(1) 施工用水量 q_1(L/s)按式(1-1)估算

$$q_1 = K_1 \sum (Q_1 N_1 K_2)/(8 \times 3\ 600 T_1 t) \tag{1-1}$$

式中　q_1——现场施工用水量，L/s；

K_1——未预计的施工用水系数，一般为1.05～1.15；

Q_1——年(季)度工程量(以实物计量单位表示)；

N_1——施工用水定额，L(见表1.6)

K_2——施工用水不均衡系数，取1.5；

T_1——年(季)度有效作业日，d；

t——每天工作班数，班。

表1.6　施工用水定额

序　号	用水对象	单　位	施工用水量(L)	说　明
1	浇筑混凝土全部用水	L/m^3	1 700～2 400	
2	搅拌普通混凝土	L/m^3	250	
3	混凝土养护(自然养护)	L/m^3	200～400	
4	混凝土养护(蒸汽养护)	L/m^3	500～700	
5	冲洗模板	L/m^2	5	
6	搅拌机清洗	L/台	600	
7	机械冲洗石子	L/m^3	600	
8	洗砂	L/m^3	1 000	
9	砌砖工程全部用水	L/m^3	150～250	
10	砌石工程全部用水	L/m^3	50～80	
11	抹灰工程全部用水	L/m^2	30	
12	浇砖	L/千块	200～250	
13	抹面	L/m^3	4～6	不包括调制用水
14	楼地面	L/m^2	190	主要是找平层
15	搅拌砂浆	L/m^3	300	
16	石灰消化	L/t	3 000	
17	上水管道工程	L/m	98	
18	下水管道工程	L/m	1 130	

表1.7　施工机械台班用水定额

序　号	用水机械名称	单　位	耗水量(L)	说　明
1	内燃挖土机	m^3·台班	200～300	以斗容量立方米数计
2	内燃起重机	t·台班	15～18	以起重量吨数计

续表 1.7

序号	用水机械名称	单位	耗水量(L)	说明
17	凿岩机 01-30 01-38 型	台·min	3~8	
	YQ-100 型	台·min	8~12	
3	蒸汽起重机	t·台班	300~400	以起重机吨数计
4	蒸汽打桩机	t·台班	1 000~1 200	以锤重吨数计
5	内燃压路机	t·台班	15~18	以压路机吨数计
6	蒸汽压路机	t·台班	100~150	以压路机吨数计
7	拖拉机	台·昼夜	200~300	
8	汽车	台·昼夜	400~700	
9	标准轨蒸汽机车	台·昼夜	10 000~20 000	
10	空压机	(m^3/min)·台班	40~80	以空压机单位容量计
11	内燃机动力装置(直流水)	马力·台班	120~300	
12	内燃机动力装置(循环水)	马力·台班	25~40	
13	锅炉	t/h	1 050	以小时蒸发量计
14	点焊机 25 型	台·h	100	
	50 型	台·h	150~200	
	75 型	台·h	250~300	
15	对焊机	台·h	300	
16	冷拔机	台·h	300	
18	木工场	台班	20~25	
19	锻工房	炉·台班	40~50	以烘炉数计

(2) 施工机械用水量 q_2(L/s)按式(1-2)计算确定

$$q_2 = K_1 \sum (Q_2 N_2 K_3)/(8 \times 3\ 600) \tag{1-2}$$

式中 q_2——施工机械用水量,L/s;

K_1——未预计的施工用水系数,一般为 1.05~1.15;

Q_2——同一种机械台数,台;

N_2——施工机械台班用水定额,L,可由表 1.7 中的数据换算求得;

K_3——施工用水不均衡系数,施工机械、运输机械取 2,动力设备取 1.05~1.10。

(3) 施工现场生活用水量 q_3(L/s)按式(1-3)计算确定

$$q_3 = (P_1 N_3 K_4)/(8 \times 3\ 600t) \tag{1-3}$$

式中 q_3——施工现场生活用水量,L/s;

P_1——施工现场高峰昼夜人数,人;

N_3——施工现场生活用水定额[一般为 20～60 L/(人・班),主要需视当地气候而定];

K_4——施工现场用水不均衡系数,取 1.3～1.5;

t——每天工作班数,班。

(4) 生活区生活用水量 q_4(L/s)按式(1-4)计算确定

$$q_4 = (P_2 N_4 K_5)/(24 \times 3\,600) \tag{1-4}$$

式中 q_4——生活区生活用水量,L/s;

P_2——生活区居民人数,人;

N_4——生活区昼夜全部生活用水定额,每一居民每昼夜为 100～120 L,随地区和有无室内卫生设备而变化,各分项用水参考定额见表 1.8;

K_5——生活区用水不均衡系数,取 2～2.5。

表 1.8　分项生活用水定额

序　号	用水对象	单　位	耗水量(L)
1	生活用水(盥洗、饮用)	L/(人・日)	20～40
2	食堂	L/(人・次)	10～20
3	浴室(淋浴)	L/(人・次)	40～60
4	淋浴带大池	L/(人・次)	50～60
5	洗衣房	L/kg 干衣	40～60
6	理发室	L/(人・次)	10～25
7	学校	L/(学生・日)	10～30
8	幼儿园	L/(儿童・日)	75～100
9	病院	L/(病床・日)	100～150

(5) 消防用水量 q_5(L/s)　可根据现场及生活区的大小、建筑物、构筑物等结构性质及人数多少等因素,考虑确定需要设置几个消防栓,用水量按(L/s)计量。消防用水量按表 1.9确定。

表 1.9　消防用水量

序　号	用水名称	火灾同时发生次数	单　位	用水量(L)
1	居民区消防用水:			
	5 000 人以内	一次	L/s	10
	10 000 人以内	二次	L/s	10～15
	25 000 人以内	二次	L/s	15～20
2	施工现场消防用水:			
	施工现场在 250 000 m² 内	一次	L/s	10～15
	每增加 250 000 m²	一次	L/s	5

(6) 总用水量 Q　根据上述五方面计算的用水量，分别按下列情况计算确定总用水量。

① 当 $q_1+q_2+q_3+q_4 \leqslant q_5$ 时，则 $Q=q_5+(q_1+q_2+q_3+q_4)/2$。

② 当 $q_1+q_2+q_3+q_4 > q_5$ 时，则 $Q=q_1+q_2+q_3+q_4$。

③ 当工地面积小于 50 000 m^2，而且 $q_1+q_2+q_3+q_4<q_5$时，则 $Q=q_5$，最后计算出的总用量，还应增加 10%，以补偿不可避免的水管漏水损失。

2. 水源的选择

建筑工地供水水源，最好优先考虑利用城镇已有的供水系统，只有在建筑工地附近没有现成的给水管道，或现有管道无法使用时，才另选地面上的江河、湖泊等天然水源作为供水水源。

选择水源时必须考虑下列因素：水量充沛可靠；应满足最大总用水量的要求；生产用水应检验水质，符合拌制混凝土及施工机械用水的水质标准，生活用水质量要求符合国家有关卫生和技术要求的规定；取水、输水、净水设施要安全经济；施工、运转、管理、维护方便。

3. 临时供水管径计算

临时水管敷设可用明敷或暗敷。在严寒地区，暗管应埋设在冰冻线以下，明敷应加保温。通过道路部分，应考虑地面上重型机械荷载对埋设管的影响。

可依据用水量 Q，用下列公式计算

$$d=\sqrt{\frac{4Q}{1\,000\ \pi v}} \tag{1-5}$$

式中　d——计算的供水管网管段直径，mm；

v——临时水管经济流速，m/s，见表 1.10。

表 1.10　临时水管经济流速

管　径(m)	流速(m/s)	
	正常时间	消防时间
<0.1	0.5～1.2	—
0.1～0.3	1.0～1.6	2.5～3.0
>0.3	1.5～2.5	2.5～3.0

复习思考题

1. 简述室内给水系统的组成。
2. 如何正确选择室内给水方式？
3. 建筑室内给水系统的基本供水方式及其各自特点是什么？
4. 高层建筑常用给水方式有哪几种？
5. 如何防止建筑给水系统水质污染？
6. 室内给水管道的常用材料有哪几类？各有何使用特点？
7. 建筑给水系统的水箱上应设置哪些配管？各有何要求？
8. 简述室内给水管网的布置与敷设要求。
9. 设置室内消防给水的原则是什么？

10. 室内热水是如何制备的？储存设备有哪几类？
11. 太阳能热水器集热器的安装位置要求是什么？
12. 建筑工地临时供水管网应如何布置与敷设？

第 2 单元

建筑排水工程

◇ **学习内容**

主要讲述建筑排水系统的分类与组成，管材、附件与卫生器具，室内排水管道的布置及敷设，屋面排水系统，高层建筑排水系统等。

◇ **学习目标**

1. 了解建筑排水系统的分类及组成；
2. 熟悉室内排水系统常用管材、附件及卫生器具；
3. 掌握排水管道的布置，排水管道的敷设方法与安装要求，卫生器具的布置与敷设；
4. 了解屋面雨水排放方式及屋面雨水排水系统的组成；
5. 了解常用高层建筑室内排水系统。

2.1 建筑排水系统的分类、组成及其排水体制

2.1.1 建筑室内排水系统的分类

按所排出的污（废）水性质，建筑排水系统可分为以下几类：

(1) 粪便污水排水系统，排出大便器（槽）、小便器（槽）等卫生设备排出的含有粪便污水的排水系统。

(2) 生活废水排水系统，排出洗涤盆（池）、洗脸盆、淋浴设备、盥洗槽、洗衣机等卫生设备排出废水的排水系统。

(3) 生活污水排水系统，将粪便污水及生活废水合流排除的排水系统用。

(4) 生产污水排水系统，是指用于排除在生产过程中被严重污染的排水系统。

(5) 生产废水排水系统，是指用于排除在生产过程中污染较轻及水温稍有升高的污水（如冷却废水等）的排水系统。

(6) 工业废水排水系统，将生产污水与生产废水合流排除的排水系统。

(7) 屋面雨水排水系统，排出屋面雨水及雪水的排水系统。

2.1.2 建筑排水体制

建筑排水体制分为分流制排水与合流制排水体制两种。分流制排水体制即针对各类

污废水分别设单独的管道系统输送和排放的排水体制；合流制排水体制即在同一排水管道系统中可以输送和排放两种或两种以上污水的排水体制。

确定建筑排水系统的分流或合流，应综合考虑其经济技术情况。如污水、废水的性质、建筑物内排水点和排水位置、室内排水管网的情况、市政污水处理的完善程度及综合利用情况等。

雨水排水系统一般应以单独设置为宜，不应与生活污水合流，以避免增加生活污水的处理量，或因降雨量骤增，使系统排放不及时造成污水倒灌。

建筑物污水、废水的排放必须符合国家有关法令、标准和条例等的规定。

2.1.3　建筑室内排水系统的组成

室内排水系统一般由污水、废水收集器，排水管道系统，通气管，清通设备，抽升设备，污(废)水局部处理设备等组成(图2.1)。

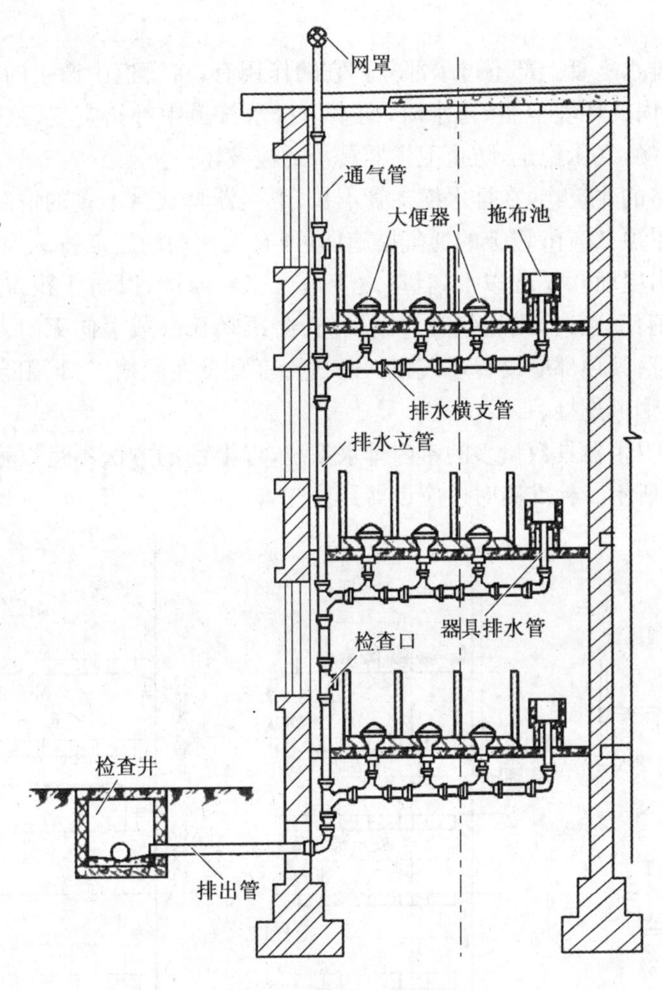

图2.1　室内排水系统组成

1. 污水、废水收集器

污水、废水收集器是指用来收集污水、废水的器具，如室内的卫生器具、工业废水的排水设备及雨水斗等。它是室内排水系统的起始点。

2. 排水管道系统

排水管道系统由器具排水管、排水横支管、排水立管、排出管等一系列管道组成。

(1) 器具排水连接管是指连接卫生器具与排水横支管之间的短管。除坐便器外，其他的器具排水管上均应设水封装置。

(2) 排水横支管指连接两个或两个以上卫生器具的器具排水管的水平管。它的作用是将器具排水管送来的污水输送到立管中去。排水横支管应有一定的坡度，坡向立管，并应尽量不转弯，直接与立管相连。

(3) 排水立管的作用是收集其上所接的各横支管送来的污水并排至排出管。

(4) 排出管是连接室内排水系统和室外排水系统，用来收集排水立管排来的污水，并将其排至室外排水管网中去。排出管连接处应设排水检查井，其管径不得小于与其连接的最大的立管管径。

3. 通气管

通气管是指排水立管上部不过水部分。它的作用有：将管道中产生的有害气体排至大气中，以免影响室内的环境卫生；排水时，向室内排水管道中补给空气，减轻立管内气压变化幅度，使水流通畅，气压稳定，防止卫生器具水封被破坏。

对于层数不多的建筑物，在排水横支管不长、卫生器具数量不多的情况下，采取将排水立管上部延伸出屋顶 0.3 m 以上的通气措施即可(有人活动的屋面按照规范的规定执行)。伸顶通气管应高出屋面 0.3 m 以上，且应大于最大积雪厚度，以防止积雪盖住通气口。在通气管 4 m 以内有门、窗时，则通气管应高出门、窗顶 0.6 m 或引向无门、窗的一侧。为防止杂物进入通气管，其顶部应设置通气帽。通气管不宜设在屋檐檐口、阳台或雨篷下，不得与建筑物的风道、烟道连接。

对于层数多、卫生器具数量多的室内排水系统，以上面的方法不足以稳压时，应设通气管系统，如图 2.2 所示。标准高时还应设器具通气管。

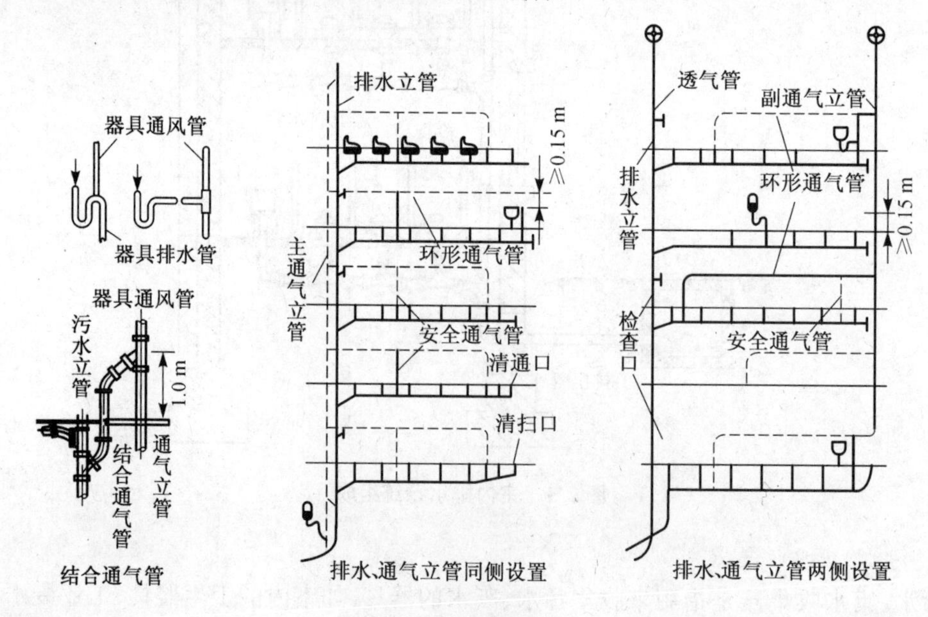

图 2.2　通气管系统

4. 清通设备

为了清通建筑物内的排水管道，应在排水管道的适当部位设置清扫口、检查口和室内检查井等。

5. 抽升设备

抽升设备是指对于民用和公共建筑地下室、人防建筑、高层建筑地下技术层等处，因污(废)水不能自流排出室外，为了保持建筑物内的良好卫生而设置的设备。抽升建筑物内的污水所使用的设备一般为离心泵。

6. 污(废)水局部处理构筑物

污(废)水局部处理构筑物是指当室外无生活污水或工业废水专用排水系统，而又必须对建筑物内所排出的污(废)水进行处理后才允许排入合流制排水系统或直接排入水体时，或有排水系统但排出的污(废)水中某些物质危害下水道时，在建筑物内或附近设置的局部处理构筑物。

2.2 建筑排水系统的管材、附件及卫生器具

2.2.1 建筑排水系统常用管材

敷设在建筑物内部的排水管道应具有足够的机械强度、抗污水侵蚀性能好、不渗漏的特点。下面重点介绍几种常用的管材性能及特点。

1. 硬聚氯乙烯塑料排水管

目前在建筑内部使用的排水塑料管多为硬聚氯乙烯塑料排水管。其具有重量轻、不结垢、不腐蚀、外壁光滑、容易切割、便于安装，以及可制成各种颜色、投资省和节能的优点。但塑料管也有强度低、耐温性差、立管产生噪声、暴露于阳光下管道易老化、防火性能差等缺点。常用于室内连续排放污水温度不大于40℃、瞬时温度不大于80℃的生活污水管道。

2. 陶土管

陶土管可分为涂釉和不涂釉两种。陶土管表面光滑、耐酸碱腐蚀，是良好的排水管材，但切割困难、强度低、运输安装过程损耗大。室内埋设覆土深度要求在0.6 m以上，在荷载和振动不大的地方，可作为室外的排水管材。

3. 混凝土及钢筋混凝土管

多用于室外排水管道及车间内部地下排水管道，一般直径在400 mm以下者为混凝土管，400 mm以上者为钢筋混凝土管。其最大优点是节约金属管材，缺点是强度低、内表面不光滑、耐腐蚀性能差。

4. 石棉水泥管

石棉水泥管重量轻、不易腐蚀、表面光滑、容易割锯钻孔，但易脆强度低、抗冲击力差、容易破损，多作为屋面通气管、外排水雨水水落管。

2.2.2 建筑排水管道的常用附件

室内排水用附件主要有存水弯、检查口、清扫口、检查井、地漏、通气帽等。

1. 存水弯

存水弯是设置在卫生器具排水管上和生产污(废)水受水器的泄水口下方的排水附件(坐便器除外),其构造如图 2.3 所示。在弯曲段内存有 60~70 mm 深的水,称作水封。其作用是利用一定高度的静水压力来抵抗排水管内气压变化,隔绝和防止排水管道内所产生的难闻有害气体和可燃气体及小虫等通过卫生器具进入室内而污染环境。存水弯有带清通丝堵和不带清通丝堵的两种;按外形不同,还可分为 P 型和 S 型两种。

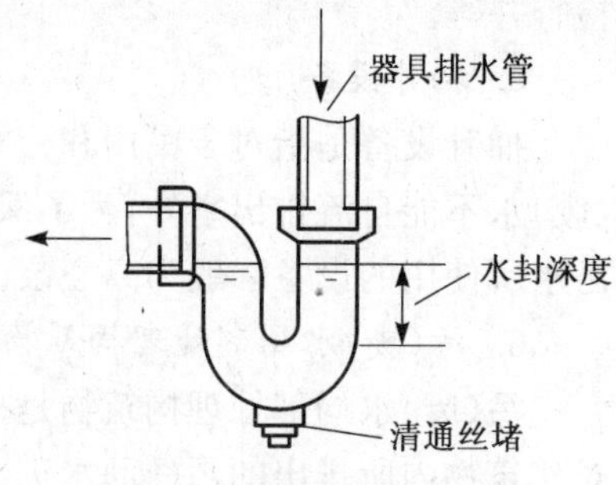

图 2.3 带清通丝堵的 P 型存水弯水封

2. 清通附件

清通附件包括检查口、清扫口和室内检查井等。

3. 地漏

地漏主要设置在厕所、浴室、盥洗室、卫生间及其他需要从地面排水的房间内,用以排除地面积水。地漏一般用铸铁或塑料制成,在排水口处盖有箅子,用来阻止杂物进入排水管道,有带水封和不带水封两种,布置在不透水地面的最低处,箅子顶面应比地面低 5~10 mm,水封深度不得小于 50 mm,其周围地面应有不小于 0.01 的坡度坡向地漏。

4. 通气帽

通气帽设在通气管顶端,以防杂物进入管内。其形式一般有两种,如图 2.4 所示。甲型通气帽采用 20 号铁丝按顺序编绕成螺旋形网罩,可用于气候较暖和的地区;乙型通气帽采用镀锌铁皮制作而成的伞形通气帽,适于冬季采暖室外温度低于 −12℃ 的地区,它可避免因潮气结冰霜封闭铁丝网罩而堵塞通气口的现象发生。

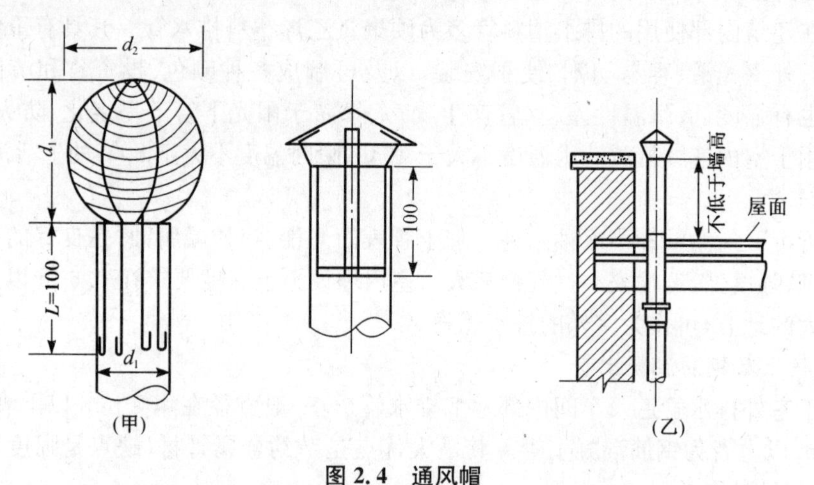

图 2.4 通风帽

2.2.3 常用卫生器具

卫生器具也称卫生设备,是给水排水工程中重要的组成部分,其作用是供洗涤、收集和排除日常生活生产中产生的污废水。

1. 器具分类

(1) 卫生器具按作用分类

① 便溺用卫生器具：大便器(槽)、小便器(槽)等。

② 盥洗、沐浴用卫生器具：洗脸(手)盆、盥洗槽、浴缸、淋浴器等。

③ 洗涤用卫生器具：洗涤盆、污水盆、化验盆、地漏等。

④ 专用卫生器具：热水器、妇女卫生盆等。

(2) 卫生器具按材质分，又有陶瓷、玻璃钢、水磨石、搪瓷(铸铁、钢板)、塑料、不锈钢、人造玛瑙等。

2. 对卫生器具的要求

坚固耐用、不透水、耐腐蚀、耐冷热、内外表面光滑便于清洗、使用方便。

3. 卫生器具的设置

卫生器具在卫生间的平面和高度方面的安装是否合理，直接关系到使用方便和保持良好的卫生间的环境，因此，安装位置的正确定位是很重要的问题。各种卫生器具安装高度见表2.1。

表2.1 卫生器具的安装高度 (单位:mm)

序号	卫生器具名称	卫生器具边缘离地面高度	
		居住和公共建筑	幼儿园
1	架空污水盆(池)(至上边缘)	800	800
2	落地式污水盆(至上边缘)	500	500
3	洗涤盆(池)(至上边缘)	800	800
4	洗手盆、洗脸盆(至上边缘)	800	800
5	盥洗槽(至上边缘)	800	500
6	浴盆(至上边缘)	480	—
7	蹲、坐式大便器(从台阶面至高水箱底)	1 800	1 800
8	蹲式大便器(从台阶面至冲洗水箱底)	900	900
9	坐式大便器(至冲洗水箱底) 外露排出管式	510 470	370
10	坐式大便器(从台阶面至水箱底) 外露排出管式 虹吸喷射式	400 380	— —
11	大便槽(从台阶面至冲洗水箱底)	不低于2 000	—
12	立式小便器(至受水部分上边缘)	100	—
13	挂式小便器(至受水部分上边缘)	600	450
14	小便槽(至上边缘)	200	150
15	化验盆(至上边缘)	800	—
16	妇女卫生盆(至上边缘)	360	—
17	饮水器(至上边缘)	1 000	—

2.3 室内排水管道及卫生器具的布置及敷设

2.3.1 排水管道的布置

作为室内重要的排出水系统，在布置和敷设室内排水管道时，一定要保证管道内部良好的水力条件以便于运行、维护和管理，保护管道不易受损坏，保证生产和使用安全以及经济美观。

排水管道的布置原则如下：

(1) 污水立管应设置在靠近杂质最多、最脏及排水量最大的排水点处，以便尽快地接纳横支管的污水以减少管道堵塞的机会；污水管的布置应尽量减少不必要的转角，尽量做直线连接。横管与立管之间的连接宜采用斜三通、斜圆通或两个45°弯头连接。

(2) 排出管应以最短距离通至室外，因排水管较易堵塞，如埋设在室内的管道太长，则清通检修不方便；此外，管道愈长则因坡度而引起的两端高差也就愈大，必然会加深室外管道的埋设深度。

(3) 在层数较多的建筑物内，为了防止底层卫生器具因立管底部出现过大正压等原因而造成污水外溢现象，底层的生活污水管道应考虑采取单独排出方式。

(4) 不论是立管或横支管，不论是明装或暗装，其安装位置都应有足够的空间以利于拆换管件和清通维护工作的进行。

(5) 当排出管与给水引入管布置在同一处进出建筑物时，为方便维修和避免或减轻因排水管渗漏造成土壤潮湿腐蚀和污染给水管道的现象，给水引入管与排出管管外壁的水平距离不得小于1.0 m。

(6) 管道应避免布置在有可能受设备振动影响或重物压坏处，因此管道不得穿越生产设备基础，若必须穿越时，应与有关专业人员协商，做技术上的特殊处理。

(7) 管道应尽量避免穿过伸缩缝、沉降缝，若必须穿过时应采取相应的技术措施，以防止管道因建筑物的沉降或伸缩而受到破坏。

(8) 排水架空管道不得敷设在有特殊卫生要求的生产厂房以及贵重商品仓库和变、配电间内。

(9) 污水立管的位置应避免靠近与卧室相邻的内墙。

(10) 明装的排水管道应尽量沿墙、梁、柱平行设置，保持室内的美观；当建筑物对美观要求较高时，管道可暗装，但应尽量利用建筑物装修使管道隐蔽，这样既美观又经济。

2.3.2 排水管道的敷设方法与安装要求

1. 室内排水管道的敷设方法及基本技术要求

(1) 卫生器具排水管与排水横支管可用90°斜三通连接。

(2) 排水管道生活污水管的横管与横管、横管与立管的连接，应采用45°三通或45°四通和90°斜三通或90°斜四通(TY形)管件；立管与排出管的连接，应采用两个45°的弯头或弯曲半径不小于4倍管径的90°弯头。

(3) 排出管与室外管道连接，前者管顶标高应大于后者；连接处的转角不得小于90°，若有大于0.3 m的落差可不受角度限制。

(4) 在排水立管上每两层设一个检查口，且间距不宜大于10 m，但在最底层和有卫生设备的最高层必须设置；如为两层建筑，则只需在底层设检查口即可；立管如有乙字弯管，则在该层乙字弯管的上部设检查口；检查口的设置高度距地面为1.0 m，朝向应便于立管的疏通和维修。

(5) 在连接两个及两个以上的大便器或三个及三个以上卫生器具的污水横管上，应设置清扫口。

(6) 污水横管的直线管段较长时，为便于疏通防止堵塞，应按规定设置检查口或清扫口。

(7) 当污水管在楼板下悬吊敷设时，污水管起点的清扫口可设在上一层楼地面上，清扫口与管道垂直的墙面距离不得小于200 mm。若污水管起点设置堵头代替清扫口时，与墙面距离不得小于400 mm。

(8) 在转角小于135°的污水横管上，应设置检查口或清扫口。

(9) 埋在地下或地板下的排水管道的检查口，应设在检查井内。井底表面标高与检查口的法兰相平，井底表面应有0.05坡度坡向检查口。

(10) 地漏的作用是排除地面污水，因此地漏应设置在房间的最低处，地漏箅子面应比地面低5 mm左右；安装地漏前，必须检查其水封深度不得小于50 mm，水封深度小于50 mm的地漏不得使用。

(11) 排水通气管不得与风道或烟道连接，且应符合下列规定：通气管应高出屋面300 mm，但必须大于最大积雪厚度；在通气管出口4 m以内有门、窗时，通气管应高出门、窗顶600 mm或将其引向无门、窗的一侧；对于上人的平屋顶，通气管应高出屋面2 m，并应根据防雷需要设置防雷装置。

(12) 对排水立管中间的甩口尺寸，应根据水平支管的坡度定出适当的距离尺寸，考虑坡度要从最长的管道计算；同类型立管甩口尺寸应一致。确定立管与墙壁的距离时，既要考虑便于操作，又要考虑整齐、美观、不影响使用，一般规定管承口外皮距离墙净距20～40 mm。

(13) 饮食业工艺设备引出的排水管及饮用水箱的溢流管不得与污水管道直接连接，并应留有不小于100 mm的隔断空间。

(14) 安装未经消毒处理的医院含菌污水管道，不得与其他排水管道直接连接。

(15) 室内排水管道的灌水、通球试验要求如下。

① 灌水试验：室内排水管道安装完毕应进行灌水试验，其结果必须符合设计要求；隐蔽或埋地的管道，未经灌水试验不得隐蔽。试验方法为：污水管道灌水高度，以一层楼的高度为准，满水15 min水面下降后，再灌满观察5 min，水面不下降，管道和接口无渗漏为合格；雨水管道的灌水高度必须到每根立管上部的雨水斗；灌水试验持续1 h，不渗不漏为合格。

② 通球试验：室内排水主立管及水平干管管道均应做通球试验，通球的球径不小于排水管道管径的2/3，通球率必须达到100%。

2. 室内排水管道的安装方法及要求

室内排水管道的安装应遵守先地下后地上(俗称先零下后零上)的原则。安装顺序依次为排出管(做至一层立管检查口)、一层埋地排水横管、一层埋地器具支管(做至承口突出地面)、埋地部分管道灌水试验与验收。此段工程完工俗称一层平口,其施工可在土建一层楼板盖好进行,其后的施工顺序是立管、各层的排水横管、器具支管。

(1) 排出管安装　排出管是室内排水立管或横管与室外检查井之间的连接管道。安装中要保证管子的坡向和坡度,应该为直线管段,不能转弯或突然变坡。为了检修方便,排水管的长度不宜太长,一般检查井中心至建筑物外墙的距离不小于 3 m,不大于 10 m。排水管插入检查井的位置不能低于井的流水槽。

一般情况下,排出管先敷设至建筑物墙外 1 m 处,经室内排水管道通球试验和灌水试验合格后,再接至室外检查井。施工中,还要注意堵好室外管端敞口。

(2) 排水横干管安装　排水横干管按其所处位置不同,其安装有两种情形,一种是建筑物底层的排水横干管可直接铺设在底层的地下,另一种是各楼层中的排水横干管,可敷设在支、吊架上。

敷设在支、吊架上的管道安装,要先搭设架子,将支架按设计坡度栽好或做好吊具,量好吊杆尺寸。将预制好的管道固定牢靠,并将立管预留管口及各层卫生器具的排水预留管口找好位置,接至规定高度,也将预留管口临时封堵。位于吊顶内的排水干管,也需按隐蔽工程项目办理检查验收手续。

(3) 排水立管安装　根据施工图校对预留管洞尺寸,如为混凝土预制楼板,则需凿楼板洞,如需断筋,必须征得土建有关人员同意,按规定处理。立管检查口应按设计或施工验收规范要求设置,当排水立管暗装在管槽或管井中时,在检查口处应设检修孔。

(4) 排水支管安装　支管安装也应先搭好架子,并将支、吊架按坡度栽好,将预制好的管段放到架子上,再将支管插入立管预留口的承口内,将支管预留口尺寸找准,并固定好支管,然后打麻、打灰口。如支管设在吊顶内,末端有清扫口者,应将管子接至上层地面上,便于清扫。支管安装完毕后,可将卫生器具或设备的预留管安装到位,找准尺寸并配合土建将楼板洞堵严,预留管口临时封堵。

2.3.3 卫生器具的布置与敷设

(1) 安装卫生器具时,卫生器具的上口边缘要水平,同一房间内成排布置的器具标高应一致。卫生器具安装好后应无摇动现象,安装应牢固、可靠,卫生器具的坐标位置、标高要准确,卫生器具上的给、排水管口连接处必须保证严密、无渗漏。卫生器具的安装应根据不同使用对象(如住宅、学校、幼儿园、医院等)合理安排;阀门手柄的位置朝向合理。阀门、水龙头开关灵活,各种感应装置应灵敏、可靠。

(2) 卫生器具除浴盆和蹲式大便器外,均应待土建抹灰、粉刷、贴瓷砖等工作基本完成后再进行安装。

(3) 各种卫生器具埋设支、托架除应平整、牢固外,还应与器具贴紧;栽入墙体内的深度要符合工艺要求,支、托架必须防腐良好;固定用螺钉、螺栓一律采用镀锌产品,凡与器具接触处应加橡胶垫。

(4) 蹲便器或坐便器与排水口连接处要用油灰压实;稳固地脚螺栓时,地面防水层不得破坏，防止地面漏水。

(5) 排水栓及地漏的安装应平正、牢固，并应低于排水表面；安装完后应试水检查，周边不得有渗漏。地漏的水封高度不得小于 50 mm。

(6) 高位水箱冲洗管与便器接口处，要留出槽沟，内填充砂子后抹平以便今后检修；为防止腐蚀，绑扎胶皮碗应采用成品喉箍或铜丝。

(7) 洗脸盆、洗涤盆(家具盆)的排水栓安装时，应将排水栓侧的溢水孔对准器具的溢水孔；无溢水孔的排水口，应打孔后再进行安装。

(8) 洗脸盆、洗涤盆的下水口安装时应上垫油灰、下垫胶皮，使之与器具接触紧密，避免产生渗漏现象。

(9) 带有裙边的浴盆是近几年引进的新型浴盆，应在靠近浴盆下水的地面结构预留 200 mm×300 mm 的孔洞，便于浴盆排水管的安装及检修，同时做好地面防水处理。裙边浴盆有左和右之分，安装时按照其位置选用。

(10) 小便槽冲洗管的安装制作　冲洗管应采用镀锌钢管或塑料管制作；冲洗孔距一般为 40 mm、孔径为 3 mm，镀锌钢管钻孔后应进行二次镀锌；安装时应使冲洗孔朝墙面且向下倾斜 45°角，并根据管道长度适当用卡件固定。

(11) 冲浪浴盆是近几年从国外引进的洁具之一，浴盆侧部装有小型电动水泵，使盆内水流循环，盆两侧装有喷嘴、吸水口和吸气口，通过水泵的转动使盆内水产生冲浪，起到按摩作用；该浴盆有单人和多人用几种，电源有 220 V 和 110 V 两种。浴盆靠电机一侧要设检修门。

(12) 自动冲洗式小便器是由自动冲水器和小便器组成，安装时应在生产厂方指导下进行，并经调试合格后方可移交用户使用。

(13) 卫生器具给水配件(如角阀、截止阀、水嘴、淋浴器喷头等)应完好无损，接口严密，启闭部分灵活。

(14) 卫生器具的满水和通水试验要求如下：

① 满水试验：为了检验各卫生器具与连接件接口处的严密性，卫生器具安装完毕必须进行满水试验。目前常见的方法是用气囊充气的方法检查接口，即用球状气囊放在立管检查口下面，用打气筒将球充气，然后再灌水，进行检查观察，不渗漏为合格。

② 通水试验：卫生器具交付使用前应进行通水试验，打开各自的给水龙头进行通水试验，检查给、排水是否畅通(包括卫生器具的溢流口、地漏和地面清扫口等)。

2.4　屋面雨水排水系统

为了避免雨水和融雪水积聚于屋面造成渗漏，必须设置雨水管道及时排除雨、雪水。

2.4.1　屋面雨水排放方式

屋面雨水排除的方法一般分为外排水式和内排水式两大类。根据建筑结构形式、气候条件及生产使用要求，在技术经济合理的情况下，屋面雨水尽量采用外排水。

2.4.2 屋面雨水排水系统

1. 外排水系统

雨水外排水系统各部分均设置在室外,因建筑物内部没有雨水管道,所以不会产生室内管道漏水及地面冒水等问题。按屋面是否设置天沟,外排水系统又可以分为檐沟外排水和天沟外排水两种方式。

(1) 檐沟外排水　檐沟外排水系统又称为水落管排水系统,该系统由檐沟、雨水斗及水落管组成,如图 2.5 所示。

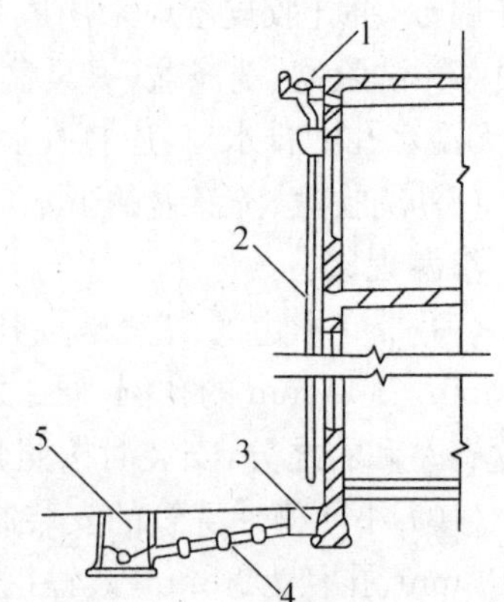

图 2.5　檐沟外排水系统

1—檐沟;2—水落管;3—雨水口;4—连接管;5—检查井

这种排水系统适用于一般居住建筑、屋面面积较小的公共建筑和小型单跨厂房等建筑屋面雨水的排除。

檐沟常用镀锌铁皮或混凝土制成。水落管多用 26 号镀锌铁皮或者硬聚氯乙烯塑料(UPVC)管、铸铁管等制成。

(2) 天沟外排水　天沟排水系统由天沟、雨水斗、排水立管和排出管组成。该系统利用屋面构造所形成的天沟本身的容量和坡度,使雨、雪水向建筑物屋面低点(山墙、女儿墙方向)泄放,并经墙外立管排至地面或雨水道。

采用天沟外排水不仅能消除厂房内部检查井冒水问题,而且节约投资、节省金属材料、施工简便,不仅有利于合理地使用厂房空间和地面,还可以为厂区雨水系统提供明沟排水或减小管道埋深,但对天沟板连接处的防漏措施和施工质量要求较高。这种系统适用于长度不超过 100 m 的多跨工业厂房,以及厂房内不允许布置雨水管道的建筑。

2. 内排水系统

大跨度屋面的工业厂房,尤其是屋面有天窗、多跨、锯齿形屋面或壳形屋面等工业厂房,采用檐沟外排水或天沟外排水排除屋面雨水有较大困难时,必须在建筑物内设置雨水管系统。对建筑外立面要求较高的建筑物,也应设置室内雨水管系统。此外,高层大面积平屋顶民用建筑,特别是处于寒冷地带的此类建筑物,均应采用内排水方式。

内排水系统如图 2.6 所示。该系统由厂房设有的天沟、雨水斗、连接管、悬吊管、立管和排出管等部分组成。

根据悬吊管所连接的雨水斗的数量不同,建筑内排水系统可分为单斗和多斗两种。一般多用单斗系统,采用多斗系统时,一根悬吊管上连接的雨水斗不得超过四个。

(1) 雨水斗　雨水斗的作用是最大限度地迅速排除屋面雨、雪积水,排泄雨水时最小限度地掺气,并能拦截粗大杂质。

(2) 悬吊管　当厂房内地下有大量机器设备基础和各种管线或其他生产工艺要求不允许雨水井冒水时,不能设计埋地横管,必须采用悬吊在屋架下的雨水管。这种悬吊管承纳一个或几个雨水斗的流量。悬吊管可直接将雨水经立管输送至室外的检查井及排水管网。

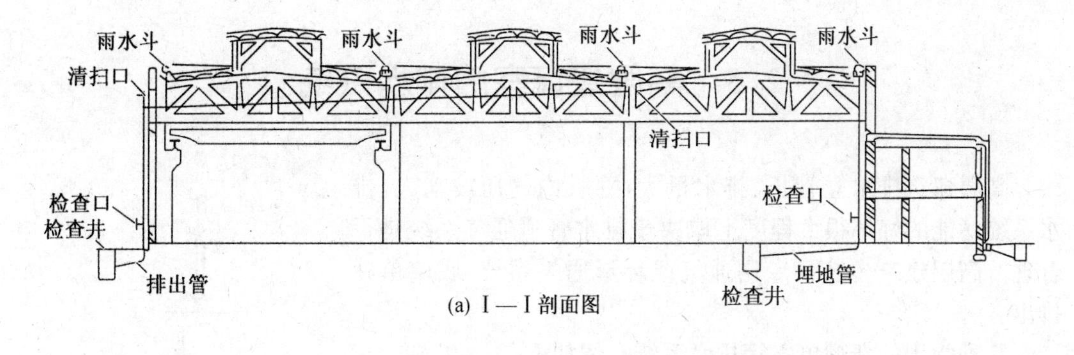

(a) Ⅰ—Ⅰ剖面图

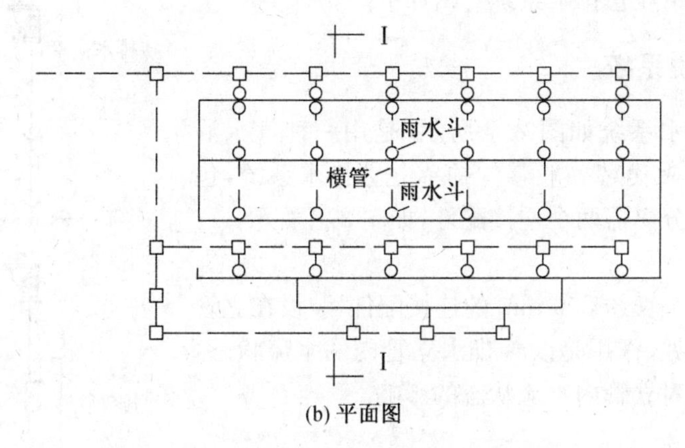

(b) 平面图

图 2.6　内排水式系统

悬吊管采用铸铁管，用铁箍、吊环等固定在建筑物的屋架、梁和墙上。为满足水力条件及便于经常的维修清通，需有不小于 0.003 的坡度；在悬吊管的端头及长度大于 15 m 的悬吊管，应装设检查口或带法兰盘的三通，其间距不得大于 20 m，位置宜靠近柱、墙。

(3) 立管及排出管　立管接纳悬吊管或雨水斗的水流。埋设于地下的一段排出管将立管引来的雨水送到地下管道中排出。

雨水立管管材一般采用给水铸铁管，石棉水泥接口，在管道可能受到振动或生产工艺有特殊要求时，应采用钢管，接口须按照规范要求采用焊接连接。

立管通常沿柱、墙布置，每隔 2 m 用卡箍固定。为便于清通检修，立管距地面约 1 m 处应装设检查口。

(4) 埋地横管及检查井　埋地横管与雨水立管（或排出管）的连接可用检查井，也可用管道配件。

检查井的进出水管道的连接应尽量使进、出管之轴线成一直线，其交角不得小于 135°；为改善水流状态，在检查井内还应设置高流槽。

埋地横管可采用混凝土管、钢筋混凝土管或带釉的陶土管。

对室内地面下不允许设置检查井的建筑物，可采用悬吊管直接排至室外，或者用压力流排水的方式。检查井内设有盖堵的三通作检修用。

2.5 高层建筑室内排水系统

高层建筑排水立管长、排水量大，立管内气压波动大，排水系统功能的好坏很大程度上取决于排水管道通气系统是否合理。高层建筑多装设专用通气或环形通气系统，底层单独排出。

几种常用的新型单立管排水系统介绍如下。

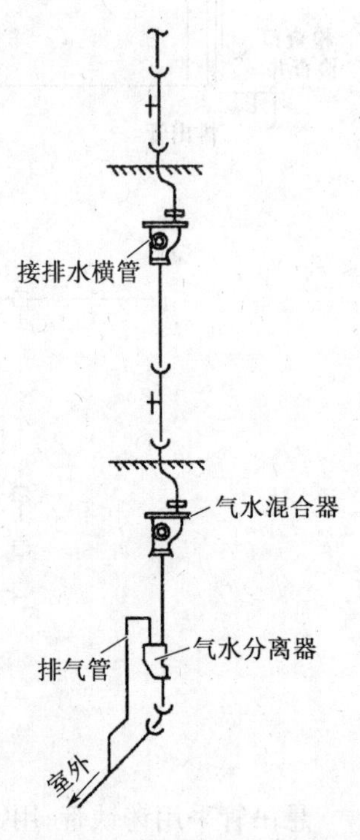

图 2.7 苏维脱排水系统简图

2.5.1 苏维脱系统

苏维脱单立管排水系统如图 2.7 所示，是用一种气水混合和气水分离的配件来代替一般零件的单立管排水系统，包括气水混合器和气水分离器两个连接配件，如图 2.8 所示。

1. 气水混合器

气水混合器是一个长约 800 mm 的连接配件，装设在立管与每层横支管的连接处，作用是改善排水立管内的水流状态，减轻污水横支管水流对立管内水流状态的影响。

2. 气水分离器

气水分离器是设在排水立管最下部的配件，可以防止立管底部产生过大的正压。

混合器与分离器都是用铸铁浇铸的，与普通排水铸铁管件一样，采用承插连接。

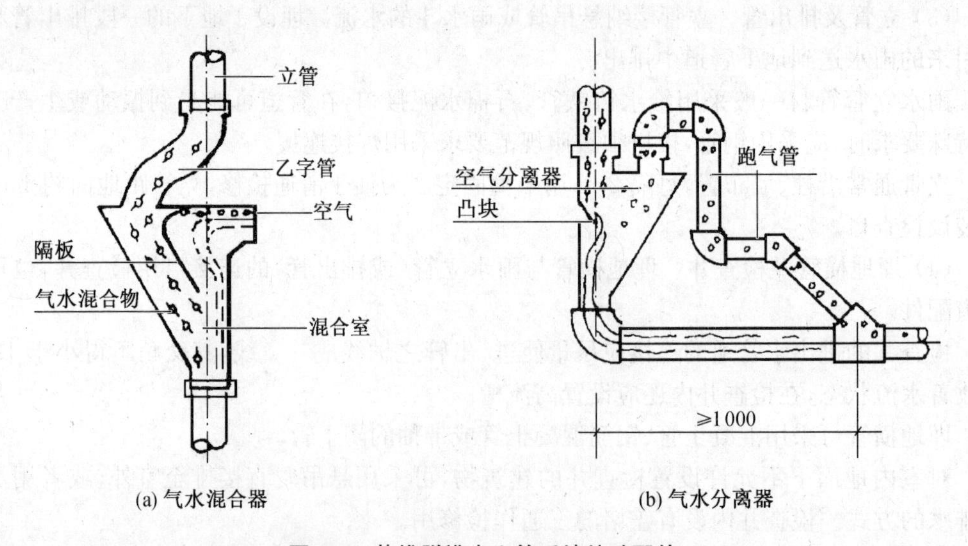

(a) 气水混合器　(b) 气水分离器

图 2.8 苏维脱排水立管系统特殊配件

2.5.2　塞克斯蒂阿系统

塞克斯蒂阿系统也叫旋流式单立管排水系统，如图 2.9 所示。其由两个主要部件组成，一是用于连接立管与各层横支管的旋流排水接头，二是用于连接立管底部与排水横干管的旋流排水弯头。

1. 旋流连接配件

旋流连接配件的接头盖上有 1 个直径 10 mm 和 6 个直径 50 mm 的污水管接头，接头内部有 12 块导旋叶片。通过盖板可以连接大便器和其他器具的排水横支管。从横支管排出的污水从切线方向流入立管，由于旋转导流，使水呈旋转运动，因而不会在立管和横管的连接处产生水塞，而是沿管壁旋转而下，保证了立管中空，形成通气的空气芯。

水流流下一段距离后，旋流作用会减弱，但通过下一层的旋流接头时，由于旋转导叶片的作用又增加了旋流，使立管的空气芯与各横支管中的气流连通，并通过伸顶通气管与大气相通，使立管中压力变化很小，从而防止了卫生器具的水封被破坏，立管的负荷也大大提高了。

2. 旋流排水弯头

旋流排水弯头是一个内部有特殊顺片的 45°弯管，叶片能迫使流下的水流溅向对壁沿着弯头后方流下，这样就避免了横干管发生水跃而封闭住立管内的气流造成过大的正压。

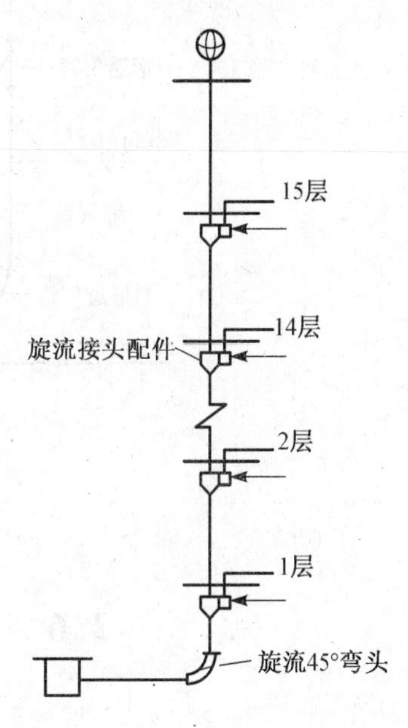

图 2.9　旋流排水系统图

2.5.3　高层建筑排水管道的安装

随着高层建筑的日益发展，高层建筑的生活排水管道的施工任务也越来越多。对于其管道的安装与普通铸铁排水管相比，可考虑以下技术措施。

(1) 排水立管须选用加厚的承插排水铸铁管，比普通铸铁管厚 2～3 mm，以提高管道的强度和承压能力，并须在立管与排水横管垂直连接的底部设 150# 混凝土支墩，以支承整根立管的自重。

(2) 高层建筑考虑管道胀缩补偿，可采用柔性法兰管件，并在承口处还要留出胀缩余量。

(3) 为了保证高层建筑的排水通畅，可采用辅助透气管，如图 2.10 所示，主排水管与辅助透气管之间用辅助透气异形管件连接。

(4) 对于 30 m 以上的建筑，也可在排水立管上每层设一组气水混合器与排水横管连接，立管的底部排出管部分设气水分离器，即苏维脱排水系统。此系统适用于排水量大的高层宾馆和高级饭店，可起到粉碎粪便污物，分散和减轻低层管道的水流冲击力，保证排水通畅的作用。

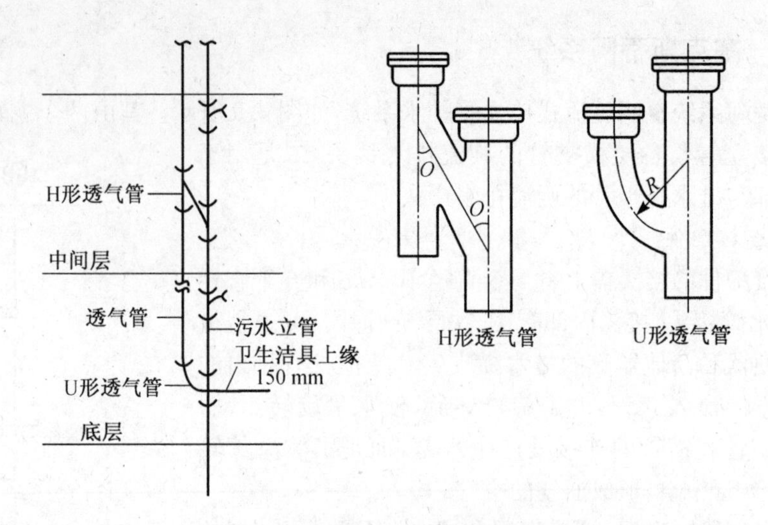

图 2.10　排水立管、辅助通气管

2.6　管道的防腐、绝热与减振防噪

2.6.1　管道的除锈与防腐

建筑安装工程中的管道、容器、设备等常因其腐蚀损坏而引起系统的泄漏，既影响生产又浪费能源。对输送有毒介质的管道而言还会造成环境污染和人身伤亡事故。许多工艺设施会因腐蚀而报废，最后成为一堆废铁。金属的腐蚀原因是复杂的，而且常常是难于避免的。为了防止和减少金属的腐蚀，延长管道的使用寿命，应根据不同情况采取相应防腐措施。防腐的方法很多，如采取金属镀层、金属钝化、电化学保护、衬里及涂料工艺等。在管道及设备的防腐方法中，采用最多的是涂料工艺。对于明装的管道和设备，一般采用油漆涂料；对于设置在地下的管道，则多采用沥青涂料。

1. 管道的除锈

为了提高油漆防腐层的附着力和防腐效果，在涂刷油漆前应清除钢管和设备表面的锈层、油污和其他杂质。

钢材表面的除锈质量分为四个等级。

一级要求彻底除净金属表面上的油脂、氧化皮、锈蚀等一切杂物，并用吸尘器、干燥洁净的压缩空气或刷子清除粉尘。表面无任何可见残留物，呈现均一的金属本色，并有一定粗糙度。

二级要求完全除去金属表面的油脂、氧化皮、锈蚀产物等一切杂物，并用工具清除粉尘。残留的锈斑、氧化皮等引起的轻微变色的面积在任何部位 100 mm×100 mm 的面积上不得超过 5%。

一、二级除锈标准，一般必须采用喷砂除锈和化学除锈的方法才能达到。

三级标准要求完全除去金属表面上的油脂、疏松氧化皮、浮锈等杂物，并用工具清除粉尘。紧附的氧化皮、点锈蚀或旧漆等斑点状残留物面积在任何部位 100 mm×100 mm的面积上不得超过 1/3。三级除锈标准可用人工除锈、机械除锈和喷砂除锈方法达到。

四级要求除去金属表面上油脂、铁锈、氧化皮等杂物，允许有紧附的氧化皮、锈蚀产物或旧漆存在，用人工除锈即可达到。

建筑设备安装中的管道和设备一般要求表面除锈质量达到三级。常用除锈的方法有人工除锈、喷砂除锈、机械除锈和化学除锈。

(1) 人工除锈　人工除锈常用的工具有钢丝刷、砂布、刮刀、手锤等。当管道设备表面有焊渣或锈层较厚时，先用手锤敲除焊渣和锈层；当表面油污较重时，用熔剂清理油污。待干燥后用刮刀、钢丝刷、砂布等刮擦金属表面直到露出金属光泽。再用干净废棉纱或废布擦干净，最后用压缩空气吹洗。钢管内表面的锈蚀，可用圆形钢丝刷来回拉擦。

人工除锈劳动强度大、效率低、质量差，但工具简单、操作容易，适用各种形状表面的处理。由于安装施工现场多数不便使用除锈机械设备，所以在建筑设备安装工程中人工除锈仍是一种主要的除锈方法。

(2) 喷砂除锈　喷砂除锈是采用 0.35～0.5 MPa 的压缩空气，把粒度为 1.0～2.0 mm 的砂子喷射到有锈污的金属表面上，靠砂粒的打击去除金属表面的锈蚀、氧化皮等，除锈装置如图 2.11 所示。喷砂时工件表面和砂子都要经过烘干，喷嘴距离工件表面 100～150 mm，并与之成 70°夹角，喷砂方向尽量顺风操作。用这种方法能将金属表面凹处的锈除尽，处理后的金属表面粗糙而均匀，使油漆能与金属表面很好的结合。喷砂除锈是加工厂或预制厂常用的一种除锈方法。

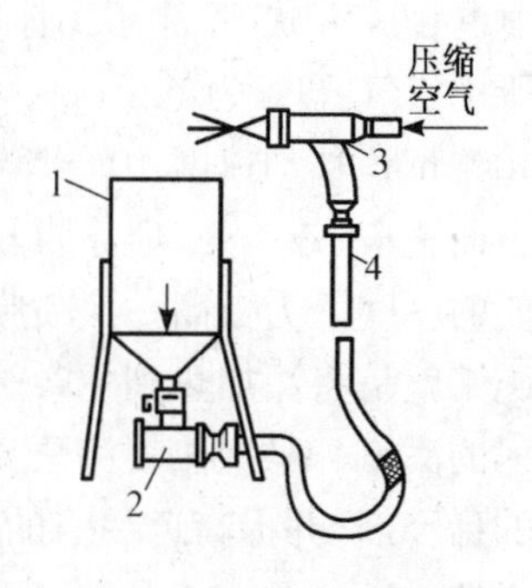

图 2.11　喷砂装置

1—储砂罐；2—橡胶管；3—喷枪；4—空气接管

喷砂除锈操作简单、效率高、质量好，但喷砂过程中产生大量的灰尘，污染环境，影响人们的身体健康。为减少尘埃的飞扬，可用喷湿砂的方法来除锈。喷湿砂除锈是将砂子、水和缓蚀剂在储砂罐内混合，然后沿管道至喷嘴高速喷出。缓蚀剂(如磷酸三钠、亚硝酸钠)能在金属表面形成一层牢固而密实的膜(即钝化)，可以防止喷砂后的金属表面生锈。

(3) 机械除锈　机械除锈是用电机驱动的旋转式或冲击式除锈设备进行除锈，除锈效率高，但不适用于形状复杂的工件。常用除锈机械有旋转钢丝刷、风动刷、电动砂轮等。如图 2.12 所示是一电动钢丝刷内壁除锈机，由电动机、软轴、钢丝刷组成，当电机转动时，通过软轴带动钢丝刷旋转进行除锈，用来清除管道内表面上的铁锈。

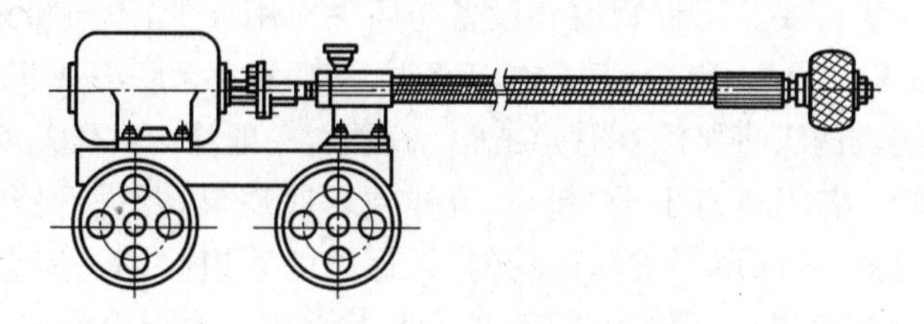

图 2.12　电动钢丝刷内壁除锈机

(4) 化学除锈　化学除锈又称酸洗，是使用酸性溶液与管道设备表面金属氧化物进行化学反应，使其溶解在酸溶液中。用于化学除锈的酸液有工业盐酸、工业硫酸、工业磷酸等。酸洗前先将水加入酸洗槽中，再将酸缓慢注入水中并不断搅拌。当加热到适当温度时，将工件放入酸洗槽中，掌握酸洗时间，避免清理不净或侵蚀过度。酸洗完成后应立即进行中和、钝化、冲洗、干燥，并及时刷油漆。

2. 管道及设备涂漆

(1) 油漆防腐的原理　油漆防腐的原理就是靠漆膜将空气、水分、腐蚀介质等隔离起来，以保护金属表面不受腐蚀。

(2) 涂漆方法　常用的管道和设备表面涂漆方法有手工涂刷、空气喷涂、静电喷涂和高压喷涂等。

① 手工涂刷：手工涂刷是将油漆稀释调和到适当稠度后，用刷子分层涂刷。这种方法操作简单，适应性强，可用于各种漆料的施工；但其工作效率低，涂刷的质量受操作者技术水平的影响较大。漆膜不易均匀。手工涂刷应自上而下、从左至右、先里后外、纵横交错地进行，漆层厚度应均匀一致，无漏刷和挂流处。

② 空气喷涂：空气喷涂是利用压缩空气通过喷枪时产生高速气流将储漆罐内漆液引射混合成雾状，喷涂于物体的表面。空气喷涂中喷枪(图2.13)所用空气压力为 0.2～0.4 MPa，一般距离工件表面 250～400 mm，移动速度 10～15 m/min。空气喷涂漆膜厚薄均匀，表面平整、效率高，但漆膜较薄，往往需要喷涂几次才能达到需要的厚度。为提高一次喷膜厚度，可采用热喷涂施工。热喷涂施工就是将漆加热到 70℃左右，使油漆的黏度降低，增加被引射的漆量。采用热喷涂法比一般空气喷涂法可节省 2/3 左右的稀释剂，并提高近一倍的工作效率，同时还能改变涂膜的流平性。

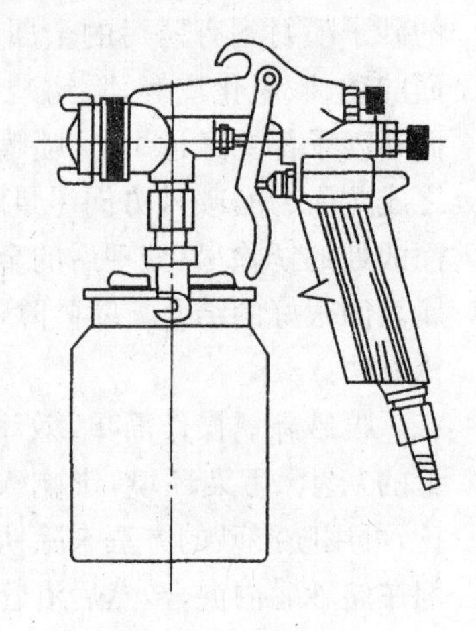
图 2.13　油漆喷枪

③ 高压喷涂：高压喷涂是将经加压的涂料由高压喷枪后，剧烈膨胀并雾化成极细漆粒喷涂到构件上。由于漆膜内没有压缩空气混入而带进的水分和杂质等，漆膜质量较空气喷涂高，同时由于涂料是扩容喷涂，提高了涂料黏度，雾粒散失少，也减少了溶剂用量。

④ 静电喷涂：静电喷涂是使由喷枪喷出油漆雾粒细化在静电发生器产生的高压电场中荷电，带电涂料微粒在静电力的作用下被吸引贴覆在异性带电荷的构件上。由于飞散量减少，这种喷涂方法较空气喷涂可节约涂料 40%～60%。其他涂漆方法有滚涂、浸涂、电泳涂、粉末涂法等，因在建筑安装工程管道和设备防腐中应用较少，不再赘述。

(3) 涂漆的施工程序及要求　涂漆的施工程序一般分为涂底漆或防锈漆、涂面漆、罩光漆三个步骤。底漆或防锈漆直接涂在管道或设备表面，一般涂 1～2 遍，每层涂层不能太厚，以免起皱和影响干燥。若发现有不干、起皱、流挂或露底现象，要进行修补或重新涂刷。面漆一般涂刷调和漆或瓷漆，漆层要求薄而均匀，无保温的管道涂刷一遍调和漆，有保温的管道涂刷两遍调和漆。罩光漆层一般由一定比例的清漆和磁漆混合后涂刷一遍。不同种类的管道设备涂刷油漆的种类和涂刷次数见表 2.2。

表 2.2　管道设备涂刷油漆种类和涂刷次数

分　类	名　称	先刷油漆名称和次数	再刷油漆名称和次数
不保温管道和设备	室内布置管道设备	2 遍防锈漆	1～2 遍油性调和漆
	室外布置的设备和冷水管道	2 遍环氧底漆	2 遍醇酸磁漆或环氧磁漆
	室外布置的气体管道	2 遍云母氧化铁酚醛底漆	2 遍云母氧化铁面漆
	油管道和设备外壁	1～2 遍醇酸底漆	1～2 遍醇酸磁漆
	管沟中的管道	2 遍防锈漆	2 遍环氧沥青漆
	循环水、工业水管和设备	2 遍防锈漆	2 遍沥青漆
	排气管	1～2 遍耐高温防锈漆	
保温管道设备	介质<120℃的设备和管道	2 遍防锈漆	
	热水箱内壁	2 遍耐高温油漆	
其他	现场制作的支吊架	2 遍防锈漆	1～2 遍银灰色调和漆
	室内钢制平台扶梯	2 遍防锈漆	1～2 遍银灰色调和漆
	室外钢制平台扶梯	2 遍云母氧化铁酚醛底漆	2 遍云母氧化铁面漆

涂刷油漆前应清理被涂刷表面上的锈蚀、焊渣、毛刺、油污、灰尘等，保持涂物表面清洁干燥。涂漆施工宜在 15～30℃，相对湿度不大于 70%，无灰尘、烟雾污染的环境温度下进行，并有一定的防冻防雨措施。漆膜应附着牢固、完整、无损坏、无剥落、皱纹、气泡、针孔、流淌等缺陷。涂层的厚度应符合设计文件要求。对安装后不宜涂刷的部位，在安装前要预先刷漆，焊缝及其标记在压力试验前不应刷漆。有色金属、不锈钢、镀锌钢管、镀锌钢板和铝板等表面不宜涂漆，一般可进行钝化处理。

3. 埋地管道的防腐

埋地管道腐蚀是由土壤的酸性、碱性、潮湿、空气渗透以及地下杂散电流的作用等因素所引起的，其中主要是电化学作用。防止腐蚀的方法主要是涂刷沥青涂料。

埋地管道腐蚀的强弱主要取决于土壤的性质。根据土壤腐蚀性质的不同，可将防腐层结构分为普通防腐层、加强防腐层和特加强防腐层三种类型，其结构见表 2.3。普通防腐层适用于腐蚀性轻微的土壤，加强防腐层适用于腐蚀性较剧烈的土壤，特加强防腐层适用于腐蚀性极为剧烈的土壤。土壤腐蚀性等级及其防护见表 2.4。

为了提高沥青涂料与钢管表面的黏结力，在涂刷沥青玛碲脂之前一般要在管道或设备表面先涂刷冷底子油。沥青玛碲脂温度保持在 160～180℃时进行涂刷作业，涂刷时冷底子油层应保持干燥清洁，涂层应光滑均匀。沥青涂层中间所夹的加强包扎层可采用玻璃丝布、石棉油毡、麻袋布等材料，其作用是为了提高沥青涂层的机械强度和热稳定性。施工时包扎料最好用长条带呈螺旋状包缠，圈与圈之间的接头搭接长度应为 30～50 mm，并用沥青黏合紧密，不得形成空气泡和折皱。防腐层外面的保护层多采用塑料布或玻璃丝布包缠而成，其施工方法和要求与加强包扎层相同。保护层可提高整个防腐层的防腐性能和耐久性。防腐层的厚度应符合设计要求，一般普通防腐层的厚度不应小于 3 mm，加强防腐层的厚度不应小于 6 mm，特加强防腐层的厚度不应小于 9 mm。

表 2.3 埋地管道防腐层结构

防腐层层次	普通防腐层	加强防腐层	特加强防腐层
1	冷底子油	冷底子油	冷底子油
2	沥青涂层	沥青涂层	沥青涂层
3	外包保护层	加强包扎层 (封闭层)	加强包扎层 封闭层
4		沥青涂层	沥青涂层
5		外保护层	加强包扎层 (封闭层)
6			沥青涂层
7			外保护层
防腐层厚度不小于(mm)	3	6	9

注:防腐层次从金属表面起。

表 2.4 土壤腐蚀性表

电阻测量法((Ω/m)	>100	100～20	20～10	<10
腐蚀性	低	一般	较高	高
防腐措施	普通	普通	加强	特加强

沥青防腐层施工完成后应进行外观检验、厚度检验、黏结力检验和绝缘性能检验等质量检验。

按施工作业顺序连续跟班对除锈、涂冷底子油、涂沥青玛碲脂,缠玻璃丝布等各个环节进行外观检验。要求各层间无气孔、裂缝、凸瘤和混入杂物等缺陷,外观平整无皱纹。沿管线每 100 mm 检查厚度一处,每处沿周围上下左右四个对称点测定防腐层厚度,并取其平均值。大小应满足厚度要求。沿管线每 500 m 处或认为有怀疑的地方取点进行黏结力检验。用小刀在防腐层上切出一夹角为 45°～60°的切口,然后从角尖撕开防腐层,如果防腐层不成层剥落,只由冷底子油层撕开为合格。绝缘性能检验在管子下沟回填土前用电火花检验器沿全管线进行。检测用的电压为:普通防腐层 12 kV,加强防腐层 24 kV,特强防腐层 36 kV。

4. *油漆涂层质量等级标准*

油漆涂层的质量检验等级标定,目前还没有定量的技术数据指标,只是用目测定性的模糊级别标准,分为四级。

(1) 一级:漆膜颜色一致,亮光好,无漆液流挂、漆膜平整光滑、镜面反映好。不允许有划痕和肉眼能看到的疵病,装饰感强。

(2) 二级:漆膜颜色一致,底层平整光滑、光泽好,无流挂,无气泡,无杂纹,用肉眼看不到显著的机械杂质和污浊,有装饰性。

(3) 三级:面漆颜色一致,无漏漆,无流挂,无气泡,无触目颗粒,无皱纹。

(4) 四级:底漆涂后不露金属,面漆涂后不漏底漆。

管道工程一般参照三级精度要求施工。

2.6.2 管道的绝热

1. 绝热的概念和意义

(1) 保温绝热与保冷绝热　绝热,俗称保温。工程上分保温绝热和保冷绝热两个方面,保温绝热是减少系统内介质的热能向外界环境传递,保冷绝热是减少环境中的热能向系统内介质传递。

保温绝热层和保冷绝热层,本身无什么区别。但由于热量传递的方向不同和应用的温度范围不同,其使用性质上产生了质的差别,因此在结构构造上也有所不同,应引起施工作业的重视。

从客观上讲,存在温度场的空间,也同时存在水蒸气的分压力场。伴随热量传递的同时,也有水蒸气的渗流,而且与热量的传递方向相同。但由于应用的温度范围不同,使水蒸气产生的物态变化有了根本的区别。在保冷绝热层内,水蒸气正好处在气态(汽)、液态(水)和固态(冰)的温度变化范围内,随着水蒸气由外向保冷绝热层内渗流,温度越来越低,可能达到露点甚至冰点,因此在保冷绝热层内就会结露和结霜,从而降低绝热效果和破坏绝热层。因此,作为保冷绝热层,必须在绝热层外设防潮隔气层,阻止水蒸气向绝热层内渗流。而在保温绝热层内,由于介质的温度较高,不存在水蒸气的三态变化。即使发生,也只能发生在间歇工作的系统,或系统的启动、停止等不稳定传热期间,时间较短而随着系统进入稳定运行状态,水蒸气总是处在气态下不会发生上面所述的结露结霜现象,故作为保温绝热层,无须设置防潮隔气层。但对于室外架空管道,由于要防雨防雪,也要在保温绝热层外设防潮防水层,这样保温绝热层和保冷绝热层构造就基本相同了,统一称为绝热。

(2) 绝热层的作用　绝热层的作用是减少能量损失、节约能源、提高经济效益;保障介质运行参数,满足用户生产生活要求。同时,对于保温绝热层来说,降低绝热层外表面温度,改善环境工作条件、避免烫伤事故发生。对于保冷绝热层来说,可提高绝热层外表面温度,改善环境工作条件,防止绝热层外表面结露结霜。对于寒冷地区,管道绝热层能保障系统内的介质水不被冻结,保证管道安全运行。

绝热层能否取得上述各项满意效果,关键在于绝热材料选用和绝热层的施工质量。

2. 绝热材料的种类和应用

绝热材料,种类繁多。有些新材料尚无统一分类。工程上不同的绝热材料绝热层采用不同的构造形式,因此施工方法也不同。

(1) 绝热材料的分类

① 早期的绝热材料:多为天然矿物和自然资源原材料,如石棉、硅藻土、软木、草绳、锯末等。这些材料一般经简单加工就可使用,其绝热结构多为涂抹或填充形式。

② 后来人工生产的绝热材料:有玻璃棉、矿渣棉、珍珠岩、蛭石等。这些绝热材料一般为工厂生产原料或预制半成品。其绝热结构多为捆绑和砌筑形式。

③ 20世纪70年代以来研制开发的绝热材料:有聚苯乙烯泡沫塑料、聚氨酯泡沫塑料、泡沫玻璃、泡沫石棉等。其绝热层的结构多为喷涂或灌注成型的形式。

(2) 绝热材料的选用　管道系统的工作环境多种多样,有高温、低温,有空中、地下,有干燥、潮湿等。所选用的绝热材料要求能适应这些条件,在选用绝热材料时首先考虑热工性能,然后考虑其他主要因素,还要考虑施工作业条件。如:高温系统应考虑材料的热稳定性;振动的管道应考虑材料的强度;潮湿的环境应考虑材料的吸湿性;间歇运行的系统应考虑材料的热容量等。

在工程上,根据绝热材料适应的温度范围进行绝热材料的应用分类见表 2.5,供选用参考。

表 2.5　绝热材料应用温度分类

序号	介质温度(℃)	绝热材料
1	0～250(常温)	酚醛玻璃棉制品,水玻璃珍珠岩制品,水泥珍珠岩制品,沥青及玻璃棉制品
2	250～350	矿渣棉制品,水玻璃珍珠岩制品,水泥珍珠岩制品,沥青及玻璃棉制品
3	350～450	矿渣棉制品,水玻璃珍珠岩制品,水泥珍珠岩制品,水玻璃蛭石制品,水泥蛭石制品
4	450～600	矿渣棉制品,水玻璃珍珠岩制品,水泥珍珠岩制品,水玻璃蛭石制品,水泥蛭石制品
5	600～800	酸盐珍珠岩制品,水玻璃蛭石制品
6	－20～0	酚醛玻璃棉制品,淀粉玻璃棉制品,水泥珍珠岩制品,水玻璃珍珠岩制品
7	－40～－20	聚苯乙烯泡沫塑料,水玻璃珍珠岩制品
8	－196～－40	膨胀珍珠岩制品

3. 绝热结构

绝热结构一般由绝热层、防潮层、保护层等部分组成。

(1) 防锈层:即管道及设备表面除锈后涂刷的防锈底漆。一般涂刷 1～2 遍。

(2) 绝热层:为减少能量损失、起保温保冷作用的主体层,附着于防锈层外面。

(3) 防潮层:防止空气中的水汽浸入绝热层的构造层,常用沥青油毡、玻璃丝布、塑料薄膜等材料制作。

(4) 保护层:保护防潮层和绝热层不受外界机械损伤,保护层的材料应有较高的机械强度。常用石棉石膏、石棉水泥、玻璃丝布、塑料薄膜、金属薄板等制作。

(5) 防腐及识别标志:保护层不受环境侵蚀和腐蚀,用不同颜色的油漆涂料涂抹制成,既作防腐层又作识别标志。

常用的层结构形式有涂抹型、绑扎型和黏贴型。如图 2.14 至图 2.16 所示。

绝热层的施工方法取决于绝热材料的形状和特性。常用的绝热方法有以下几种形式:

① 涂抹法绝热　适用于石棉粉、碳酸镁石棉粉和硅藻土等不定形的散状材料,把这些材料与水调成胶泥涂抹于需要绝热的管道设备上。这种绝热方法整体性好,绝热层和绝热面结合紧密,且不受被绝热物体形状的限制。

涂抹法多用于热力管道和设备的绝热,其结构如图 2.14 所示。施工时应分多次进行,为增加胶泥与管壁的附着力,第一次可用较稀的胶泥涂抹,厚度为 3～5 mm,待第一层彻底干燥后,用干一些的胶泥涂抹第二层,厚度为 10～15 mm,以后每层为 15～25 mm,均应在前一层完全干燥后进行,直到要求的厚度为止。

涂抹法不得在环境温度低于 0℃情况下施工,以防胶泥冻结。为加快胶泥的干燥速度,可在管道或设备内通入温度不高于 150℃的热水或蒸汽。

② 绑扎法绝热　适用于预制绝热瓦或板块料,用镀锌钢线绑扎在管道的壁面上,是热

力管道最常用一种保温绝热方法，其结构如图 2.15 所示。为使绝热材料与管壁紧密结合，绝热材料与管壁之间应涂抹一层石棉粉或石棉硅藻土胶泥(一般为 3～5 mm 厚)，然后再将保温材料绑扎在管壁上。因矿渣棉、玻璃棉、岩棉等矿纤材料预制品抗水性能差，采用这些绝热材料时可不涂抹胶泥而直接绑扎。绑扎绝热材料时，应将横向接缝错开，如绝热材料为管壳，应将纵向接缝设置在管道的两侧。采用双层结构时，第一层表面必须平整，不平整时，矿纤维材料用同类纤维状材料填平，其他材料用胶泥抹平，第一层表面平整后方可进行下一层绝热。

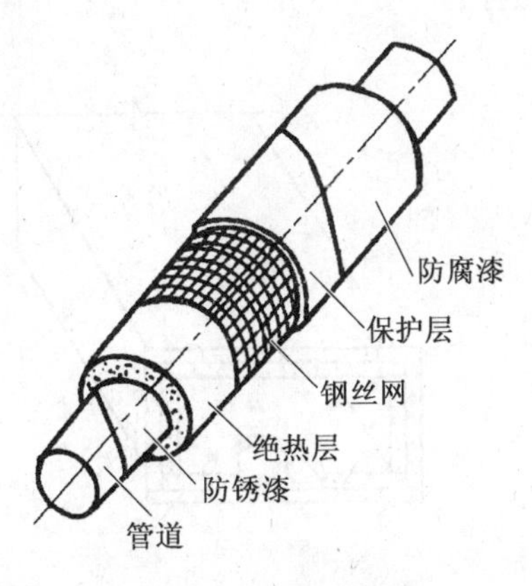

图 2.14　涂抹法绝热

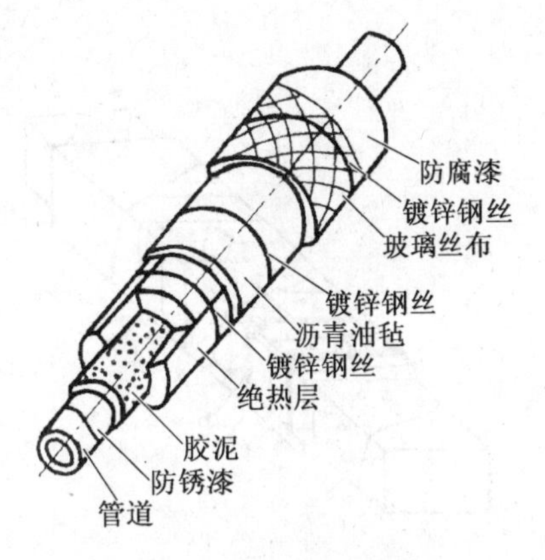

图 2.15　绑扎法绝热

③ 黏结法绝热　适用于各种加工成型的预制品绝热材料，主要用于空调系统及制冷系统绝热。它是靠胶黏剂与被绝热的物体固定的，其结构如图 2.16 所示。常用的胶黏剂有石油沥青玛碲脂、醋酸乙烯乳胶、酚醛树脂和环氧树脂等，其石油沥青玛碲脂适应大部分绝热材料的黏结，施工时应根据

涂刷黏结剂时，要求黏贴面及四周接缝上各处胶黏剂均匀饱满。黏贴绝热材料时，应将接缝相互错开，错缝的方法及要求与绑扎法绝热相同。

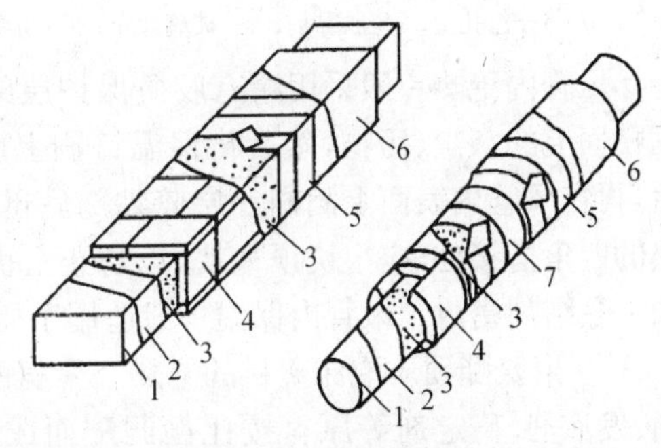

图 2.16　黏结法绝热

1—管道；2—防锈漆；3—胶黏剂；4—绝热层；5—玻璃丝；6—防腐漆；7—聚乙烯薄膜

④ 钉贴法绝热　钉贴法绝热是矩形风管采用得较多的一种绝热方法，它用保温钉(图 2.17)代替胶黏剂将泡沫塑料绝热板固定在风管表面上。施工时，先用胶黏剂将保温钉黏贴在风管表面上，然后用手或木方轻轻拍打绝热板，保温钉便穿过绝热板而露出，然后套上垫片，将外露部分扳倒(自锁垫片压紧即可)，即将绝热板固定，其结构如图 2.18 所示。为了使绝热板牢固的固定在风管上，外表面也应用镀锌皮带或尼龙带包扎。

⑤ 风管内绝热　风管内绝热是将绝热材料置于风管的内表面，用胶黏剂和保温钉将其固定，是黏贴法和钉贴法联合使用的一种绝热方法，其目的是加强绝热材料与风管的结合力，以防止绝热材料在风力的作用下脱落。其结构如图 2.19 所示。

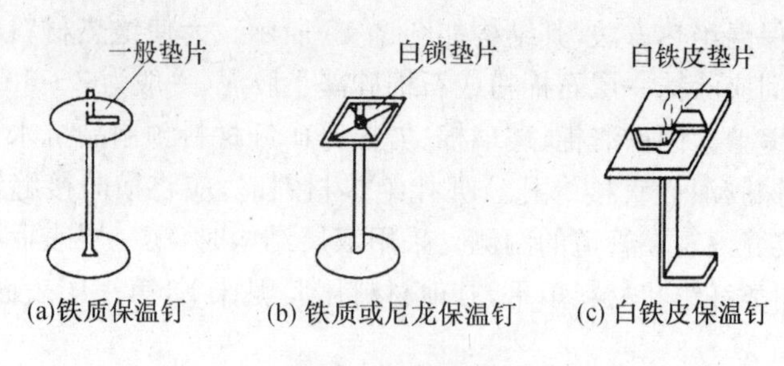

图 2.17 保温钉

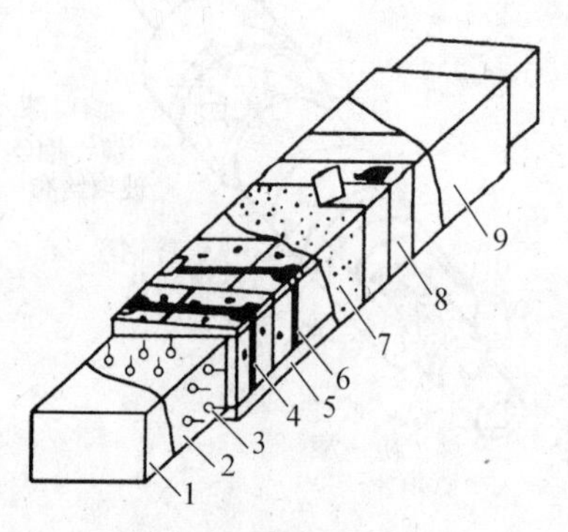

图 2.18 钉贴法绝热

1—风管；2—防锈漆；3—保温钉；4—绝热层；5—铁垫片；6—包扎带；7—胶黏剂；8—玻璃丝布；9—防腐漆

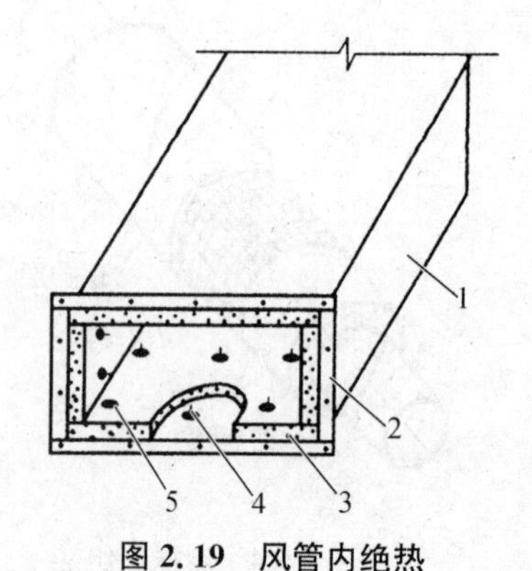

图 2.19 风管内绝热

1—风管；2—法兰；3—绝热层；4—保温钉；5—垫片

风管内绝热一般采用涂有胶质保护层的毡状材料(如玻璃棉毡)。施工时先除去风管黏贴面上的灰尘、污物，然后将保温钉刷上胶黏剂黏贴在风管内表面上，待保温钉贴固定后，再在风管内表面上满刷一层胶黏剂后迅速将绝热材料铺贴上，最后将垫片套上。内绝热的四角搭接处，应小块顶大块，以防止上面一块面积过大下垂。管口及所有接缝处都应刷上黏结剂密封。风管内保温一般适用于需要进行消声的场合。

⑥ 聚氨酯硬质泡沫塑料的绝热　聚氨酯硬质泡沫塑料由聚醚和多元异氰酸酯加催化剂、发泡剂、稳定剂等原料按比例调配而成。施工时，应将这些原料分成两组(A 组和 B 组)。A 组为聚醚和其他原料的混合液，B 组为异氰酸酯。只要两组混合在一起，即起泡而生成泡沫塑料。

聚氨酯硬质泡沫塑料一般采用现场发泡，其施工方法有喷涂法和灌注法两种。喷涂法施工就是用喷枪将混合均匀的液料喷涂于被绝热物体的表面上，为避免垂直壁面喷涂时液料下滴，要求发泡的时间要快一点；灌注法施工是将混合均匀的液料直接灌注于需要成型的空间或事先安置的模具内，经发泡膨胀而充满整个空间，为保证有足够操作时间，要求发泡的时间应慢一些。

施工操作应注意以下事项：

a. 聚氨酯硬质泡沫塑料不宜在气温低于 5℃ 的情况下施工，否则应将液料加热到 20～30℃。

b. 被涂物表面应清洁干燥，可以不涂防锈层。为便于喷涂和灌注后清洁工具和脱取模具，在施工前可在工具和模具内表面涂上一层油脂。

c. 调配聚醚混合液时，应随用随调，不宜隔夜，以防原料失效。

d. 异氰酸酯及其催化剂等原料均为有毒物质，操作时应戴上防毒面具、防毒口罩、防护眼镜、橡皮手套等防护用品，以免中毒和影响健康。

聚氨酯硬质泡沫塑料现场发泡工艺操作简单方便、施工效率高、没有接缝、不需要任何支撑件，材料导热系数小、吸湿率低、附着力强，可用于−100～120℃的环境温度。

⑦ 缠包法绝热 缠包法绝热适用于卷状的软质绝热材料(如各种棉毡等)。施工时需要将成卷的材料根据管径的大小剪裁成适当宽度(200～300 mm)的条带，以螺旋状缠包到管道上，如图2.20(a)所示；也可以根据管道的圆周长度进行剪裁，以原幅宽对缝平包到管道上，如图2.20(b)所示。不管采用哪种方法，均需边缠、边压、边抽紧，使绝热后的密度达到设计要求。一般矿渣棉毡缠包后的密度不应小于150～200 kg/m³，玻璃棉毡缠包后的密度不应小于100～130 kg/m³，超细玻璃棉毡缠包后的密度不应小于40～60 kg/m³。如果棉毡的厚度达不到规定的要求，可采用两层或多层缠包。缠包时接缝应紧密结合，如有缝隙，应用同等材料填塞。采用层缠包时，第二层应仔细压缝。

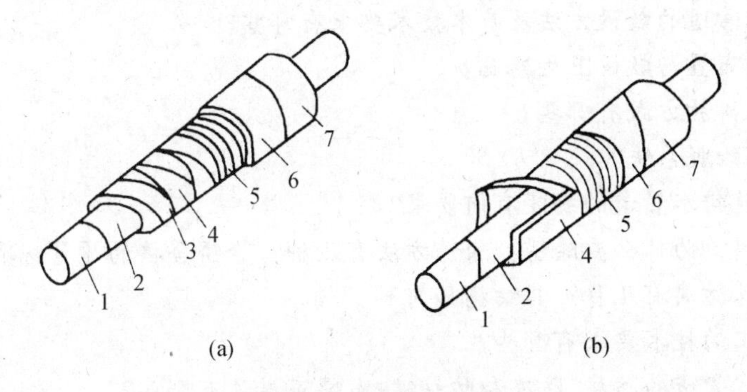

图2.20 缠包法绝热

1—管道；2—防锈漆；3—镀锌铁丝；4—保温层；5—铁丝网；6—保护层；7—防腐漆

绝热层外径不大于500 mm时，在绝热层外面用直径为1.0～1.2 mm的镀锌钢丝绑扎间距为150～200 mm，禁止以螺旋状连续缠绕。当绝热层外径大于500 mm时还应加镀锌钢丝网缠包，再用镀锌钢丝绑扎牢。

⑧ 套筒式绝热 套筒式绝热就是将矿纤材料加工成型的绝热筒直接套在管道上，是冷水管道较常用的一种绝热方法，只要将绝热筒上轴向切口扒开，借助矿纤材料的弹性便可将绝热筒紧紧地套在管道上。为便于现场施工，绝热筒在生产厂里多在绝热筒的外表面有一层胶状保护层，因此在一般室内管道绝热时，可不需再设保护层。对于绝热筒的轴向切口和两筒之间的横向接口，可用带胶铝箔黏合，其结构如图2.21所示。热管内一般通入蒸汽。

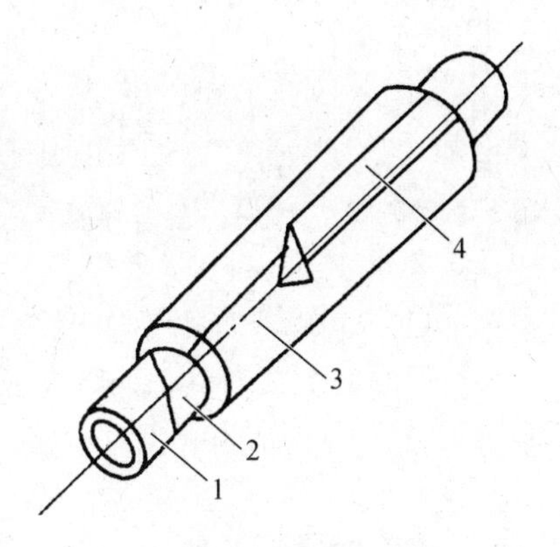

图2.21 套筒式绝热

1—管道；2—防锈漆；
3—保温层；4—带胶铝箔层

2.6.3 减振防噪声

当管道中水流速度过大，关闭水龙头、阀门时，易产生水击现象，会引起管道、附件的振动，不仅会损坏管道、附件造成漏水，还会产生噪声。因此，在进行给水系统设计时，应注意控制流速，尽量减少使用电磁阀或速闭型阀门或龙头。住宅建筑进户支管的阀门后面应装设可绕曲橡胶接头，并在支吊架内衬垫减振材料，以减小噪声。

复习思考题

1. 按所排除的污、废水性质不同，建筑排水系统可分为哪几类？
2. 简述建筑室内排水系统的组成。
3. 建筑排水系统常用管材有哪几类？各有何特点？
4. 建筑排水管道的常用附件包括哪几种？各有何作用？
5. 室内排水管道的布置原则是什么？
6. 室内排水管道的敷设方法及基本技术要求有哪些？
7. 如何正确布置与敷设卫生器具？
8. 屋面雨水排放方式有哪些？
9. 什么是苏维脱系统？
10. 高层建筑排水管道的安装有何要求？
11. 涂料防腐前为什么要除锈？除锈方法有几种？除锈合格的质量标准是什么？
12. 管道特殊防腐有几种？其结构如何？
13. 绝热施工的技术要求有哪些？
14. 建筑给水管道的防腐、防冻和防结露、防噪声措施有哪些？

第3单元

建筑采暖与燃气工程

◇ 学习内容

主要讲述供热、采暖系统的形式与特点，采暖系统的设备及附件，采暖系统管网的布置，高层建筑采暖的特点和燃气供应。

◇ 学习目标

1. 了解供热系统的组成、方式及使用特点；
2. 熟悉采暖系统的分类及其使用特点；
3. 掌握采暖系统的散热器及其附件设备、管路安装布置要求；
4. 了解高层建筑采暖的特点及系统形式；
5. 了解室内燃气供应的要求，管道、燃器具的安装布置要求。

3.1 供热与集中供热系统

向室内提供取暖热量的工程设施叫做供暖系统，它通常由室外的供热系统（外网）和室内的采暖系统（内网）两部分组成。供热系统不仅用于向建筑物采暖提供热量，而且还用于向热水供应、通风、空气调节和生产工艺等用热设施提供热量。

3.1.1 供热系统的组成、基本方式及其特点

供热系统由热源、供热管道和热用户三部分组成。

根据热源和供热规模的大小，可把供热分为集中供热与分散供热两种基本方式。

集中供热是指一个或几个热源通过热网向一个区域（居住小区或厂区）乃至城市的各热用户供热的方式。分散供热是指以小型锅炉为热源，向一栋或数栋房屋供热的方式，热能输送距离短、供热范围小。

集中供热和分散供热相比具有如下特点：热效率高，节省燃料，运行管理先进、便捷；但集中供热的室外管道系统长，锅炉安装较复杂，用钢材多，投资大，建设周期较长。

3.1.2 集中供热系统的组成及基本形式

1. 集中供热系统的组成

(1) 热源　泛指能从中吸取热量的任何物质、装置和天然能源。在供热系统中，热源是指供热热媒的来源。目前最广泛应用的是区域锅炉房和热电厂。在此热源内，燃料燃烧产生热能，将水加热成热水或蒸汽为热媒。此外也可以利用地热、电能、核能、工业余热作为集中供热系统的热源。

(2) 供热管网　指由热源向热用户输送和分配热媒的管线。

(3) 热用户　指消耗或使用热能的用户，如有室内采暖、通风与空调、热水供应及生产工艺用热系统等的用户。

2. 集中供热系统的基本形式及其工作过程

(1) 区域锅炉房集中供热系统形式　以区域锅炉房为热源的供热系统，称为区域锅炉房集中供热系统。根据热媒的不同，有区域热水与区域蒸汽锅炉房集中供热系统两种形式。

① 区域热水锅炉房集中供热系统：如图 3.1 所示为区域热水锅炉房集中供热系统。其热源主要由热水锅炉 1、循环水泵 2、补给水泵 5 及补水水处理装置 6 等组成；供热管网由一条供水管和一条回水管组成；热用户包括采暖系统、生活用热水供应系统等。

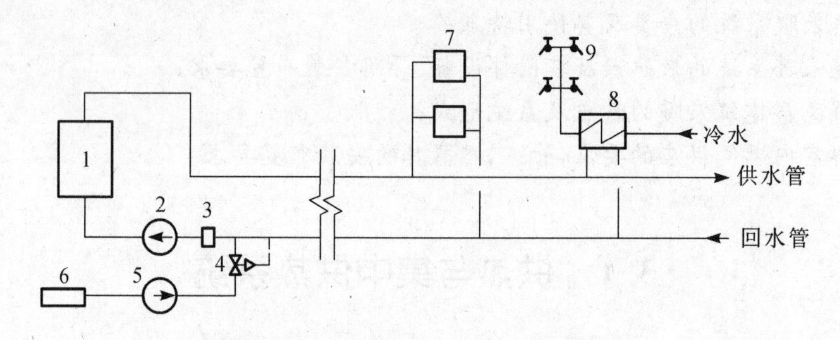

图 3.1　区域热水锅炉房集中供热系统

1—热水锅炉；2—循环水泵；3—除污器；4—压力调节阀；5—补给水泵；6—补水处理装置；7—采暖散热器；8—生活热水加热器；9—水龙头

区域热水锅炉房集中供热系统大多用于城市居住小区的采暖系统。

② 区域蒸汽锅炉房集中供热系统：如图 3.2 所示为区域蒸汽锅炉房集中供热系统示意图。运行时，由蒸汽锅炉产生的蒸汽，通过蒸汽干管输送到各热用户。区域蒸汽锅炉房集中供热系统大多用于既有工业生产用户，又有采暖、通风空调、生活用热等用户的场合。

(2) 热电厂集中供热系统形式　以热电厂作为热源的供热系统称为热电厂集中供热系统。这种由热电厂同时供应电能和热能的能源综合供应方式，称为热电联产。根据汽轮机组的不同，可分为抽汽式热电厂集中供热系统、背压式热电厂集中供热系统和凝汽式低真空热电厂供热系统三种形式。

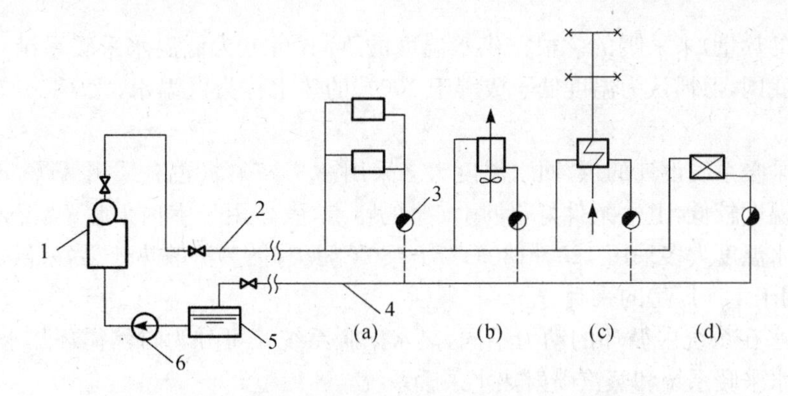

图 3.2　区域蒸汽锅炉房集中供热系统示意图

1—蒸汽锅炉；2—蒸汽干管；3—疏水器；4—凝结水干管；5—凝结水箱；6—锅炉给水泵；
(a)、(b)、(c)和(d)—室内供暖、通风、热水供应和生产工艺用热系统

3.2 采暖系统

3.2.1　采暖及采暖期的概念

所谓采暖就是在寒冷季节，为维持人们日常生活、工作和生产活动所需要的环境温度，用一定的方式向室内补充由于室内外温差引起的室内热损失量。采暖系统主要由热源(如热水、蒸汽、热风等热媒)、输热管道系统(由室内管网组成的热媒输配系统)和散热设备(如散热器)等三个基本部分构成。

从开始采暖到结束采暖的期间称为采暖期。我国规范规定的采暖期是以历年日平均温度低于或等于采暖室外临界温度(5℃与8℃两个标准)的总日数。一般民用建筑和生产厂房，辅助建筑物采用5℃，中高级民用建筑物采用8℃。各地区的采暖期天数及起止日期可从室外气象参数查到。

3.2.2　采暖系统的分类及其使用特点

1. 按采暖的范围分

(1) 局部采暖系统　是指采暖系统的三个主要组成部分，即热源、管道和散热器(设备)在构造上联成一个整体的采暖系统。

(2) 集中采暖系统　是指采用锅炉或水加热器对水集中加热，通过管道向一幢或数幢房屋供热的采暖系统。

(3) 区域采暖系统　是指以集中供热的热网作为热源，向城镇某个生活区，商业区或厂区采暖供热的系统，其规模比集中采暖系统更大。

(4) 单户采暖系统　是指仅为单户住宅而设置的一种独立采暖系统。如太阳能热水采暖系统，燃气热水炉采暖系统等。

2. 按热媒的不同分

(1) 热水采暖系统　其热媒是热水，是依靠热水在散热设备中所放出的显热(热水温度

下降所放出的热量)来采暖的。根据供水温度的不同,可分为低温水采暖系统和高温水采暖系统。在我国,习惯认为温度低于或等于100℃的热水称为低温水,大于100℃的热水称为高温水。

低温水采暖系统设计的供、回水温度大多采用95℃/70℃(也有采用85℃/60℃),具有散热器表面温度较低,卫生条件好,使用安全的特点,大多用于室内采暖;高温水采暖系统设计的供回水温度大多采用120～130℃/70～80℃,具有散热器散热效果好、供热能力强的特点,一般用于生产厂房的采暖。

根据热水在系统中循环的动力不同,热水采暖系统又可分为自然循环热水采暖系统、机械循环热水采暖系统和蒸汽喷射热水采暖系统。

(2) 蒸汽采暖系统　热媒是蒸汽,主要是依靠水蒸气在采暖系统的散热设备中放热(主要是蒸汽凝结成水所放出的热量)来采暖的。蒸汽采暖与热水采暖相比有如下特点:

① 蒸汽采暖系统用在高层建筑时,由于蒸汽的容重很小,所产生的静压力较小,可不必进行竖向分区,不会因底层散热器所承受过高的静压而破裂。

② 蒸汽采暖系统的初投资较热水采暖系统少。因为蒸汽的温度较热水高,在散热器中放热的效果要好,因此可减小散热器的面积及投资,并使房间使用面积增大;此外,在承担同样热负荷的条件下,由于蒸汽质量流量小,采用的流速较高,故可采用较小的管径减少投资。

③ 蒸汽采暖系统的热惰性很小,系统的加热和冷却速度都很大。为此它较适用于要求加热迅速、间歇采暖的影剧院、礼堂、体育馆、学校教室等建筑物中。

④ 蒸汽采暖的散热器表面温度高,易发生烫伤事故;由于温度高易引起扬尘,当灰尘等物质坠落在散热器表面上时会分解出带有异味的气体,卫生效果较差;由于蒸汽采暖系统多采用间歇运行,管道易被空气氧化腐蚀,尤其凝结水管中经常存在大量的空气,凝结水管更易损坏,因此蒸汽采暖系统的使用年限较热水采暖系统短;蒸汽采暖系统的热损失大,因为在蒸汽采暖系统中常会出现疏水器漏汽,凝结回水产生二次蒸汽,管件损坏等跑、冒、滴、漏的现象,造成热损失增大;蒸汽采暖系统的运行管理费相对热水采暖系统来说要高。

(3) 热风采暖系统　它是以热空气作热媒的采暖系统。运行时,首先通过空气加热器设备将空气加热,然后将高于室温的空气送入室内,放出热量,从而达到采暖的目的。

热风采暖具有系统热惰性小、能迅速提高室温的特点,这对于人们短时间逗留的场所,如体育馆、戏院等最为适宜;它可与送风系统联合,同时具有采暖和通风换气的作用;但由于空气的密度小,比容大,所需的管道断面积比较大,管道布置所占空间体积大;另其运行噪声较大。

(4) 烟气采暖系统　它是直接利用燃料在燃烧时所产生的高温烟气,在流动过程中通过传热面向房间内散出热量来达到采暖目的的,在我国北方广大乡镇中有较普遍的使用。烟气采暖方法简便、实用、传统,但其燃烧设备简易,燃料燃烧不充分,热损失大,热效率低。此外,其温度高,卫生条件不够好,火灾的危险性也大。

3.2.3 热水采暖系统

1. 自然循环热水采暖系统

(1) 自然循环热水采暖系统的工作原理　如图3.3所示为自然循环热水采暖系统原理

图。它是利用水在锅炉内加热后密度的减小产生的浮升力和热水在散热器中散热冷却后，密度增加引起的下沉力使水不断流动形成循环的。

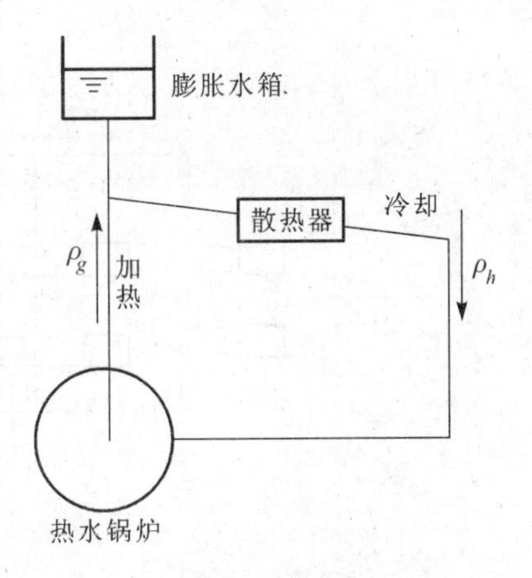

图 3.3　自然循环热水采暖系统原理图

自然循环热水采暖系统装置简单，运行时无噪声也不消耗电能。但由于其作用压力小，管径大，作用范围受到限制。自然循环热水采暖系统通常只能用于作用半径不超过 50 m 低层小建筑物的采暖。

(2) 自然循环热水采暖系统的主要形式　自然循环采暖系统一般可分为双管与单管两种基本形式。

① 双管上分下回式自然循环采暖系统：如图 3.4 所示为双管上分下回式采暖系统。所谓“双管”是指与散热器连接的每组立管都有两根，一为供水，一为回水。“上分”是指供水水平干管敷设于最高层散热器上部，然后接立管、支管通向散热器；“下回”是指回水干管敷设于最底层散热器下，与回水立管连接。

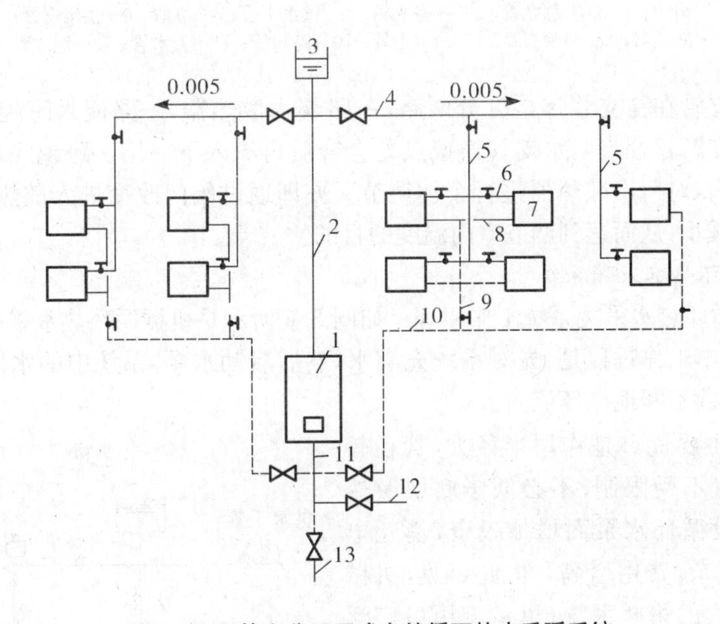

图 3.4　双管上分下回式自然循环热水采暖系统

1—锅炉；2—供水总立管；3—膨胀水箱；4—供水干管；5—供水立管；6—供水支管；7—散热器；8—回水支管；9—回水立管；10—回水干管；11—总回水管；12—上水管；13—泄水管

② 单管上分下回式采暖系统：如图 3.5 所示的单管上分下回式循环热水采暖系统(又称单管垂直式)中，左侧为顺流式，右侧为跨越式(或称闭合式)。

所谓单管，是指与各层散热器连接的立管为一根。顺流式供水干管通常敷设在上部，回水干管敷设在下部。各层散热器通过支管串联在立管上，热水按先后顺序自上而下流入各层散热器，水温逐层降低。因顺流式支管上不设阀门，故不能对散热器进行个体调节。

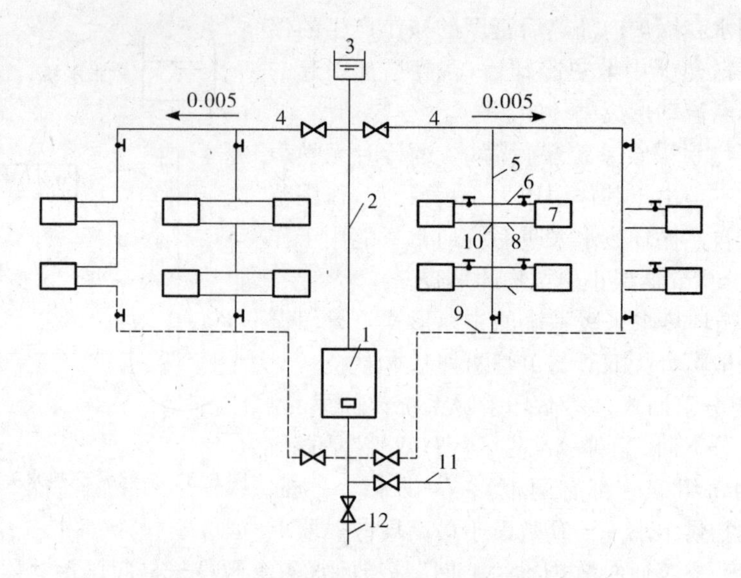

图 3.5 单管上分下回式循环热水采暖系统

1—锅炉；2—供水总立管；3—膨胀水箱；4—供水干管；5—立管；6—供水支管；7—散热器；8—回水支管；9—回水干管；10—跨越管；11—上水管；12—泄水管

跨越式的立管在与支管连接处分两路，一路流入散热器，一路流入跨越管(或称闭合管)，两股水流在跨越管与回水支管连接点处会合后再流入下一层。跨越式可在支管和跨越管上装设阀门，对每组散热器进行个体调节。亦即通过阀门改变进入散热器的流量，使散热量增大或减小，从而达到调节室内温度的目的。

2. 机械循环热水采暖系统

(1) 机械循环热水采暖系统工作原理　如图 3.6 所示是机械循环热水采暖系统的工作原理图，它的基本工作过程是：先对系统充满水，然后启动水泵，系统中的水即可在水泵的压力作用下，连续不断地循环流动。

机械循环主要优点是作用半径大，管径较小，锅炉房位置不受限制，不必低于底层散热器；缺点是因设循环水泵而增加投资，消耗电能，运行管理复杂，费用增高。由此可见，机械循环适用于较大的采暖系统(也是应用最广泛的一种采暖系统)，而自然循环则是用于能利用重力作用压力较小的采暖系统。

(2) 机械循环热水采暖系统的主要形式　机械循环热水采暖系统的形式较多，按系统的布局方式分为垂直式和水平式两种形式。垂直式机械循环热水采暖系统又有单管与双管系统之分。按供、回水干管敷设的位置分，供水有上分式、中分式和下分式，回水有下回式与上回式。实际的采暖系统往往是以上各种形式的组

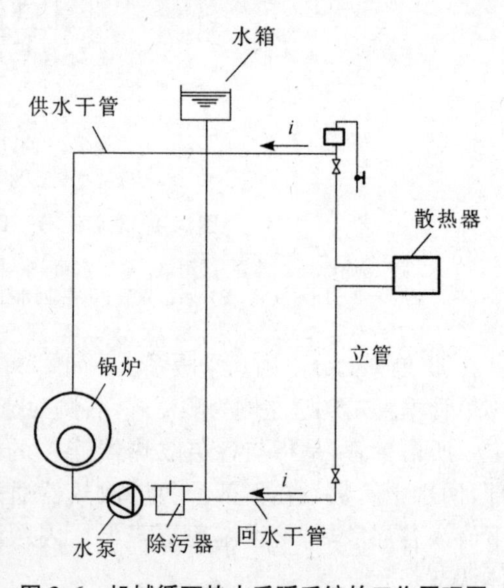

图 3.6 机械循环热水采暖系统的工作原理图

合。以下是机械循环热水采暖系统的主要形式：

① 垂直式的系统分类

ⅰ. 机械循环上供下回式热水采暖系统。如图 3.7 所示，立管Ⅰ、Ⅱ为机械循环上供下回式双管式系统，在管路与散热器连接方式上与重力(自然)循环系统基本相同。立管Ⅲ是单管顺流式系统。单管顺流式系统的特点是立管中全部的水量顺次流入各层散热器。该系统形式简单，施工方便，造价低，是国内目前一般建筑广泛应用的一种形式。它的缺点是不能进行局部调节，产生的竖向失调需通过散热器换热面积的不同来平衡。立管Ⅳ是单管跨越式系统。立管的一部分水量流经散热器，另一部分立管水通过跨越管与散热器流出的回水混合，再流入下层散热器。

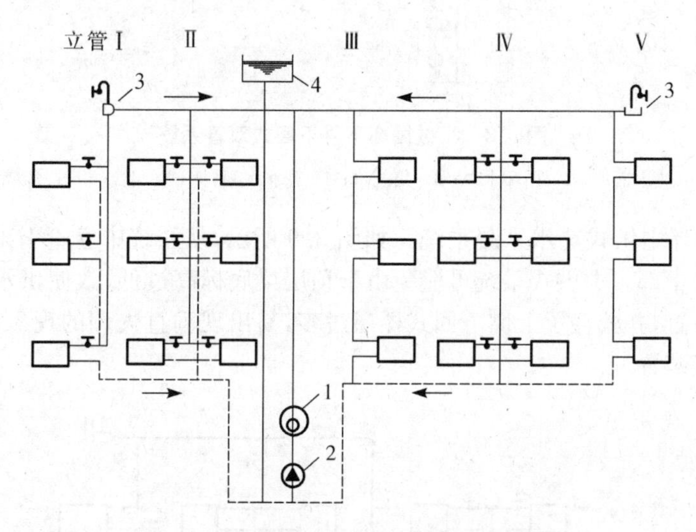

图 3.7　机械循环上供下回式热水采暖系统

1—热水锅炉；2—循环水泵；3—集气装置；4—膨胀水箱

单管跨越式系统由于立管与支管的跨接和散热器支管上安装阀门，使系统造价增高，施工工序复杂。

在多层建筑中，近来出现一种跨越式与顺流式相结合的系统形式——上部几层采用跨越式，下部采用顺流式(如图 3.7 右侧立管Ⅴ所示)。通过调节设置在上层跨越管段上的阀门开启度，在系统试运转和运行时，调节进入上层散热器的流量，可适当地减轻采暖系统中经常会出现的上热下冷现象。

上供下回式管道布置合理，经济实用，施工方便，是较最常用的一种采暖系统布置形式。

ⅱ. 机械循环下供下回式双管系统。机械循环下供下回式双管系统(如图 3.8 所示)的供水和回水干管均敷设在底层散热器以下。在建筑物设有地下室，或在平屋顶的建筑顶棚下布置供水干管有困难的场合，常采用机械循环下供下回式系统。下供下回式双管系统具有在地下室布置供水干管，管路的热损失降低，阻力平衡较方便，热效率高；在现场施工中，每层散热器安装完毕即可开始分层采暖，给冬季施工带来很大的方便，可加快施工进度；但系统中的空气排除较上供下回式系统要困难，工程造价高，运行管理也不方便。

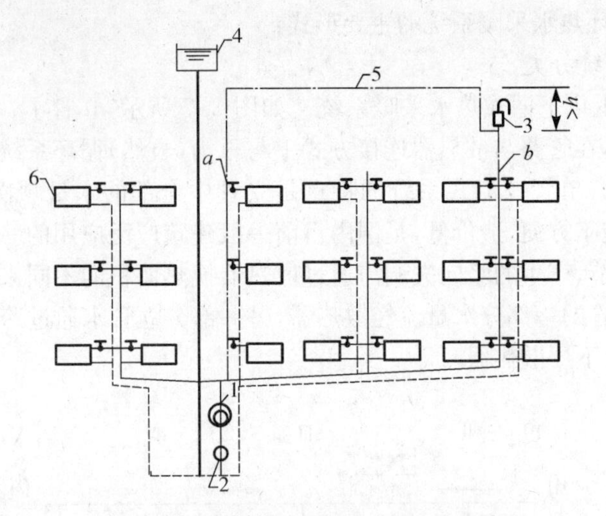

图 3.8　机械循环下供下回式双管系统

1—热水锅炉；2—循环水泵；3—集气罐；4—膨胀水箱；5—空气管；6—冷风阀

ⅲ. 机械循环中供式热水采暖系统。如图 3.9 所示，从系统中立管引出的水平供水干管附设在系统的中部。中供式系统可避免由于顶层梁底标高过低，致使供水干管挡住顶层窗户的不合理布置，并减轻了上供下回式楼层过多，易出现垂直失调的现象；但要注意上部系统要增加排气装置。

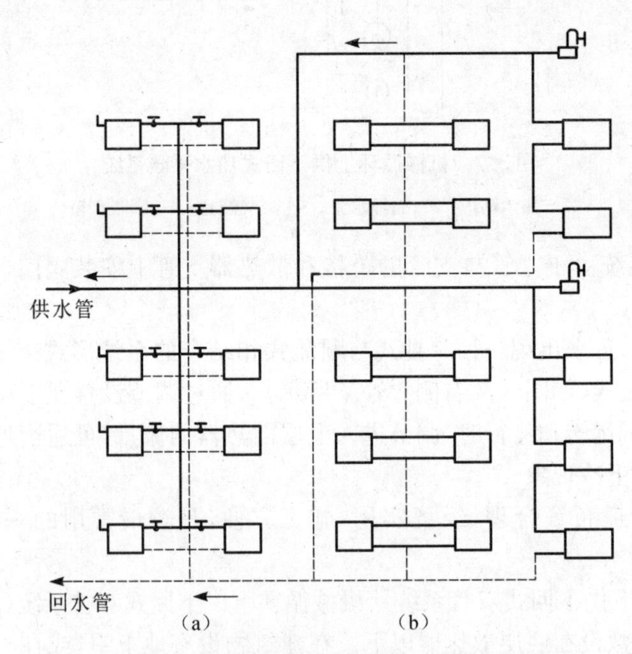

图 3.9　机械循环中供式热水采暖系统

(a) 上部系统：下供下回式双管系统；(b) 下部系统：上供下回式单管系统

ⅳ. 机械循环下供上回式(倒流式)热水采暖系统。如图 3.10 所示，系统的供水干管设在底部，而回水干管设在顶部，顶部还设置有膨胀水箱。立管采用单管顺流式的布置形式。

倒流式系统具有的特点是：热水在系统内的流动方向是由下向上流动，与空气浮升方向一致，通过膨胀水箱排除空气，无须设置集气罐等排气装置；相对于上供下回式系统而言，底层供水温度高，底层散热器的面积减小，而上层散热器的面积增加；但倒流式系统散热器的传热系数远低于上供下回式系统，散热器的面积要比上供下回顺流式系统的面积增多，运用很少。

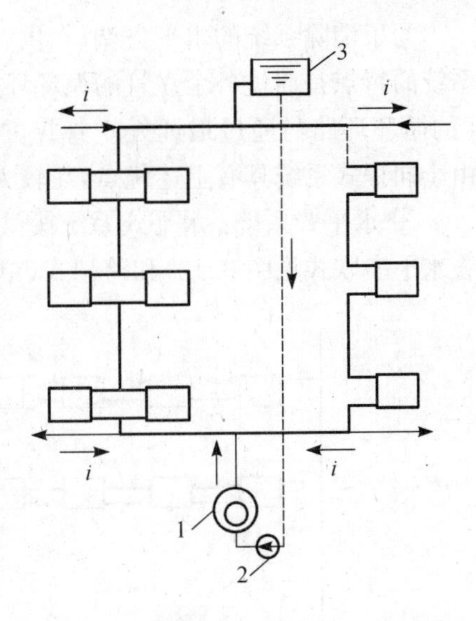

图 3.10　机械循环下供上回式(倒流式)热水采暖系统

1—热水锅炉；2—循环水泵；3—膨胀水箱

V. 机械循环混合式热水采暖系统。如图 3.11 所示，混合式系统是由下供上回式(倒流式)和上供下回式两种串联组成的系统。高温水自下而上进入下供上回式系统，通过散热器，水温下降，再进入上供下回式系统，系统循环水温度再降到设计要求后返回热源。

② 异程式系统与同程式系统：除图 3.11 外，前面介绍的各种图示，通过各个立管的循环环路的总长度并不相等。如图 3.7 右侧所示，通过立管Ⅲ循环环路的总长度就比通过立管Ⅳ的短。这种管道布置形式称为异程式系统。异程式系统通过各个立管环路的压力损失较难平衡。初调节不当时，就会出现近处的立管流量超过要求，而远处立管流量不足，达不到设计要求，远近立管出现流量失调而引起在水平方向的冷热不均的现象，称为系统的水平热力失调。

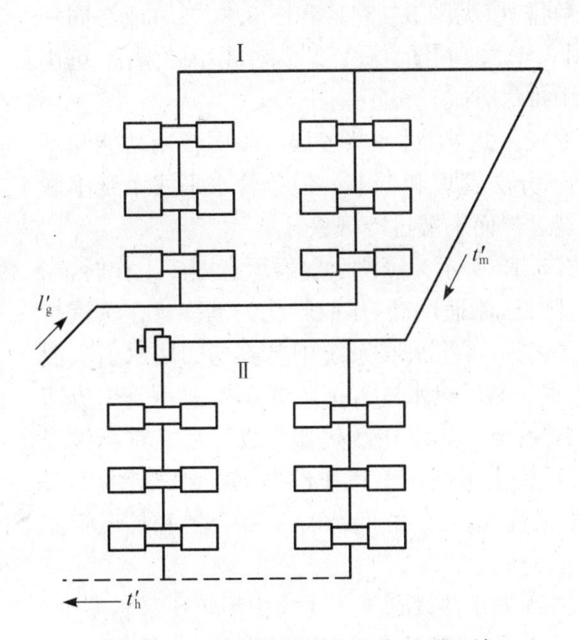

图 3.11　机械循环混合式热水采暖系统

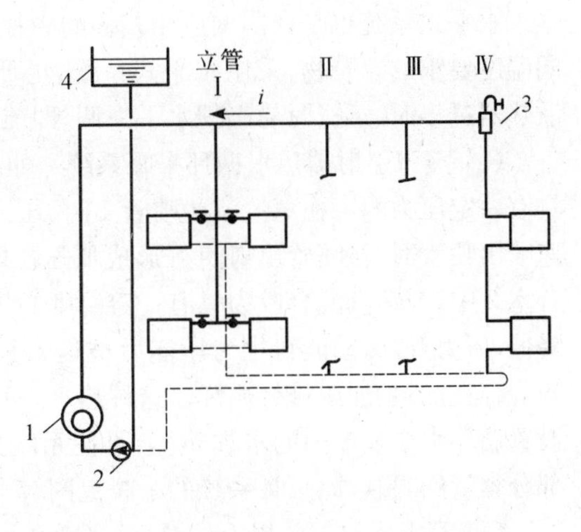

图 3.12　同程式系统

1—热水锅炉；2—循环水泵；3—集气罐；4—膨胀水箱

为了消除系统的水平失调，在供、回水干管走向布置方面，可采用同程式系统。同程式系统的特点是通过各个立管的循环环路的总长度基本相等。如图 3.12 所示，通过最近立管Ⅰ的循环环路与通过最远处立管Ⅳ的循环环路的总长度都相等，因而压力损失易于平衡。由于同程式系统具有上述优点，在较大的建筑物中，常采用同程式系统。

③ 水平式系统：水平式系统按供水管与散热器的连接方式分，同样可分为顺流式（单管水平串联式见图 3.13）和跨越式（单管水平跨越式见图 3.14）两类。

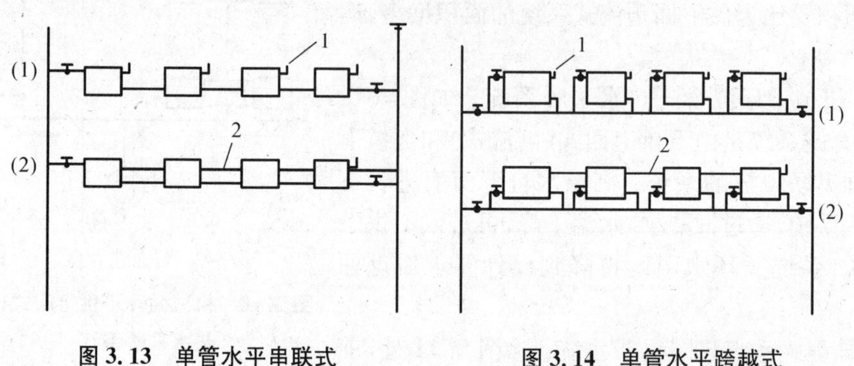

图 3.13　单管水平串联式

1—冷风阀；2—空气管

图 3.14　单管水平跨越式

1—冷风阀；2—空气管

水平式系统与垂直式系统相比，具有系统管路简单，无穿过各层楼板的立管，可利用最高层的辅助空间（如楼梯间、厕所等）设膨胀水箱（不必在顶棚上专设安装膨胀水箱的房间），施工方便，总造价稍低，不影响建筑物外形美观的优点。但水平式系统相对于垂直式上供下回系统要复杂些。每层串联组数不宜过多，否则会出现尾部散热片数过多，排气困难。排气的处理是在散热器上设置冷风阀分散排气，见图 3.13“1”和图 3.14“1”，或在同一层散热器上部串联一根空气管集中排气，见图 3.13“2”和图 3.14“2”。对较小的系统，可用分散排气方式。对散热器较多的系统应用集中排气方式。

水平式系统也是在国内应用较多的一种形式。此外，对一些各层有不同使用功能和不同温度要求的建筑物，采用水平式系统，更便于分层管理和调节。但单管水平式系统串联散热器过多时，运行时易出现水平失调，即前端过热而末端过冷现象。

(3) 蒸汽引射器热水循环采暖系统　如图 3.15 所示为蒸汽引射器示意图。工作时，当具有一定压力的工作蒸汽流经喷管 1 时，压力降低，流速增高，压能转化为动能。在蒸汽高速喷出喷管时，在喷管出口附近形成低压（或真空），可将采暖系统中已冷却的回水引入混合室 2 中，与蒸汽混合成为具有一定温度的热水。然后热水进入扩压管 3，在扩压管中流速降低，压力升高，动能转化为压能后被送入采暖系统。热水在散热器中放热后又重新被吸入混合室加热、加压进行循环。这种热水采暖系统由于使用蒸汽作动力，蒸汽作热源，不需设置循环水泵及专门的水加热器，可使系统大大简化。但由于受喷管、混合器和扩压管三部分容量的限制，此采暖系统的采暖范围较小。

(4) 高温水（100℃以上的热水）采暖系统　高温水热媒通常用于大中型集中采暖系统，同时可向各用户提供通风、生活用热水所需要的热能。高温水采暖系统在热负荷相同的条件下，可减少流量，缩小管径，减少散热器散热面积，从而降低基建投资和电能费用，热效率高，运行管理费用省，采暖稳定，安全可靠及事故少。

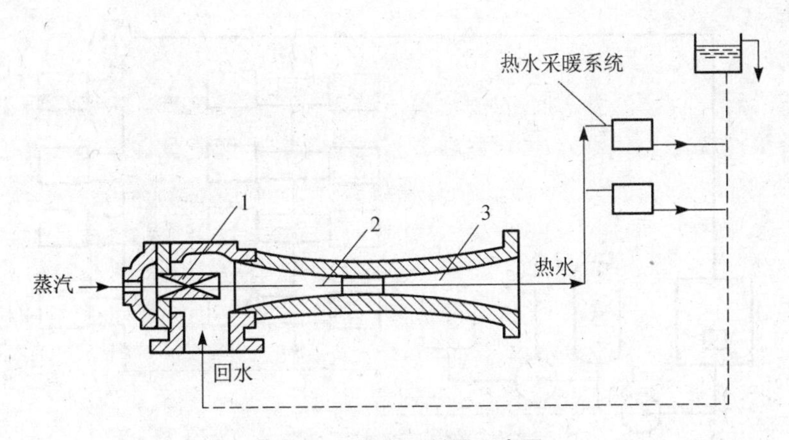

图 3.15　蒸汽引射器示意图

1—喷管；2—混合室；3—扩压管

高温水采暖系统缺点有：还不能全面满足工业用户生产用热量更大的需要；系统大，需增设必要的加压设备，要求散热设备和阀件能承受更高的压力；运行过程中消耗电能多；散热器表面温度高，卫生条件不如低温水好。

如图 3.16 所示是开式高位水箱定压的高温水采暖系统，锅炉一般设在地下室，采暖系统为机械循环倒流式（下供上回式），膨胀水箱设在系统顶部，利用膨胀水箱的静压定压。

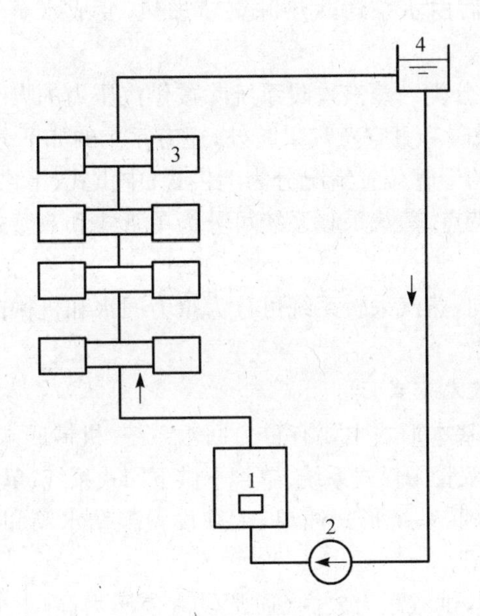

图 3.16　开式高位水箱定压的高温水采暖系统

1—高温水锅炉；2—循环水泵；3—散热器；4—膨胀水箱

如图 3.17 所示为利用气压罐定压的高温水上供下回式采暖系统。图中气压罐也称稳压罐，实际是闭式膨胀水箱，可容纳水受热膨胀所增加的体积，还可向系统补给水，起定压作用。

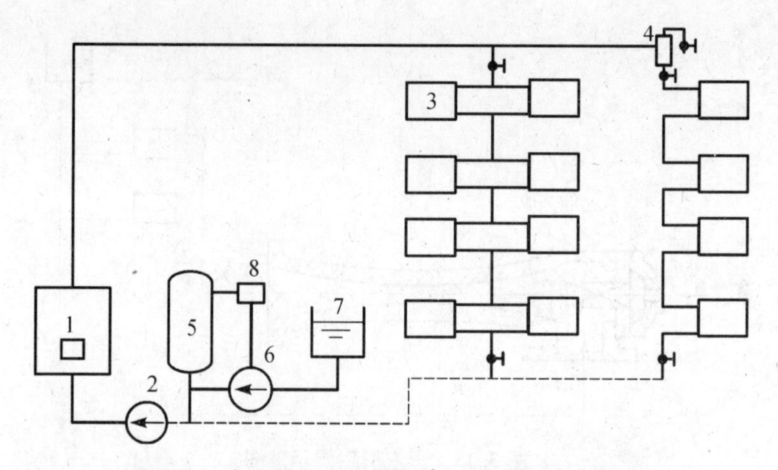

图 3.17　气压罐定压的高温水上供下回式采暖系统

1—高温水锅炉；2—循环水泵；3—散热器；4—集气罐；5—气压罐；6—水泵；7—水箱；8—电控箱

3.2.4　蒸汽采暖系统

1. 蒸汽采暖的原理及分类

(1) 蒸汽采暖基本原理　热源水蒸气在压力的作用下通过管道流入散热设备，在散热设备内放出采暖房所需的热量。蒸汽放出热量后变成凝结水，经疏水器，沿凝结水管道返回热源的凝结水箱内，然后由水泵送入热源重新加热，变成水蒸气，如此反复连续不断地工作。

(2) 蒸汽采暖系统的分类　蒸汽采暖系统除按供汽压力的大小分为高压蒸汽采暖系统($p>70$ kPa)、低压蒸汽采暖和真空蒸汽采暖外，还有常用的如下分类：

① 按蒸汽采暖系统的干管位置情况分为上供式、中供式、下供式三种。

② 按照立管的布置特点，蒸汽采暖系统可分为单管式和双管式。目前国内绝大多数蒸汽采暖系统采用双管式。

③ 按照回水动力不同，蒸汽采暖系统可分为重力回水和机械回水两类。高压蒸汽采暖系统都采用机械回水方式。

2. 蒸汽采暖系统的基本形式

低压蒸汽采暖系统的基本形式主要有重力回水系统、机械回水系统、双管下供下回式系统、双管上供下回式系统、双管中供式系统、单管下供下回式系统、单管上供下回式系统等。

重力回水低压蒸汽采暖系统形式简单，无须设置凝结水箱和凝结水泵，运行时不消耗电能，宜在小型系统中采用。

当系统作用半径较大，供汽压力较高(通常供汽表压力高于 20 kPa)时，就采用机械回水系统。

双管下供下回式系统中由于供汽立管中凝结水与蒸汽逆向流动，故运行时会产生汽水撞击声。

双管上供下回式系统中由于供汽立管中凝结水与蒸汽流向相同，故运行时不致产生汽水撞击声。在总立管底部最好设排除凝结水的疏水装置，同时总立管应保温以减少散热量。

双管中供式系统的供汽干管敷设在顶层楼板下面，蒸汽立管从干管中接出后向上、向下供汽，其凝结水则通过凝结水立管经敷设在底层地板上（或地沟内）的凝结水干管返回锅炉房。

单管下供下回式系统中由于是单立管，管内汽水逆向流动，故必须采用低流速，其立、支管管径相应的较双管式系统要大得多。

单管上供下回式系统中由于立管中汽、水流向相同，故运行时不会产生水击声，且立、支管管径也不必加大。

3. 高压蒸汽采暖系统的特点和基本形式

高压蒸汽采暖系统与低压蒸汽系统相比，具有供汽压力高，流速大，系统作用半径大等优点，但沿程管道热损失也大。对于同样的热负荷，所需管径小；但如果沿途凝结水排泄不畅时，会产生严重水击；散热器内蒸汽压力高，表面温度也高，对于同样的热负荷，所需散热面积少；但易烫伤人和烧焦落在散热器上的有机尘，卫生和安全条件较差；凝结水温度高，容易产生二次蒸汽等特点。

由于高压蒸汽的压力较高，容易引起水击，为了使蒸汽与沿途凝结水同向流动，减少水击现象，高压蒸汽采暖系统大多采用双管上供下回式布置。

高压蒸汽采暖系统除采用上供下回式布置，另外还有双管上供上回式系统和单管串联式系统形式，如图 3.18、图 3.19 所示。

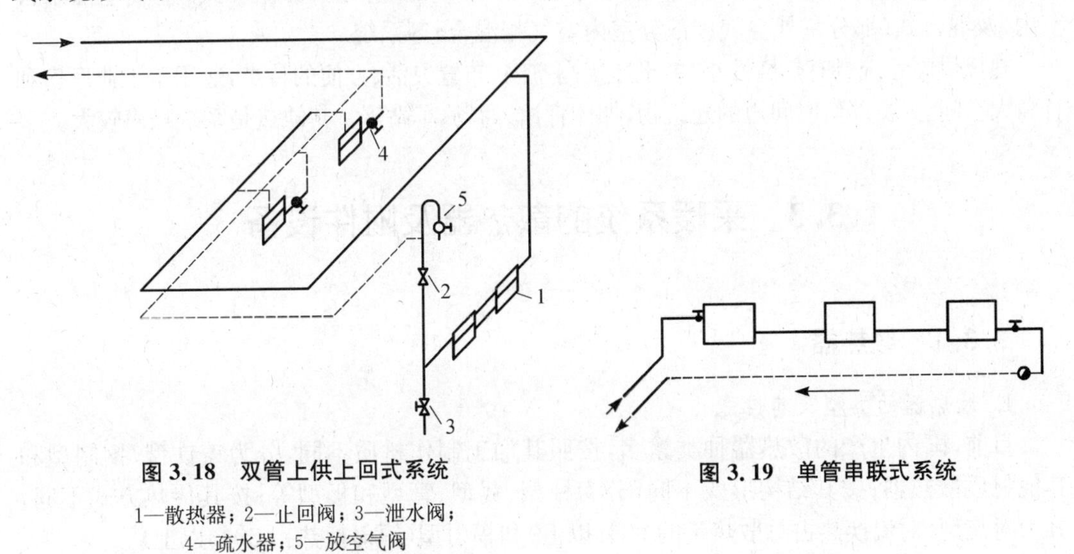

图 3.18　双管上供上回式系统

1—散热器；2—止回阀；3—泄水阀；
4—疏水器；5—放空气阀

图 3.19　单管串联式系统

3.2.5　辐射采暖与热风采暖简介

1. 辐射采暖

辐射采暖是指通过辐射散热设备散出的热量来满足房间或局部工作地点温度要求的一种采暖方式。它与对流采暖相比，具有采暖的热效应好、人体舒适感强、环境卫生条件好、建筑物耗热量少、适用面广等特点。

根据辐射体表面温度不同，辐射采暖可以分为以下几种类型：

(1) 低温辐射采暖　即将通有热媒的细管（做成盘管或排管）埋入建筑物的混凝土围护结构内，形成散热面。根据其埋置形式主要有顶棚式、墙面式、地面式等。低温辐射采暖在建筑美观和舒适感方面较其他形式优越，但在使用中有的直接和人体接触，有的距离很近，故其表面平均温度较低。另外，低温辐射采暖将加热管与建筑结构结合在一起，结构复杂、施工难度大、维护检修不便。一般适用于民用与公共建筑，尤其适用于安装散热器会影响建筑物协调美观的场合。

(2) 中温辐射采暖　其散热设备主要是钢制辐射板，以高温水或蒸汽为热媒，板面平均温度可达 80～200℃。这种供暖系统结构简单、安装维修方便。主要应用于高大的工业厂房、大空间的公共建筑物，如商场、体育馆、展览厅、车站等建筑物的全面采暖或局部采暖场合使用。

(3) 高温辐射采暖　主要是利用电红外线辐射和燃气红外线辐射采暖。由于我国电力能源不足，电红外线辐射采暖只限于一些特殊场合的局部采暖。而燃气红外线辐射采暖具有辐射强度高、外形尺寸小、操作简单等优点。条件许可时，可用于工业厂房或一些局部工作地点的采暖，但在使用中应注意采取相应的防火、防爆和通风换气的措施。

2. 热风采暖及暖风机采暖

热风采暖系统以空气作为热媒。其主要设备是暖风机，它由通风机、电动机、空气加热器组成。在风机的作用下，空气由吸风口进入机组，经空气加热器加热后，从送风口送至室内，以满足维持室内温度的需要。

热风采暖系统的形式根据送风方式不同，可分为集中送风、风道式送风和暖风机送风等。根据被加热空气的来源不同分直流式(空气全部来自室外)、再循环式(空气全部来自室内)及混合式(部分室外空气和部分室内空气相混合)等系统。

热风供暖系统具有热惰性小、能迅速提高室温、布置灵活、方便的特点，适用于工业厂房和有高大空间、人员停留时间短的建筑物，如体育馆、商场、车站等。其缺点是系统噪声较大。

3.3　采暖系统的散热器及附件设备

3.3.1　散热器

1. 散热器的类型及其性能

目前，国内生产的散热器种类繁多，按照其加工制作材质不同，分为铸铁型、钢制型和其他材质散热器；按其结构形式不同，分为柱型、翼型、管型和板型等；按其传热方式不同，分为对流型(对流换热占总散热量的 60%以上)和辐射型(辐射换热占 50%以上)。

(1) 铸铁散热器　铸铁散热器具有耐腐蚀、使用寿命长、热稳定性好，以及结构比较简单的特点。我国目前应用较多的铸铁散热器有翼型散热器和柱型散热器。

(2) 钢制散热器　与铸铁散热器相比，钢制散热器具有以下特点：金属耗量少，大多数由薄钢板压制焊接而成，耐压强度高，外形美观整洁，占地少，便于布置。其缺点是容易被腐蚀，使用寿命比铸铁短，在蒸汽供暖系统中及较潮湿的地区不宜使用钢制散热器。目前，我国生产的钢制散热器主要有闭式钢串片对流散热器、板型散热器、钢制柱型散热器、钢制扁管型散热器、光面管散热器几种形式。

(3) 其他材质散热器

① 铝及铝合金散热器：铝制散热器的重量轻、外表美观；铝的辐射系数比铸铁和钢的

小，为补偿其辐射放热的减小，外形上应采取措施以提高其对流散热量。

② 塑料散热器：重量轻，节省金属、防腐性好，是具有发展前途的一种散热器。

2. 散热器的布置

散热器的布置应力求使室温均匀，室外渗入的冷空气能较迅速地被加热，工作区（或呼吸区）温度适宜，尽量少占用室内有效空间和使用面积。通常的做法是：

(1) 有外窗时，散热器应装在窗台下，这样，沿散热器上升的对流热气流能阻止和改善从玻璃窗下降的冷气流和玻璃冷辐射的影响，使流经室内的空气比较暖和舒适。

(2) 为防止冻裂散热器，两道外门之间不准设置散热器。在楼梯间和其他有冻结危险的场所，其散热器应有单独的立、支管供热，且不得装设调节阀。

(3) 为保证散热器的散热效果和安装要求，散热器底部距地面高度通常为 150 mm，但不得小于 60 mm；顶部离窗台板不得小于 50 mm，与后墙面净距不得小于 25 mm。

散热器的安装有明装、半暗装、暗装三种形式。明装即散热器整体突出于墙面的安装；半暗装即散热器的一半嵌入墙内槽，另一半突出于槽外的安装；暗装即散热器整体嵌入墙内槽的安装。散热器一般应明装，但对内部装修要求较高的民用建筑可采用半暗装或暗装。托儿所和幼儿园应暗装并加防护罩，以防烫伤儿童。

3.3.2　热水采暖系统的附属设备

1. 膨胀水箱

热水采暖系统设有膨胀水箱，用来收贮水的膨胀体积，防止系统超压，或补充水的冷却收缩体积。在自然循环上供下回式中，膨胀水箱并可作为排气设施使用；在机械循环系统中，膨胀水箱则可用作控制系统压力的定压点。

如图 3.20 所示为方形膨胀水箱图。箱上设有膨胀管、溢流管、循环管、排水管和信号管等。

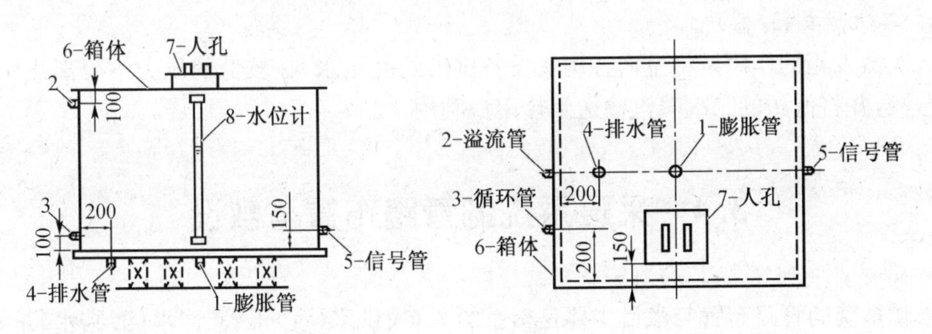

图 3.20　方形膨胀水箱

2. 排气装置

排气装置的作用是及时排除系统中的空气，防止形成“气塞”，破坏正常的水循环。同时防止空气聚集在散热器内，影响散热器的散热效果。

系统的排气方法有：对自然循环系统，可利用膨胀水箱排气；机械循环系统，除倒流式和双管下分式系统采用膨胀水箱排气外，大多采用在环路供水干管末端的最高处设集气罐、排气阀排气和散热器上专用手动放气阀。

3. 除污器

除污器是用来截留和过滤系统中的杂质、污物并将其定期清除，从而确保水质洁净、减少流动阻力和防止管路堵塞。

除污器的型号依据接管管径选定，其前后均装有阀门，并设旁通管供定期除污和检修使用。除污器安装位置一般位于系统入口调压装置前或循环水泵吸入口前的回水管上，以便集中排污。

4. 调压板

调压板是用来消除采暖系统入口处过剩压力的一种设备，由不锈钢或铝合金制成，安装于两个法兰之间。

5. 散热器温控阀

散热器温控阀是一种自动控制散热器散热量的设备，由阀体和感温控制元件两部分组成，温控阀控温范围在 13～28℃之间，控温误差为±1℃。

3.3.3 蒸汽采暖系统的主要设备和附件

1. 疏水器

疏水器的作用是自动阻止蒸汽逸漏而且迅速地排出用热设备及管道中的凝结水，同时能排除系统中积留的空气和其他不凝性气体。

2. 凝结水箱

凝结水箱是用来收集储存系统凝结水的设备，其形状有方形和圆形两种。根据水箱是否与大气相通分为开式水箱和闭式水箱。

3. 安全水封

安全水封是一种压力控制设备。主要用于防止凝结水箱内压力过高以及防止凝结水箱中的水被水泵抽空时吸入空气，且当凝结水箱水位过高时，还可以自动排出多余凝结水。

4. 二次蒸发箱(器)

二次蒸发箱的作用是将室内各用气设备排出的凝结水，在较低的压力下分离出一部分二次蒸汽，并将低压的二次蒸汽输送到热用户利用。

3.4 采暖系统的管路布置与敷设

采暖系统的管路布置与敷设主要是指系统入口、供水(汽)干管、回水(凝结水)干管、立管、连接散热器的支管和系统阀门等的布置。

3.4.1 用户引入口

供热管网与热用户相连接的地方称为用户引入口。用户引入口的作用主要是为用户分配、转换和调节供热量，使其达到设计的要求；监测并控制进入用户的热媒参数，计量统计热媒流量和用热量。即用户引入口是按局部系统需要进行热量分配、调节、计量的枢纽。

一般每个用户只设一个引入口。引入口的组成形式、规模大小因供热管网的类别，热用户的种类和大小而不同。引入口通常设在建筑物底层的专用房间、建筑物的地下室、入口竖井或地沟内。

3.4.2　热水采暖管道的布置及注意问题

采暖管道一般采用水煤气输送钢管或无缝钢管，管道的连接方式有螺纹连接、法兰连接和焊接。采暖管道的敷设有明装和暗装两种方式。

热水采暖管道布置与敷设时应注意以下一些问题：

安装在腐蚀性房间内的采暖管道应采取防腐措施。管道穿过隔墙和楼板时，应预留孔洞，装设套管。

管道敷设在地沟、技术夹层、闷顶及管道井内或易冻结的地方要采取保温措施。

对与穿过基础、变形缝的管道以及镶嵌在建筑结构里的立管，应采取防止由于建筑物沉降而损坏管道的措施。当管道必须穿过防火墙时，应在管道穿过墙体处采取固定和密封措施，并使管道可向墙的两侧伸缩。

采暖管道不得同输送蒸汽、燃点低于或等于120℃的可燃液体或可燃腐蚀性气体的管道在同一条管沟里平行或交叉敷设。

立管应尽量布置在墙角，此处温度低、潮湿，可防止结露。也可沿两窗之间的墙面中心线布置。楼梯间和其他有冻结危险的场所应单独设置立管，且在与散热器连接的支管上不得装设调节阀。立管上下均应设阀门，以便于检修。

当管道布置在顶棚下时，圈梁与窗顶之间应有足够的距离，以保证管道按规定的坡度敷设。同时应注意为了排除系统中的空气，要在供水干管末端设置集气罐。回水干管在底层地板面上敷设时，也应注意使管道有一定的坡度。对于系统干管，伸缩器两侧、转弯处、节点分支处、热源出口及用户入口处必须设置固定支架。

3.4.3　蒸汽采暖系统各种配管布置原则

(1) 凡水平敷设的供汽和凝结水管道，必须具有足够的坡度，并尽可能保持汽、水同向流动。

水平管道的坡度 i 推荐如下：蒸汽干管(汽、水同向流动时)，$i \geqslant 0.002 \sim 0.003$；蒸汽干管(汽、水逆向流动时)，$i \geqslant 0.005$；凝结水干管，$i = 0.002 \sim 0.003$；散热器支管，$i = 0.01 \sim 0.02$；蒸汽单管，$i = 0.04 \sim 0.05$。

(2) 在系统水平供汽干管的向上抬管处、室内每组散热器的凝结水出口处、上供下回式系统的每根立管下端，都必须设疏水装置。

(3) 水平敷设的供汽干管，每隔30～40 m宜设抬管泄水装置。

(4) 为了保持蒸汽的干度，供汽立管应从供汽干管的上方或上侧方接出。此时，干管沿途产生的冷凝结水，可通过干管末端的凝结水立管和疏水装置来排除。

(5) 在单管系统中，应在每组散热器的1/3高度处安装自动空气阀。必须指出，不能用手动放气阀替代自动空气阀。因为自动空气阀的功能除了排除空气外，还兼有停供蒸汽时向散热器输送空气，以防止产生真空而损坏散热器的衬填材料。

(6) 在蒸汽干管末端的管径，建议按下述规定采用：当干管入口处管径 $> \phi 50$ mm时，末端管径不小于 $\phi 32$ mm；当干管入口处管径 $\leqslant \phi 50$ mm时，末端管径不小于 $\phi 25$ mm；当入口处负荷不大时，末端管径可采用 $\phi 25$ mm。

以上是蒸汽采暖系统管路布置的原则，可作为施工时的参考依据。

3.5 高层建筑采暖的特点及系统形式

3.5.1 高层建筑采暖的特点

高层建筑物的采暖具有比低、多层建筑有着更容易散热的特点。另外，由于热压和风压引起室外冷空气渗透量增大，从而加大了高层建筑采暖的热负荷。其次，高层建筑热水采暖系统存在静压问题和垂直失调问题。即随着建筑物高度的增加，采暖系统内水静压随之上升。为了考虑散热设备、管材等的承压能力，当建筑物高度大于 50 m 时，应对采暖系统进行竖向分区。建筑高度的上升，会加剧采暖系统采暖垂直失调的问题。为了减轻垂直失调，一个垂直单管采暖系统所供层数不宜大于 12 层。

3.5.2 高层建筑热水采暖系统的形式

1. 分层式采暖系统

分层式采暖系统是在垂直方向将采暖系统分成两个或两个以上相互独立的系统，如图 3.21 所示。下层系统通常直接与室外网路相连，其高度取决于室外网路的压力工况和散热器、管材的承压能力；上层系统与外网通过加热器隔绝式连接，使上层系统的水压与外网的水压隔离开来，而外网的热量可以通过加热器传递给上层系统。这种系统是目前常用的一种形式。

2. 双线式采暖系统

垂直双线单管热水采暖系统是由竖向Ⅱ形单管组成，如图 3.22 所示。

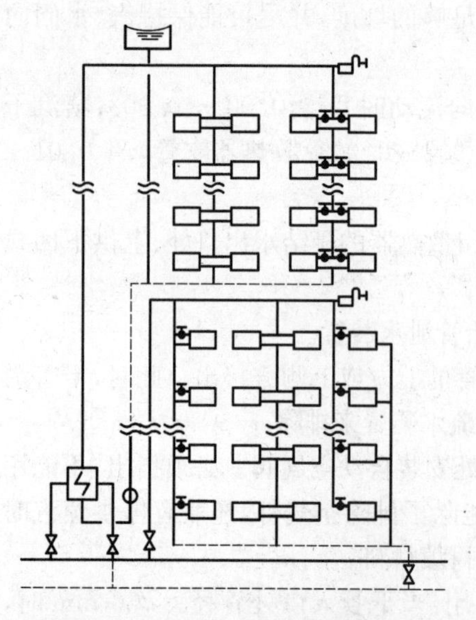

图 3.21 分层式热水采暖系统

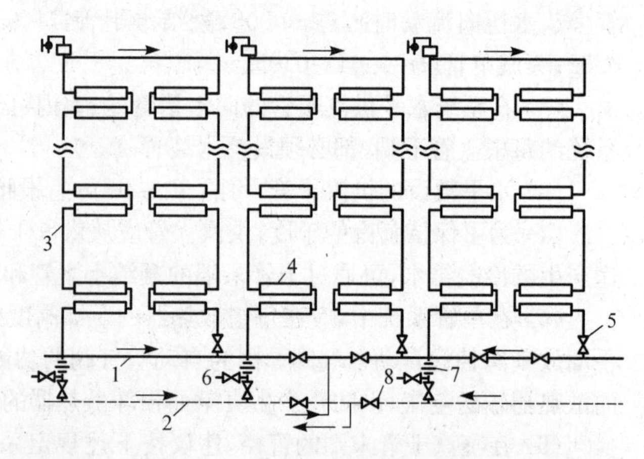

图 3.22 垂直双线式单管热水采暖系统

1—供水干管；2—回水干管；3—双线立管；4—散热器；5—截止阀；6—排水阀；7—节流孔板；8—调节阀

双线系统的散热器通常采用蛇形管或辐射板式结构。散热器立管是由上升立管和下降立管组成的。因此,各层散热器的平均温度可以近似地认为相同,这样非常有利于避免系统垂直失调。对于高层建筑,这种优点更为突出。

垂直双线系统的每一组Ⅱ形单管式立管最高点处应设置排气装置。由于立管的阻力较小,容易产生水平失调,可在每根立管的回水管上设置孔板来增大阻力,或用同程式系统达到阻力平衡。

3. 单、双管混合式系统

单、双管混合式系统如图 3.23 所示。将散热器自垂直方向分为若干组,每组包含若干层,在每组内采用双管形式,而组与组之间则用单管连接。这样,就构成了单、双管混合系统。这种系统的特点是,避免了双管系统在楼层过多时出现的严重竖向失调现象,同时也避免了散热器支管管径过粗的缺点。有的散热器还能局部调节,单、双管系统的特点兼而有之。

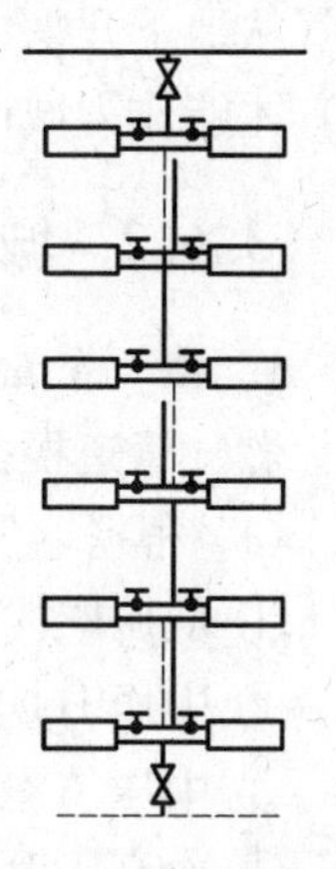

图 3.23　单、双管混合式系统

3.6 燃 气 供 应

燃气作为气体燃料,它具有使用方便,燃烧完全,热效率高,燃烧温度高,易调节、控制;燃烧时没有灰渣,清洁卫生;可以利用管道和瓶装供应的特点。但燃气易引起燃烧或爆炸,火灾危险性较大。所以,对于燃气设备及管道的设计、加工和敷设,都有严格的要求,同时必须加强维护和管理,防止漏气。

3.6.1 城市燃气的分类

城市燃气根据来源不同分为人工煤气、液化石油气和天然气三大类。

1. 人工煤气

人工煤气是指以固体或液体可燃物为原料加工制取的可燃气体。一般将以煤为原料加工制成的燃气称为煤制气,简称煤气;用石油及其副产品(如重油)制取的燃气称为油制气。我国常用人工燃气有干馏煤气、气化煤气、油制气。人工煤气有强烈的气味及毒性,含有硫化氢、苯及其同系物、氨、焦油等杂质,容易腐蚀及堵塞管道,因此出厂前均需经过净化。煤制气只能采用贮气罐气态贮存和管道输送。

2. 液化石油气

液化石油气是在石油开采和炼制过程中,得到的一种副产品。液化石油气的主要成分是丙烷、丁烷、丙烯、丁烯等。常温常压下呈气态,常温加压或常压降温时,很容易转变为液态,以进行贮存和运输,升温或减压即可气化使用。液化石油气可进行管道输送,也可加压液化灌瓶供应。随着我国石油工业的发展,液化石油气已成为城市燃气的重要气源之一。

3. 天然气

天然气热值高,容易燃烧且燃烧效率高,是优质、清洁的气体燃料,是理想的城市气源。天然气的主要成分是甲烷,比空气轻,无毒无味,但是极易与空气混合形成爆炸混合物。天燃气从地下开采出来时压力很高，有利于远距离输送。但需经降压、分离、净化（脱硫、脱水），才能作为城市燃气的气源。

3.6.2 城市燃气输配

1. 燃气管道分类

燃气管道根据输气压力、用途、敷设方式、管网形状和管网压力级制进行分类。

（1）根据输气压力分类　我国城市燃气管道根据输气压力一般分为7级。

① 低压燃气管道 $p \leqslant 0.01$ MPa。

② 中压B燃气管道 0.01 MPa$<p\leqslant$0.2 MPa。

③ 中压A燃气管道 0.02 MPa$<p\leqslant$0.4 MPa。

④ 次高压B燃气管道 0.4 MPa$<p\leqslant$0.8 MPa。

⑤ 次高压A燃气管道 0.8 MPa$<p\leqslant$1.6 MPa。

⑥ 高压B燃气管道 1.6 MPa$<p\leqslant$2.5 MPa。

⑦ 高压A燃气管道 2.5 MPa$<p\leqslant$4 MPa。

（2）根据用途分为长距离输气管线、城市燃气管道、工业企业燃气管道。长距离输气管线的干管及支管的末端连接城市或大型工业企业，作为该供应区的气源点。城市燃气管道包括分配管道、用户引入管和室内燃气管道。

（3）按敷设方式可分为埋地管道和架空管道。

（4）根据管网形状分类可分为环状管网、枝状管网和环枝状管网。环状管网是城镇输配管网的基本形式，同一环中，输气压力处于同一级制。枝状管网在城镇管网中一般不单独使用。环枝状管网是将环状与枝状混合使用，是工程设计中常用的管网形式。

2. 城市燃气的供应方式

（1）城市燃气管网供应　人工煤气或天然气经净化便可输入城市燃气管网，燃气管道应按规划道路布线，并应与道路轴线或建筑物的前沿相平行，尽可能避免在高级路面下敷设。燃气管道埋设应满足最小覆土厚度要求。当管道穿越铁路、高速公路、电车轨道和城市交通干道时，一般采用地下穿越。若在矿区和工厂区，一般采用架空敷设。

（2）液化石油气瓶装供应　目前，我国液化石油气多采用瓶装供应（也可采用管道输送）。瓶装供应具有应用方便、适应性强的特点。一般是石油炼厂生产的液化石油气用火车或汽车槽车运到使用城市的灌瓶站，利用油泵卸入球形储罐。

钢瓶的放置地点要考虑到便于换瓶和检查，但不得装于卧室及没有通风设备的走廊、地下室及半地下室。为了防止钢瓶过热和压力过高，钢瓶与燃气用具以及设备采暖炉、散热器等的距离至少应为1 m。钢瓶与燃气用具之间用耐油耐压软管连接，软管长度不得大于2 m。钢瓶在运送过程中，无论是工人装卸还是机械装卸，都应该严格遵守操作规程，严禁乱扔乱甩。

3.6.3 室内燃气管道系统组成与布置要求

1. 室内燃气管道系统的组成

室内燃气管道系统属低压管道系统，由管道及附件、燃气计量表、用具连接管和燃气用具所组成。管道包括引入管、干管(立管和水平管)、用户支管等,附件有阀门及其他配件,如图3.24所示。

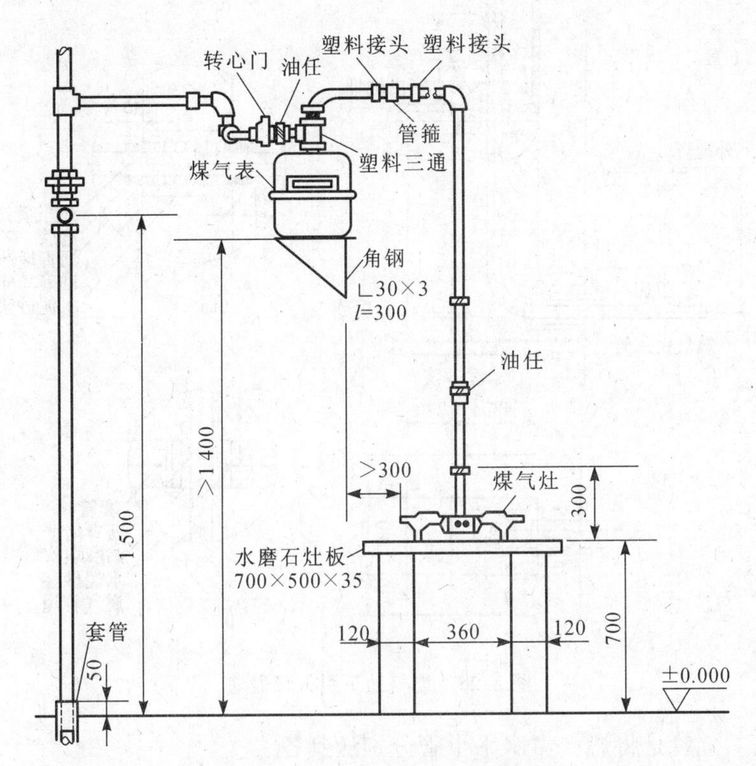

图3.24　室内立支管的安装图

2. 室内燃气管道系统的敷设与布置

(1) 引入管　引入管是室内燃气系统的始端,指小区或庭院低压燃气管网和一幢建筑物室内燃气管道连接的管段。引入管有地下管、地上管等多种形式。

燃气地下引入管穿过墙壁、基础或管沟时,均应设在套管内,并应考虑沉降的影响,常见做法是在穿墙处预留管洞,管洞与敷设的燃气管管顶的间隙应不小于建筑物的最大沉降量,两侧保留一定的间隙,并用沥青油麻堵严。对于高层建筑等沉降量较大的地方,还应采取柔性接管等更有效的补偿措施。如图3.25所示为地下引入管安装示意图,地上引入管穿墙处理见图3.26。

燃气引入管应设在厨房或走廊等便于检修的非居住房间内。若确有困难,可从楼梯间引入,此时引入管阀门宜设在室外。燃气引入管不得敷设在卧室、浴室、地下室、易燃或易爆品的仓库、有腐蚀性介质的房间、配电间、变电室、电缆沟、烟道和进风道等地方。输送湿燃气的引入管,埋设深度应在土壤冰冻线以下,并且应有不小于0.01的坡度坡向凝水缸或燃气分配管道。对于引入管的最小公称直径,当输送人工燃气和矿井气等燃气时,不应小于25 mm;当输送天然气和液化石油气等燃气时,不应小于15 mm。

(2) 水平干管　当引入管连接多根立管时,应设水平干管。水平干管可沿楼梯间或辅助间的墙壁敷设,坡向引入管,坡度不小0.002。管道经过的楼梯间和房间应有良好的通风。

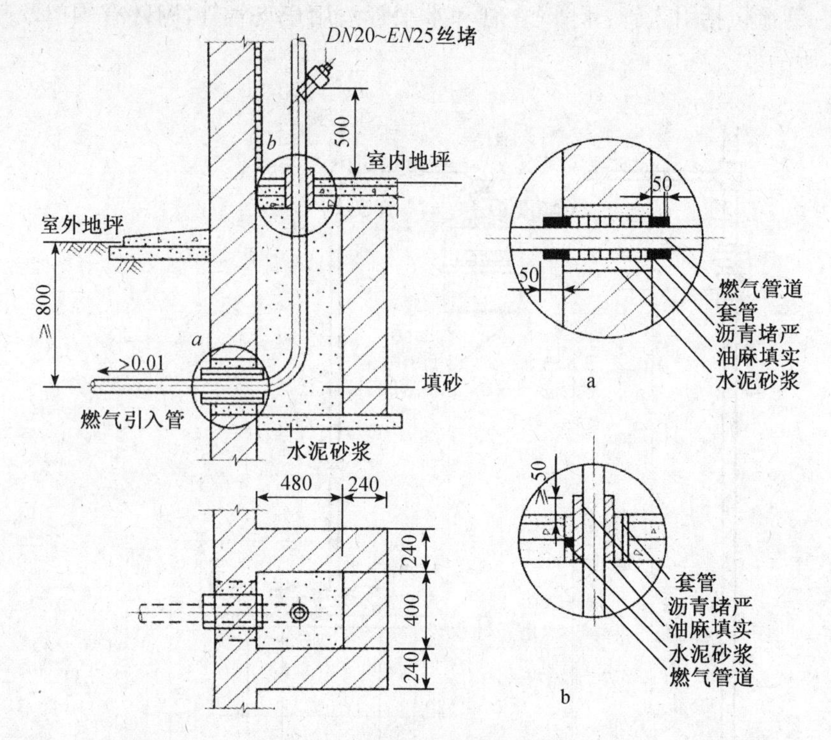

图 3.25　燃气地下引入管做法

(3) 立管　立管是将燃气由水平干管分别送到各层的管道。立管一般敷设在厨房、走廊或楼梯间内。每一立管顶端和底端设丝堵三通，作清洗用，其直径不小于25 mm。当由地下室引入时，立管在第一层应设阀门。阀门应设于室内，对重要的用户应在室外另设阀门。

立管通过各层楼板处应设套管。套管高出地面至少 50 mm，套管与立管之间的间隙用油麻填堵，沥青封口。立管在一幢建筑中一般不改变管径，直通上面各层。

(4) 用户支管　由立管引向各单独用户计量表及燃气用具的管道为用户支管。用户支管在厨房内的高度不低于 1.7 m，敷设坡度不应小于 0.002，并由燃气计量表分别坡向立管和燃气用具，支管穿墙时也应由套管保护。

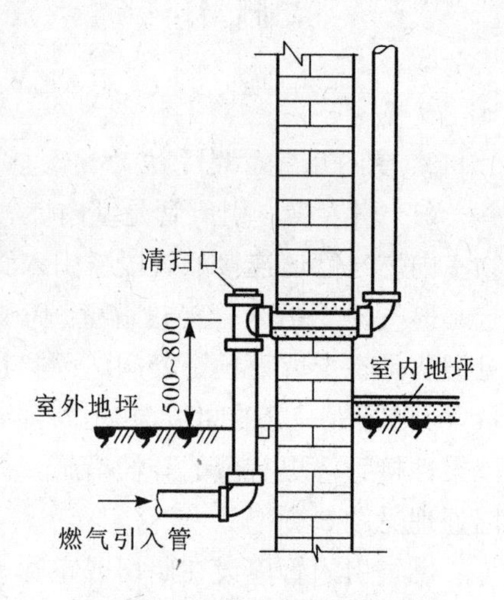

图 3.26　燃气地上引入管做法

室内燃气管道一般为明装敷设。当建筑物或工艺有特殊要求时，也可采用暗装。但必须敷设在有人孔的闷顶或有活盖的墙槽内，以便安装和检修。

进入建筑物的燃气管道可以采用镀锌钢管或普通钢管。连接方式可以用法兰，也可以焊接丝接，般 $DN \leqslant 50$ mm 的管道均为丝接。

3.6.4　燃气常用仪表及燃烧器具

1. 燃气常用仪表

(1) 湿式气体流量计　湿式气体流量计简称湿式表,常用于实验室中校正民用燃气计量表。

(2) 家用膜式燃气计量表　家用膜式燃气表是由皮膜装配式气体流量计、滑阀、皮袋盒、计数机等部件组成的。通常是一户一表,使用广泛。

(3) 家用IC卡燃气计量表　家用IC卡燃气计量表是一种具有预付费及控制功能的新型膜式燃气计量表。IC卡燃气计量表的特点是计量精确,安装方便,付费用气,避免入户抄表。

(4) 家用远传信号膜式燃气计量表　为解决不入户即能抄到居民使用燃气的消费量,在有条件的居民小区设置一个计算机终端(如设置在物业管理办公室内),用电子信号将每一燃气用户的燃气消费量远传至计算机终端。这不仅可解决入户抄表的难题,而且能准确、及时地抄到所有燃气用户的燃气消费量,是目前家庭燃气用户计量燃气消费量的理想仪表。

燃气表宜安装在通风良好的非燃结构的房间内,严禁安装在卧室、浴室、危险物品和易燃物品存放及类似地方。当燃气表安装在灶具上方时,燃气表与炉灶之间的水平距离应大于300 mm。公共建筑和工业企业生产用气的计量装置宜设置在单独的房间。

2. 燃气燃烧器具

(1) 燃气灶具　燃气燃烧器具的设置安装应符合《家用燃气燃烧器具安装及验收规程》(CJJ12—2013)的规定。安装燃具的房间应设给气口,并且上部宜设排气口或气窗(设排气扇除外)。设在外墙或外窗口的排气扇向室外排烟时应防止气流短路,燃具动作时应先开启排气扇,再启动燃具的控制装置。

(2) 燃气热水器　燃气热水器分为燃气快速热水器和燃气容积式热水器两大类。

燃气快速热水器是当前居家主要用以供热水的燃气具,它装有水气联动装置,通水后自动打开燃气快速热水器气通路,在短时间内使流过热交换器的冷水被加热后迅速而连续地以设定温度的热水流出。燃气快速热水器比燃气容积式热水器体积小,连续出水能力大,但燃气容积式热水器较使用同等热水量的燃气快速热水器的燃气耗量要小。

燃气容积式热水器分为常压容积式热水器和容积式热水器。它是一种大容量热水器,由一个贮水箱和水、燃气供应系统组成。

两种热水器基本相同,前者水箱是通大气的,水箱内的压力不会升高,一般在宿舍、学校、医院等公共场所使用。后者水箱是密闭的,热水可以远距离输送,并可用来采暖,一般适用于较大面积的住宅,尤其是别墅。

3. 燃气调压器

燃气供应的压力工况是通过调压器来控制的,其作用是根据燃气的使用情况将燃气调至不同的压力。居民家庭和大部分公共建筑使用的燃气都属于低压燃气,而城市管网上有高压、中压、低压各种管道,在用户附近设有低压燃气管道时,必须从高压或中压燃气管道上由调压器将压力降至燃气用户可使用的压力供应用户。一个区域性调压器可以供应一般家庭燃气用户约数千户。建筑物入口经常采用的用户调压器为薄膜式调压器,适用于用量不大的工业用户和民用建筑，体积小，质量轻，可以安装在箱式调压装置中。

复习思考题

1. 简述供热系统的组成、基本方式及其特点。
2. 采暖及采暖期的概念有何区别？
3. 采暖系统的分类及各自的使用特点是什么？
4. 采暖系统的散热器及附件设备安装要求是什么？
5. 采暖系统的管路布置与敷设要求是什么？
6. 高层建筑供暖有何特点？
7. 室内燃气管道系统与布置要求有哪些？

第4单元

水暖施工图的识读

◇ 学习内容

主要讲述建筑给排水施工图和建筑采暖施工图的组成、常用图例和主要内容，识读水暖施工图的方法和通常的步骤，识读水暖施工图的案例。

◇ 学习目标

1. 熟悉水暖施工图纸的组成、常用图例和主内容；
2. 掌握水暖施工图纸识读的方法和通常的步骤，具有识读水暖施工图的基本能力。

4.1 给水排水施工图的识读

4.1.1 给排水施工图的组成

给排水施工图可分为室外给排水施工图和室内给排水施工图两大部分。室外给排水施工图表示的是一个区域或一个工厂的给水的给水工程设施（如水厂、水塔、泵站、给水管网等）和排水工程设施（如排水管网、污水处理厂和提升污水的泵等），其内容包括管道总平面布置图、流程示意图、纵断面图、工艺图和详图等；室内给排水施工图表示的是一幢建筑物内用水房间（如厕所、浴室、厨房、实验室、锅炉房等）以及工厂车间的给水和排水设施，其内容包括平面布置图、管路系统轴测图、水箱、水泵、用水设备、卫生器具等的安装详图。

通常所说的建筑给排水施工图主要是指室内给排水施工图，可分成室内给水系统施工图和室内排水系统施工图。室内给排水施工图由以下文字部分和图示部分组成。

1. 文字部分

(1) 图纸目录　根据设计顺序，按设计说明（含设备材料名细表、图例）、平面图、系统图、详图等名称依次编号排列在的目录页。

(2) 设计施工说明　设计施工说明就是在设计施工图中用简明文字来进一步阐明图样上那些用图或符号表达不清楚的问题或内容。其主要内容有：设计依据和设计范围；设计概况及有关技术指标，如给水方式、排水体制的选择等；施工说明，如图中尺寸采用的单位，采用的管材及连接方式，管道防腐、防结露的做法，保温材料的选用、保温层的厚度及做法等，卫生洁具的类型及安装方式，施工注意事项，系统的水压试验要求，施工验收应达到的质量标准等。如有水泵、水箱等设备，还必须写明型号、规格及运行要点等。

(3) 设备材料明细表　为了使施工准备的材料和设备符合图样的要求，便于备料，保证材料设备的性能与施工质量，工程设计人员应编制一个主要设备材料明细表，包括主要设备材料的序号、名称、型号、规格尺寸、单位、数量、备注等项目（施工图中涉及的其他设备、管材、阀门、仪表等也均应列入表中）。对于一些不影响工程进度和质量的零星材料，可不列入表中。

一般中小工程的文字部分直接写在图样上，工程较大、内容较多时另附专页编写，并放在一套图样的首页。

(4) 图例　建筑给排水管道平面布置图和管路系统轴测图中的管线、阀门、卫生器具及其他设备都是用统一的图例符号表示。要识读建筑给排水施工图必须对与图纸有关的图例及其表示的内容有所了解。《建筑给水排水制图标准》(GB/T50106—2010)中规定了工程中常用的图例，凡在该标准中未列入的可自设。建筑给水排水施工图中常用图例见表4.1、表4.2、表4.3和表4.4。

表4.1　给排水施工图中其他常用附件的图例符号

名　称	图例符号	名　称	图例符号	名　称	图例符号
防水套管		检查口		地沟管	
软　管		滑动支架		多孔管	
可绕曲橡胶接头		清扫口	或	排水明沟	
存水弯		通气帽	或	排水暗沟	
自动冲洗水箱		雨水斗		防护套管	
圆形地漏		排水漏斗		方形地漏	

表4.2　给、排水其他常用的阀门图例符号

名　称	图例符号	名　称	图例符号	名　称	图例符号
三通阀		蝶　阀		水泵接合器	
四通阀		弹簧安全阀		消防喷头(开式)	
电动阀	M	平衡锤安全阀		消防喷头(闭式)	

（续表）

名　称	图例符号	名　称	图例符号	名　称	图例符号
液动阀		延时自闭冲洗阀		洒水龙头	
底　阀		自动排气阀		脚踏开关	
球　阀		室外消火栓		水龙头	
隔膜阀		压力调节阀		消防报警阀	
气开隔膜阀		室内消火栓（单口）		温度调节阀	
气闭隔膜阀		室内消火栓（双口）		浮球阀	

表 4.3　卫生器具与水池的图例符号

名　称	图例符号	名　称	图例符号	名　称	图例符号
水池、水盆		立式小便器		沉淀池	CC
带篦洗涤盆		挂式小便器		降温池	JC
洗脸盆		蹲式大便器		中和池	ZC
立式洗脸盆		坐式大便器		雨水口	
污水池		小便槽		放气井	
化验盆洗涤盆		饮水器		阀门井检查井	
妇女卫生盆		淋浴喷头		泄水池	
盥洗槽		矩形化粪池	HC	水封井	
浴　盆		圆形化粪池	HC	跌水井	
水表井		除油池	YC		

表 4.4　给、排水设备与仪表图例符号

名　称	图例符号	名　称	图例符号	名　称	图例符号
泵　L		开水器		流量计	
离心水泵		喷射器		自动记录流量计	
真空泵		水锤消除器		转子流量计	
手摇泵		过滤器		自动记录压力表	
定量泵		磁水器		电接点压力表	
管道泵		浮球液位器		压力计	
热交换器		搅拌器		减压孔板	
水-水热交换器		温度计		水流指示器	L

2. 图示部分

室内给排水施工图是表示一幢建筑物自给水房屋引入管和污水排出管范围内的给水工程和排水工程，其图示部分主要包括给排水工程的平面布置图、系统轴测图和详图。

(1) 平面图　平面图(参图 4.1)是给排水施工图的基本图示部分。它反映了卫生洁具、给排水管道、附件等在建筑物内的平面布置情况。通常情况下，建筑的给水系统、排水系统不是很复杂，将给水管道、排水管道绘制在一张图上，称为给排水平面图。平面图所表达的主要内容有：

① 建筑物内与给排水有关的建筑物的轮廓、定位轴线及尺寸线、各房间的名称等；

② 给水引入管、污水排出管的平面布置、平面定位尺寸、管径及管道编号，给水排水横干管、立管、横支管的位置、管径及立管编号以及管道的安装方式(明管或暗管)；

③ 卫生洁具(如洗涤盆、大便器、小便器、地漏等)、水箱、水泵等的平面布置、平面定位尺寸；

④ 各管道配件如阀门、清扫口的平面位置。

(2) 系统图　给排水系统图(参图 4.2、图 4.3)也称给排水轴测图，可分为给水系统轴测图和排水系统轴测图，它们是根据各层平面布置图中用水设备、管道等平面位置及竖向标高用斜轴测投影(一般按 45°正面斜轴测图)绘制而成。分别表明给水系统和排水系统的上下层之间、左右前后之间的空间关系。系统图所表达的内容有：

① 自引入管，经室内给水管道系统至用水设备的空间走向和布置情况；

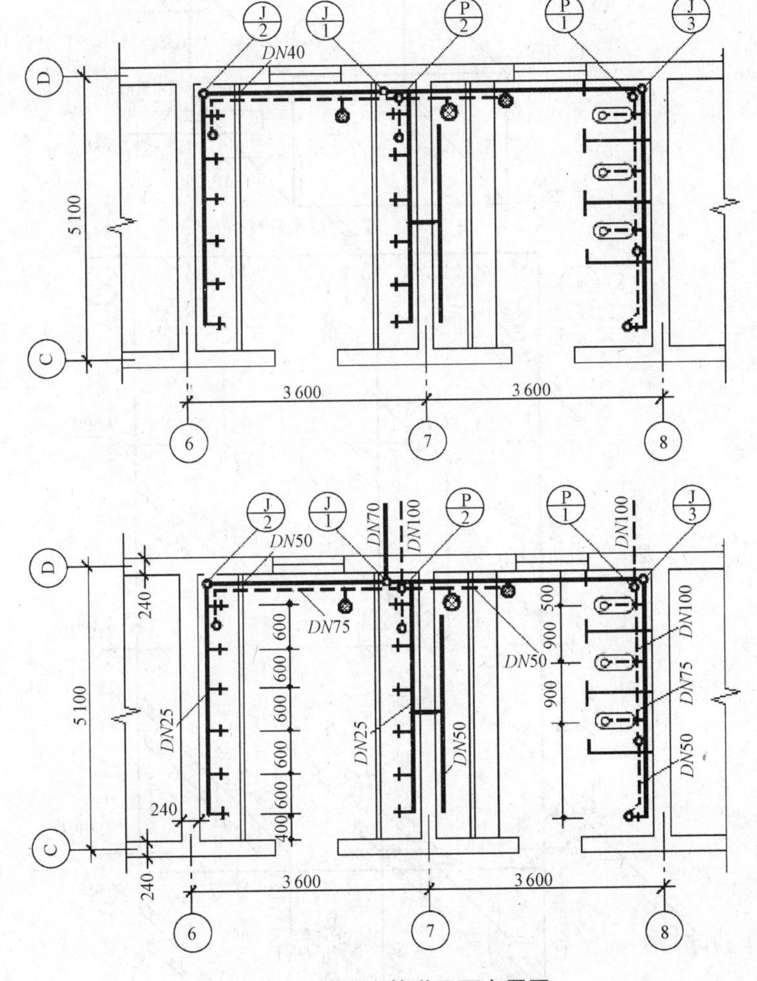

图 4.1　给排水管道平面布置图

② 自卫生洁具，经室内排水管道系统排出管的空间走向和布置情况；

③ 管道的管径、标高、坡度、坡向及系统编号和立管编号；

④ 各种设备(包括水泵、水箱等)的接管情况、设置位置和标高、连接方式及规格，管道附件的种类、位置、标高；

⑤ 排水系统通气管设置方式、与排水立管之间的连接方式，伸顶通气管上的通气帽的设置及标高等。

(3) 施工详图　给水排水平面图、系统图表示了卫生洁具及管道的布置情况，而卫生洁具的安装、管道的连接，需有施工详图(参图 4.4、图 4.5)作为依据，即施工详图是用来表示某些给排水卫生设备及管道节点的详细构造与安装要求。

常用的卫生设备安装详图可直接查阅有关标准图集(如《99S304 给排水卫生设备安装图集》)或室内给排水设计手册等，如水表安装详图、卫生设备安装详图等均可直接套用，不必另行绘制，只要在设计施工说明或图纸目录中写明所套用的图集名称及其中的详图号即可；当没有标准图时，设计人员需自行绘制。

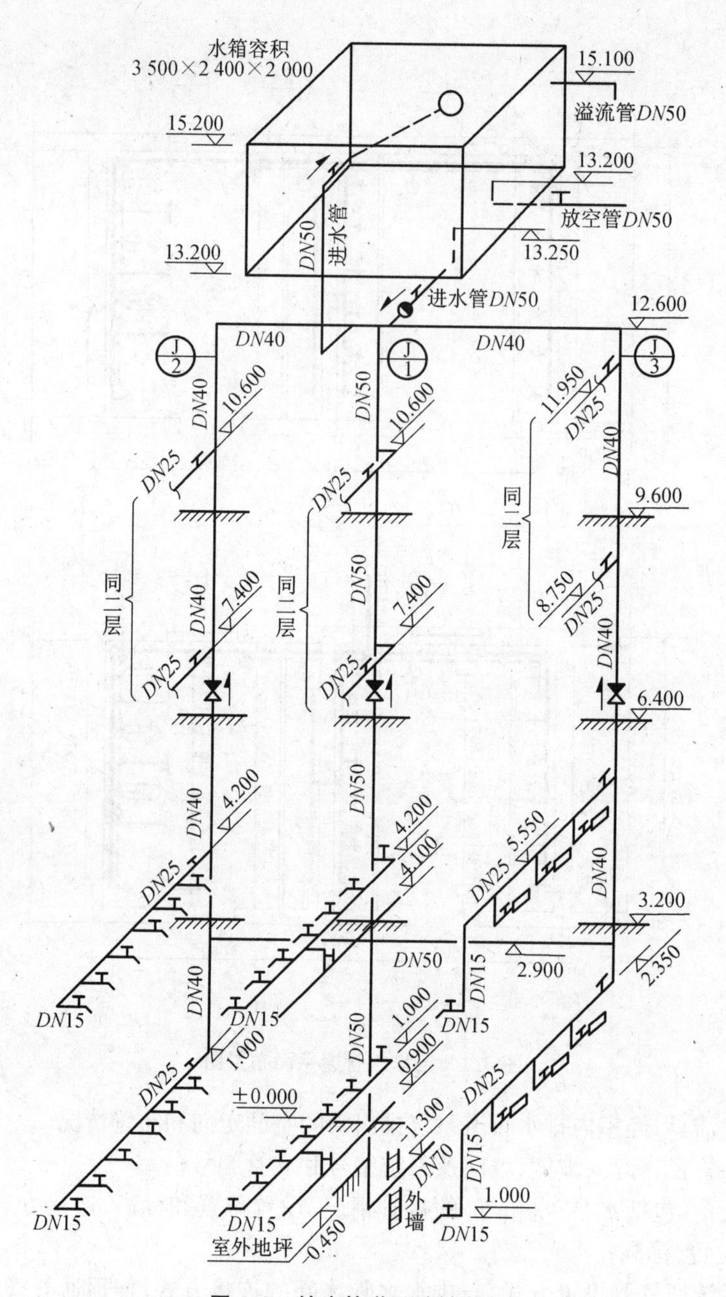

图4.2 给水管道系统轴测图

4.1.2 室内给水、排水施工图识读

1. 建筑给排水施工图识读应注意的几个要点

(1) 看图时应先看设计施工说明，明确设计要求，了解工程概况。

(2) 把施工图按给水、排水分别阅读，并把平面图和系统图对照起来阅读。

(3) 给水系统应从引入管起，顺着管道的水流方向看图，经干管、立管、横支管到用水设备。把平面图和系统图对应起来，弄清管道的方向，分支位置，各段管道的管径、标高、坡度、坡向、管道上的阀门及配水龙头的位置和种类等。

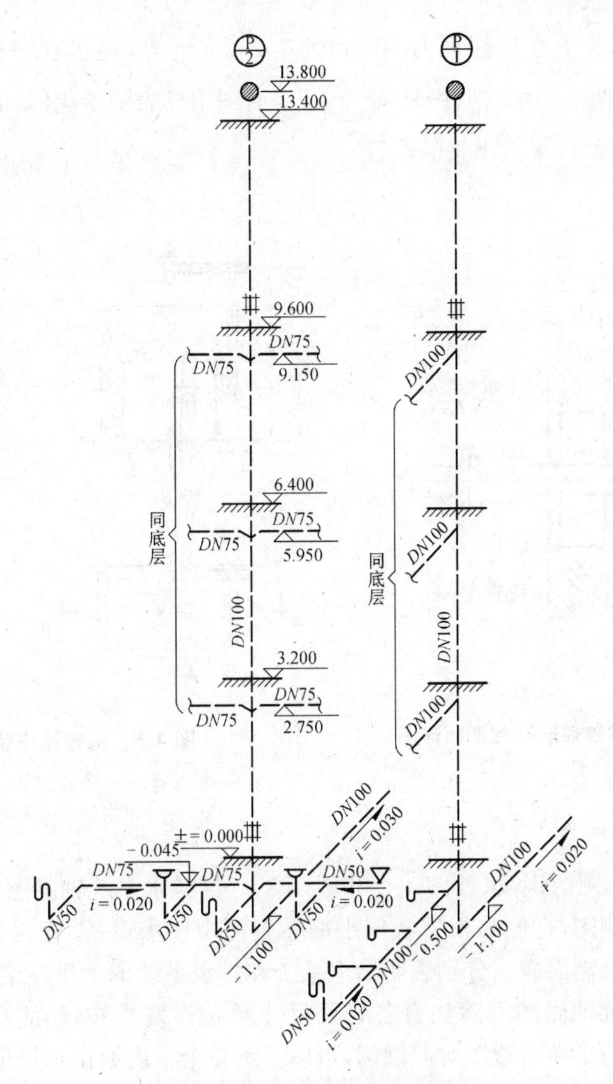

图 4.3　排水管道系统轴测图

(4) 最后结合平面图、系统图和设计施工说明看详图，弄清卫生洁具的类型、安装方法，设备的型号、配管形式等，把整个给水排水系统施工安装的具体要求搞清楚。

(5) 如果仍然有不明确的问题或设计不合理、无法施工等问题，应在图纸会审时向设计人员提出，由设计单位、施工单位、建设单位三方协商解决。如有需要变更的设计内容，由设计单位以变更单(用文字或补充图纸)的形式签发，图纸变更须经设计单位盖章后生效执行。

2. 施工图识读案例

以某一幢四层集体宿舍的给排水工程图为例来进行室内给水、排水施工图的识读。

(1) 其平面布置图的识读(参图 4.1)　图 4.1 是案例四层集体宿舍的底层和楼层(二至四层)的平面布置图。从图中可以看出，各层均设有盥洗台、拖布盆、蹲式大便器及小便槽等用水设备，各水龙头的间距为600 mm，给水管管径分别为 70 mm、50 mm、40 mm、25 mm、15 mm 等，三根给水立管编号为$\frac{J}{1}$、$\frac{J}{2}$、$\frac{J}{3}$。除引入管外，室内给水管均以明管方式安装；各污水管下水口间距为 900 mm、1 400 mm 等，污水管管径分别为 100 mm、75 mm、50 mm 等，两根污水立管编号为 $\frac{P}{1}$、$\frac{P}{2}$；图中还表明了阀门、清扫口、地漏等零件的位置及给水引入管、污水排出管的位置。

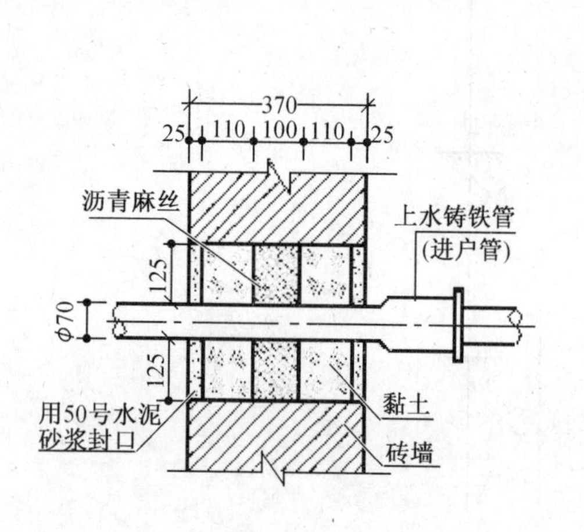

图 4.4　房屋引入管穿越条形基础剖面详图

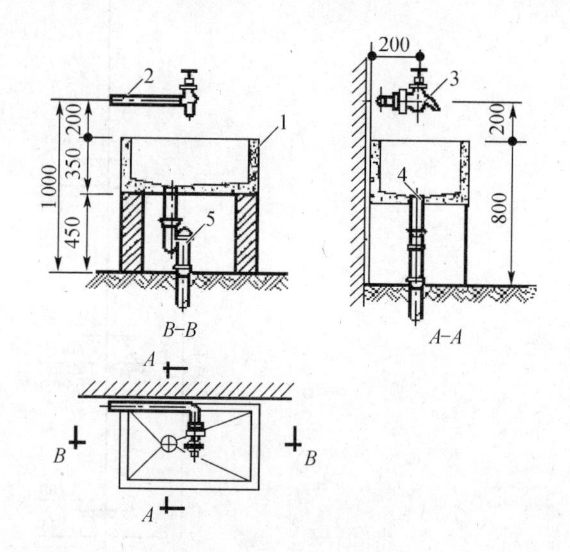

图 4.5　拖布池安装详图

1—拖布池；2—供水支管；3—水龙头；4—出水口；5—存水弯

(2) 其系统轴测图的识读(参图 4.2 和图 4.3)　给排水系统轴测图可分为给水系统轴测图和排水系统轴测图，它们是根据各层平面布置图中用水设备、管道等平面位置及竖向标高用斜轴测投影绘制而成。分别表明给水系统和排水系统的上下层之间、左右前后之间的空间关系。在系统轴测图上除注有各管径尺寸及立管编号外，还注有管道的标高和坡度。把系统轴测图与平面布置图对照阅读，可以了解整个室内给排水管道系统的全貌。

阅读给水系统轴测图时，可由房屋引入管开始，沿水流方向经干管、支管到用水设备进行。如图 4.2 所示的给水管道系统轴测图表明：房屋引入管管径为 70 mm，进户位置在立管 $\frac{J}{1}$ 下部标高 -1.300 m 处；进户后经管径 $DN50$ 的立管 $\frac{J}{1}$ 至标高 2.900 m 处引出管径为 $DN50$ 的水平干管；再由水平干管引出管径为 $DN40$ 的两根立管 $\frac{J}{2}$、$\frac{J}{3}$；在各立管上引出各层水平支管通至用水设备。

阅读排水系统轴测图时，可由上而下，自排水设备开始，沿污水流向，经支管、立管、干管到排出管。如图 4.3 所示的排水管道系统轴测图表明：各层大便器污水是流经各水平支管以 $i=0.020$ 的坡度到管径为 $DN100$ 的立管 $\frac{P}{1}$，向下至标高 -1.100 m 处由水平干管、污水排出管排至室外化粪池；各层的小便槽和盥洗台的污水是经各水平支管以 $i=0.020$ 的坡度到管径为 $DN100$ 的立管 $\frac{P}{2}$，向下至标高为 -1.100 m 处由水平干管及污水排出管排至室外排水管渠中去。

在平面布置图中只表明了各管道穿过楼板和墙的平面位置，而在系统轴测图如图 4.2

和图 4.3 中，还可表明各穿越处的标高。

(3) 详图的识读(参图 4.4、图 4.5)　如图 4.4 所示为给水引入管穿越条形基础的剖面详图，表明引入管穿越墙基时，为了避免墙基下沉压坏管道，应预留洞口，管道安装好后，洞口空隙内应用黏土、沥青麻丝填实，外抹 50 号水泥砂浆以防止室外雨水渗入的具体做法，并标注尺寸等；图 4.5 所示的是拖布池安装详图，其具体管道安装只要注明几部分控制尺寸即可。

4.2　建筑采暖施工图的识读

4.2.1　采暖施工图基本表示方法

1. 采暖施工图常用图例

建筑采暖施工图是指建筑物(民用住宅或工厂车间)热水(或蒸汽)采暖管道的平面布置图、系统轴测图和详图，它们也都是用图例符号表示的。常用的图例符号见表 4.5。

表 4.5　采暖施工图常用图例

名　称	图　例	名　称	图　例
采暖热水(蒸汽)管		散热器上冷风阀	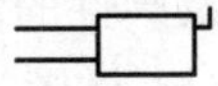
采暖回(凝结)水管		疏水器	
保温管(或用说明)		水　箱	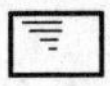
方形补偿器		止回阀	
固定支架		截止阀	
活动支架		闸　阀	
散热器(立面图)(平面图)	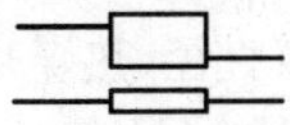	手动排气阀	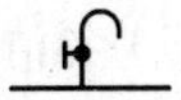
集气罐	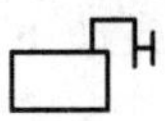	自动排气阀	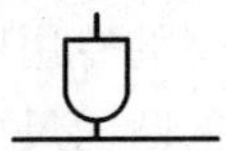
水　泵		锅　炉	

2. 建筑采暖施工图的组成

建筑采暖施工图是由首页、平面图、系统图、详图组成。

(1) 首页　首页包括图纸目录、主要设计说明、施工说明、主要设备材料表及不统一的图例等。

(2) 平面图　采暖施工平面图中，通常绘有与采暖设施有关的建筑围护结构、轴线、开间尺寸、总尺寸、楼梯、卫生间、门窗、柱子、管沟的位置，并按建筑平面图注明房间的名称、编号、各层有关部位相对标高等。在多层建筑中除绘有中间楼层的采暖平面图（若中间楼层的散热器和采暖管道系统的布置等都相同时，则可用一个楼层，即标准层采暖平面图）外，通常还绘有不同于一般层的底层和顶层采暖平面图。在采暖平面图中能表明建筑物各层供暖管道和设备平面布置的主要内容有：

① 房间的名称、编号、散热器的类型、位置与数量（片数）及安装方式；

② 引入口位置、系统编号、立管编号；

③ 供水（蒸汽）总管、供水干管、立管、支管的位置、走向、管径和回水支管、立管、干管及总管的位置、走向、管径；

④ 补偿器型号、位置、固定支架的位置；

⑤ 室内地沟（包括过门管沟）的位置、走向、尺寸；

⑥ 热水供暖时，应表明膨胀水箱、集气罐等设备的位置及其连接管，且注明型号规格；

⑦ 蒸汽供暖时，表明管线间及管线末端疏水装置的位置及型号规格；

⑧ 表明平面图比例，常用 1∶200、1∶100、1∶50 等。

(3) 系统轴测图　系统图表明整个供暖系统的组成及设备、管道、附件等的空间布置关系，表明立管编号、各管段的直径、标高、坡度、散热器的型号与数量（片数）、膨胀水箱和集气罐及阀件的位置与型号规格等。

(4) 详图　供暖详图包括标准图与非标准图。标准图包括供暖系统及散热器安装、疏水器、减压阀、调压板安装、膨胀水箱的制作与安装、集气罐制作与安装、热交换器安装等。非标准图的节点与做法，要另出详图。

4.2.2　采暖施工图的识读

识读供暖施工图应按热媒在管内所走的路程顺序进行，以便掌握全局；识读其系统图时，应将系统图与平面图结合对照进行，以便弄清整个供暖系统的空间布置关系。

1. 平面图的识读

供暖平面图是供暖施工图的主体图纸，它主要表明供暖管道、散热设备及附件在建筑平面图上的位置及其它们之间的相互关系。识读时，应着重掌握如下主要内容：

(1) 弄清热引入口在建筑平面上的位置、管道直径、热媒来源、流向、参数及其做法等。

引入口数一般为一个，当建筑物很大时，可设两个及两个以上。大引入口常设在建筑物底层的专用房间内，小引入口可设在入口地沟内或地下室内。当有入口地沟时，应查明地沟的断面尺寸和沟底的标高与坡度等。

引入口装置一般由减压阀、混水器、疏水器、分水器、分汽缸、除污器及控制阀门等组成。如果平面图上注明有引入口的标准图号，识读时则按给定的标准图号查阅标准图；如果热入口有节点图，识读时则按平面图所注节点图的编号查找热入口大样图进行识读。

(2) 了解水平干管的布置方式、干管上的阀件、固定支架、补偿器等的平面位置和型号以及干管的管径。

识读时须查明干管敷设在最高层、中间层、还是最底层。供水（汽）干管敷设在顶层天棚下(或内),则说明是上供式系统;供水(汽)干管敷设在中间层、底层,则分别说明是中供式、下供式系统;在一层平面图上绘有回水干管或凝结水干管(虚线),则说明是下回式系统。如果干管最高处设有集气罐,则说明为热水供暖系统;若散热器出口处和底层干管上出现有疏水器,则说明于管(虚线)为凝结水管,从而表明该系统为蒸汽供暖系统。

识读时应清补偿器与固定支架的种类、形式、平面位置及其安装要求。凡热胀冷缩较大的管道,在平面图上均用图例符号注明了固定支架的位置,要求严格时还注明有固定支架的位置尺寸。供暖系统中的补偿器常用方形补偿器和自然补偿器。方形补偿器的形式和位置,平面图上均应表明,但自然补偿器在平面图中均不特别说明,它完全是利用固定支架的位置来确定的。

(3) 按立管编号弄清立管的数量和布置位置。立管编号的标志是直径 8～10 mm 的圆圈内写有表示立管的字母 L 和表示立管编号的阿拉伯数字。单层且建筑简单的系统有的不进行编号。

(4) 弄清建筑物内散热器(暖风机、辐射板)的平面布置、种类、数量(片数)以及散热器的安装方式(即明装、暗装、半暗装)。

散热器一般布置在房间外窗内侧的窗台下,有的也沿内墙布置,其目的是使室内空气温度分布均匀。楼梯间的散热器应尽量布置在底层,或按一定比例分配在下部各层。

散热器的种类除可用图例符号识别外,一般在施工图纸说明中有注明。散热器的种类有翼型(圆翼、长翼)散热器、柱型散热器、光管散热器、钢管串片散热器、扁管式散热器、板式散热器、钢制辐射板和暖风机等。

散热器的片数都标注在散热器的边上,可一目了然识读。

散热器的安装方式,一般都在图纸说明书注明。通常散热器以明装较多,而当房间装修要求较高或热媒温度高需防烫伤人时(如宾馆、幼儿园、托儿所等),才采用暗装。一般情况,若图纸未说明,则散热器为明装。

(5) 在蒸汽采暖系统平面图上,还表示有疏水装置的平面位置及其规格尺寸。

一般情况下,散热器出口处、凝结水干管始端、水平干管抬头登高的最低点、管道转弯的最低点等要设疏水器。在平面图上,一般要标注疏水器的公称直径。但注意:疏水器的公称直径与其所连管道的公称直径不同,一般小 1～2 级。

(6) 在热水供暖系统平面图上,还表示有膨胀水箱、集气罐等设备的位置、型号和规格尺寸。

热水供暖系统的集气罐一般装供水于管的末端或供水立管的顶端。注意图例符号,装于立管顶端的为立式集气罐,装于供水干管末端的则为卧式集气罐。卧式比立式应用较多。立式与卧式集气罐的型号有 1、2、3、4 号,它们的直径分别为 100 mm、150 mm、200 mm、250 mm,高度(长度)分别为 300 mm、300 mm、320 mm、430 mm。若平面图中只给出其型号,则可知集气罐的尺寸。

2. 系统轴测图的识读

采暖系统轴测图是表示从热媒入口到热媒出口的供暖管道、散热设备、主要阀件、附件的空间位置及相互关系的图形。识读时应掌握的主要内容如下:

(1) 查明热媒引入口装置的组成及各种设备、附件、仪表、阀门之间的关系,了解引入口处热媒来源、流向、坡向、标高、管径等,如有节点详图时要查明编号,以便更细地掌握。

(2) 弄清各管段的管径、坡度、坡向,水平管道和设备的标高,各立管的编号。

一般情况下，系统轴测图中各管段两端均注有管径，即变径管两侧要注明管径。供水干管坡度一般为0.003，坡向总立管，散热器供回水支管的坡度往往在系统图中未标出，一般是沿水流方向下降的坡度。

立管的编号在系统轴测图和平面图中是一致的。

(3) 了解散热器类型规格及片数。当散热器为光管散热器时，要查明散热器的型号(A型或B型)、管径、排数及长度；当散热器为翼型散热器或柱型散热器时，要查明规格与片数及带脚散热器的片数；当散热器采用其他特殊采暖散热设备时，应弄清设备的构造和底部或顶部的标高。

(4) 弄清阀件、附件、设备在空间中的位置。凡系统图已注明规格尺寸的，均须与平面图、设备材料表等进行核对。

3. 详图的识读

对于建筑采暖施工图中的详图包括有标准图的节点详图。标准图是采暖施工图的一个重要组成部分，它包括有散热器连接、膨胀水箱的制作和安装、集气罐及其连接、补偿器和疏水器的安装和加工详图等。平面图和系统轴测图由于所用比例的较小，对局部位置只能示意性地给出，通常不能反映供热管、回水管与采暖设备、附件或阀件之间的具体连接形式、详细尺寸和安装要求。由于设计人员通常只绘出平面图、系统图和通用标准图中没有的局部节点图，因此在施工中要么能熟练掌握这些标准图，要么使用备有的有关《采暖通风国家标准图集》手册。

图4.6是供水干管与立管连接的详图，从图中不仅可了解干管与立管实际是通过乙字弯或弯头连接的，而且还可知道它们安装的具体尺寸要求。

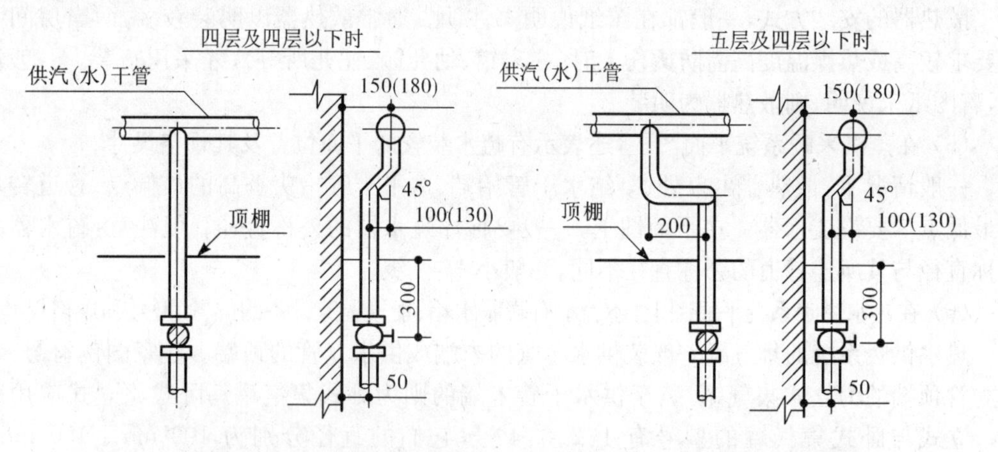

图4.6 顶棚内立管与干管连接的详图(注：$DN \geqslant 100$ mm时，采用括号内的尺寸)

图4.7是一组散热器安装的详图，由图可以看出采暖支管与散热器和立管之间的连接方式，散热器与地面、墙面之间的安装尺寸、组合方式以及组合处本身的构造等。图中表明散热器、立管与支管均为明装，两组散热器一侧连接立面图，散热器为立地安装。散热器支管坡度均为1%，供水支管坡向散热器，回水支管坡向回水立管。

4. 识图实例

图4.8、图4.9、图4.10和图4.11分别为某一建筑采暖施工图的一层、二层、三层平面图和系统轴测图。并有图纸如下说明：

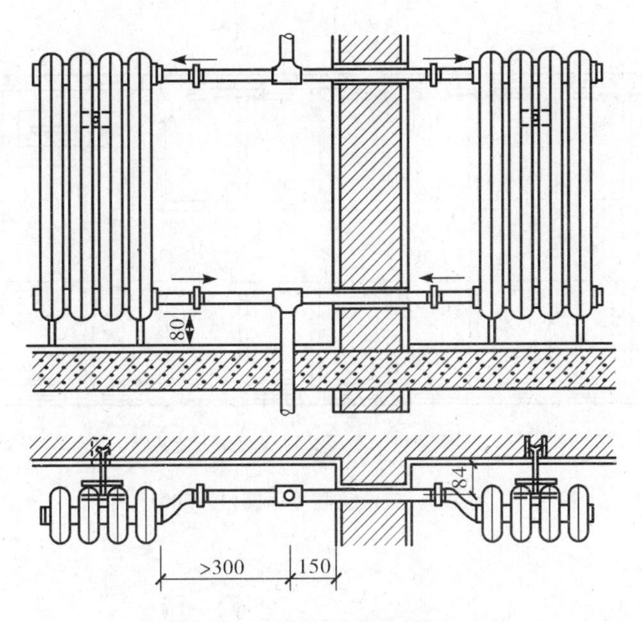

图4.7　散热器安装详图

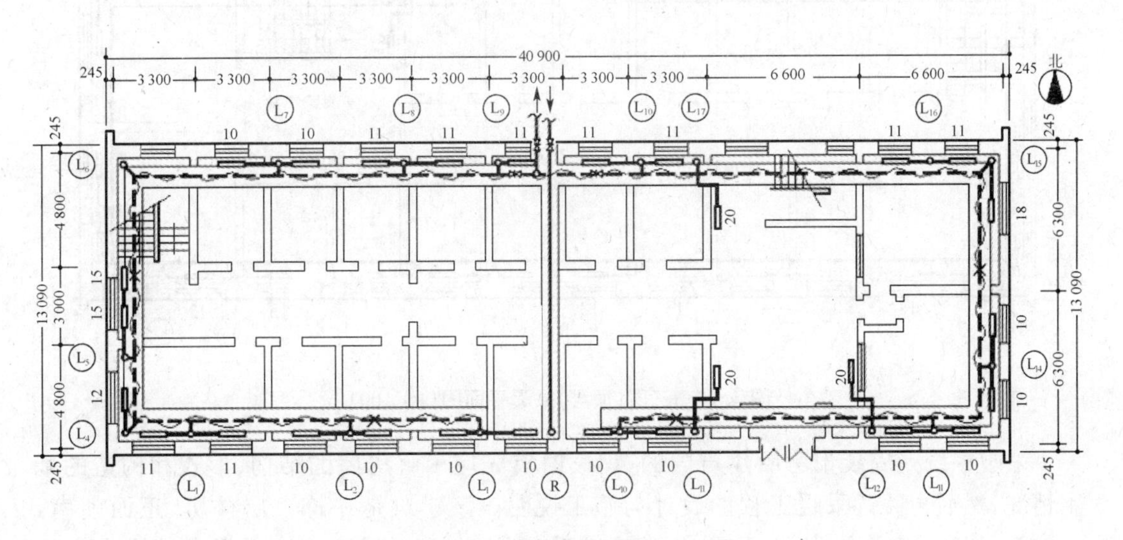

图4.8　一层采暖平面图(1∶100)

① 采暖管道材料采用低压流体输送用焊接钢管。管径小于或等于32 mm者,采用螺纹连接;管径大于32 mm者采用焊接或法兰连接。

② 散热器采用M132型,挂装于半砖深的墙槽内。

③ 集气罐采用2号卧式集气罐,放气管引至开水间污水池上方。

④ 供暖管道和散热器均除锈后,刷红丹防锈漆两遍,银粉漆两遍(保温管道除外)。

⑤ 管道保温材料采用聚氨酯硬质泡沫塑料,其厚度为45 mm。

⑥ 供暖系统及散热器安装见N112,集气罐制作安装见N103,管道保温见87R411-1。

⑦ 管道穿过墙壁和楼板,均装设钢套管。

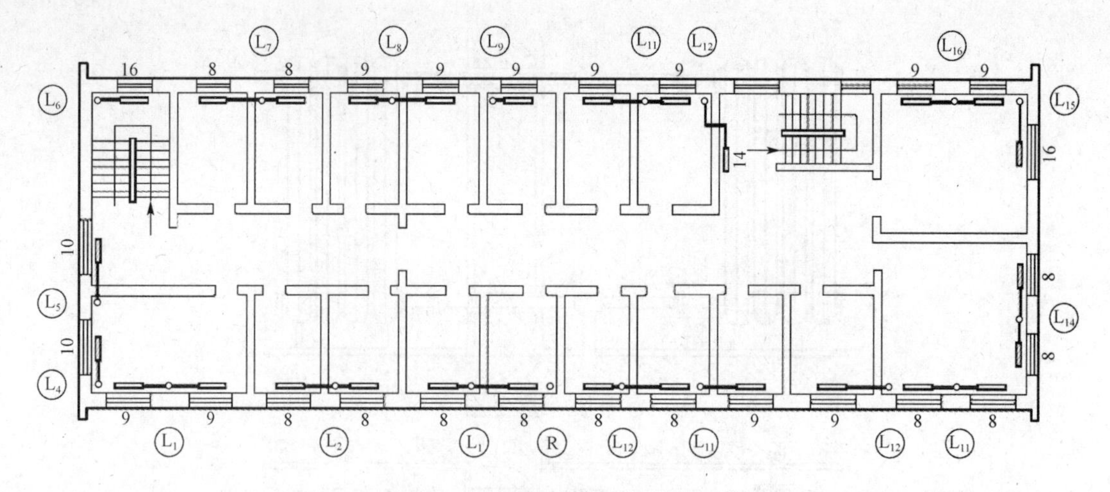

图 4.9 二层采暖平面图(1∶100)

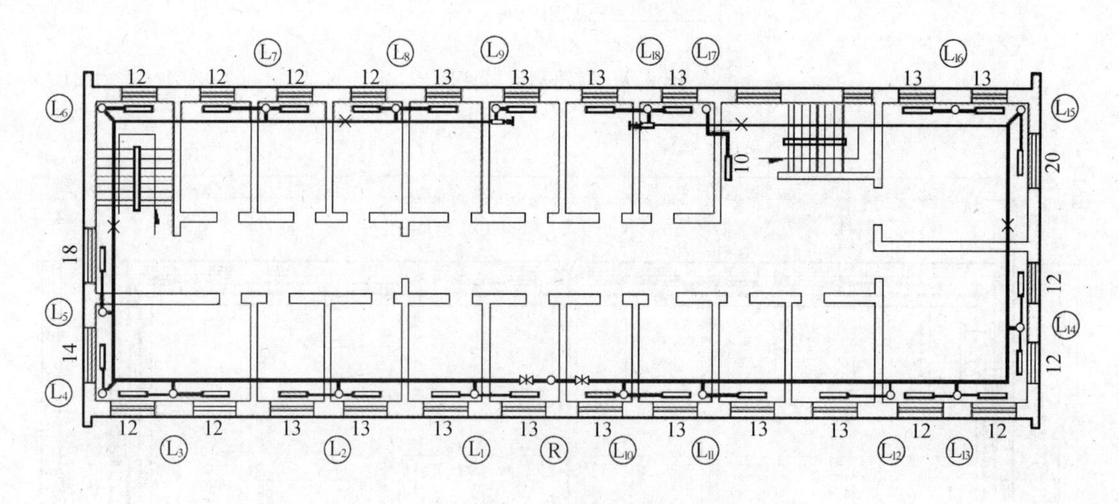

图 4.10 三层(顶层)采暖平面图(1∶100)

采暖系统是安装于房屋建筑内的，识读时首先应了解房屋的结构、形式和构造的基本情况，然后再阅读采暖工程的设计与施工说明。该建筑是一栋三层楼房，正面朝南，锅炉房设于该建筑的北面；顶屋平面图表明布置有供水干管，且该干管末端设有集气罐；底层平面图上也表明布置干管，则说明该系统为机械循环上供下回式热水供暖系统。

采暖平面图和系统图是采暖施工图中的主要图样，看图时应相互联系和对照。一般是从热媒入口开始，顺热媒流向，按下列顺序阅读：热媒入口→供热总管→供热干管→各供热立管→各供热支管→散热器→回水支管→回水立管→回水干管→回水总管→热媒出口，这样就能较快地掌握整个采暖系统的来龙去脉。

(1) 热媒引入口及底层干管　从底层平面图知道，热媒引入口设于该建筑的中部，由北往南在管沟内引入，一直沿管沟到南外墙内侧止。从标注的 1.0 m×1.2 m，可知管沟宽 1.0 m，高 1.2 m。回水总管出口与供水总管入口在同一位置。且看出，保温的回水干管沿

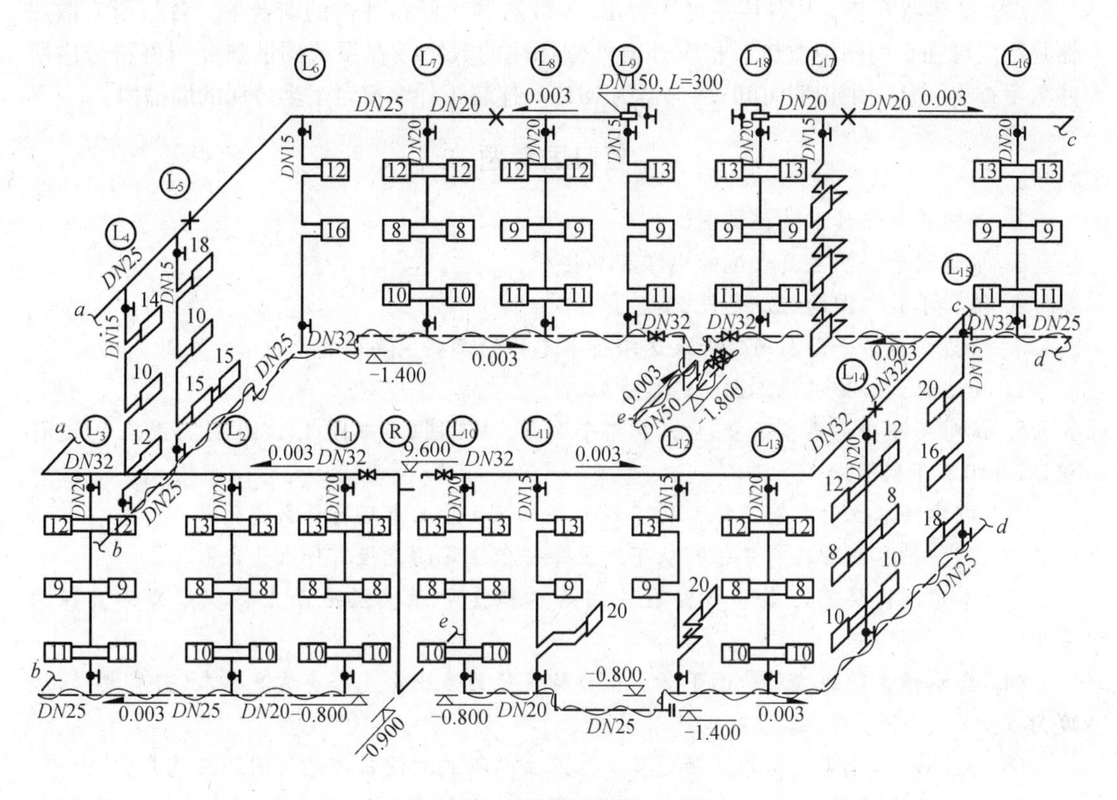

图 4.11　系统轴侧图(1：100)

该建筑四周外墙内侧全部敷设于 1.0 m×1.2 m 的管沟内。

热媒引入口处的供水总管和回水总管管径为 *DN*50，标高为－1.800 m。引入口到南外墙地沟内的供水总管管径为 *DN*50，标高为－0.900 m。底层回水干管标高为－0.800 m。管径为 *DN*20、*DN*25、*DN*32 三种，坡度为 0.003，坡向回水总管出口穿过门厅、东侧及西侧两个楼梯间的回水干管，由于该处地面标高较室内地坪标高低 0.6 m，故管沟也深，标高也较别处回水干管低，并在最低点设泄水阀一个。

(2) 顶层干管　由顶层平面图和系统图看出，供水总立管 *R* 由标高－0.900 m 上升至标高 9.60 m 处，向东西两个方向分出水平干管，干管起端各设闸阀一个，干管坡度为 0.003，坡度方向与水流方向相反，供水干管上接各立管。供水干管末端各设卧式集气罐一个，型号为 2 号，尺寸为：*DN*150、L-300 mm，放气管接至本层楼开水间污水池上方，放气管管径一般为 *DN*l5。

(3) 立管　由平面图和系统图看出，立管编号有 R、L_1～L_{18}，共 19 根立管，R 立管管径为 *DN*50；L_4、L_5、L_6、L_9、L_{11}、L_{12}、L_{17} 七根立管径为 *DN*15，其余 11 根立管管径均为 *DN*20。两个楼梯间散热器分别接于单独设置的立管 L_6、L_{17}。除 L_3、L_{14} 为沿两外窗之间的墙面中心线布置外，其余各立管均布置于外墙角。各立管均为单管，各层散热器均串联于单立管上，故为单管垂直串联方式。

顶层供水干管与底层回水干管水流方向相同，各循环环路所经过的路径长短相同，故该系统为上供下回、单管、垂直、串联、同程式的机械循环低温热水供暖系统。

(4) 散热器安装　从各层平面图看出，各散热器均设在外窗的窗台下。各组所需散热器片数均可在平面图中散热器相应外窗外侧标注的数字或在系统图散热器图例符号内所注数字查得。从图纸说明可知，散热器为M132，挂装于外墙窗台下半砖深的墙槽内。

复习思考题

1. 如何正确识读水暖施工图纸？

2. 水暖设计说明主要表达的内容有哪些？

2. 给排水施工图的组成是什么？

3. 给排水施工平面图通常能表达给排水工程的哪些主要内容？

4. 简述识读给排水施工图的通常步骤。

5. 试对某幢四层集体宿舍的给、排水平面图、轴测图(参书图4.1、图4.2、图4.3)进行识读，并回答下列问题：

(1) 图中给水立管共有几根？从下到上每一根立管的直径有什么变化？

(2) 图中排水立管共有几根？从下到上每一根立管的直径有什么变化？

(3) 本案例楼层间距是多少？盥洗间给水横支管距楼层地面上多少？公称直径为多少？

(4) 排水横支管距楼层地面下多少？公称直径为多少？是否有坡度要求(若有要求，坡度为多少)？

(5) 盥洗间水龙头之间的间距是多少？卫生间蹲式大便器之间的间距又是多少？

6. 试对某建筑采暖施工图的一层、二层、三层平面图和系统轴测图(参书图4.8、图4.9、图4.10和图4.11)进行识读，并回答下列问题：

(1) 热媒引入管管沟截面尺寸为多少？

(2) 引入口处供、回水总管的管径为多少？并说出它们的离地高度。

(3) 供、回水干管的管径各是多少？坡度又各为多少？

(4) 图中有哪些管道要求进行保温？

第5单元

通风与空气调节工程

◇学习内容

主要讲述通风与空气调节的基本概述，室内、外空气主要计算参数，自然与机械通风的类型、工作原理及主要设备和构件，空气净化设备，空气调节方式和构成，空气的处理及其设备，空气调节系统与建筑的配合。

◇学习目标

1. 弄清通风与空气调节的任务与区别，并了解通风与空气调节主要控制与计算参数的含意；
2. 了解通风的方式及原理，掌握加强自然通风的基本措施；
3. 了解通风系统的主要设备和构件，并了解空气净化处理设备的类型与特点；
4. 了解空调系统的分类，空气调节方式、特点及其设备组成；
5. 了解空气处理设备的种类、构造、特点和基本安装要求；
6. 理解空调管道、空调机房的布置要求及与建筑的配合。

5.1 通风与空气调节的概述

5.1.1 通风与空气调节的概念与目的

所谓通风就是把室外的新鲜空气经过适当的处理(例如过滤、加热等)后送入室内，并把室内的不符合卫生标准的污浊空气或废气经适当除害消毒处理(符合排放标准)后排至室外，从而保持室内空气的新鲜程度；而对于空气调节，不仅要保持室内的空气温度和洁净度，同时还要保持一定的干湿度及流动的方向与速度。通风系统的目的主要在于消除生产过程中产生的灰尘、有害气体、余热和余湿的危害。空气调节系统的目的是用人工的方法使室内空气温度、相对湿度、洁净度和气流速度等参数达到一定要求的技术，以满足生产、生活对空气质量的更高更精确的要求。空气调节的主要任务是对空气进行加热、冷却、加湿、干燥和过滤等处理，然后将经过处理的空气输送到各个房间，以保持房间内空气温度、湿度、洁净度和气流速度稳定在一定范围内，以满足各类房间对空气环境的不同要求。

通常把为生产和科学实验过程服务的空调称为“工艺性空调”，而把为保证人体舒适的空调称为“舒适性空调”。工艺性空调往往需要同时满足工作人员的舒适性要求，因而二者又是关联的、统一的。

舒适性空调目前已普遍应用于公共与民用建筑中，对空气的要求除了要保证一定的温湿度外，还要保证足够的新鲜空气，适当的空气成分，以及一定洁净度、一定范围的空气流速。

5.1.2 工业有害物及其危害

1. 粉尘的来源及其对人体的危害

(1) 粉尘的来源　粉尘是指能在空气中浮游的固体微粒。在冶金、机械、建材、轻工、电力等许多工业部门的生产中均产生大量粉尘。粉尘的来源主要有以下几个方面：

① 固体物料的机械粉碎和研磨，例如选矿、耐火材料车间的矿石破碎过程和各种研磨加工过程。

② 粉状物料的混合、筛分、包装及运输，例如水泥、面粉等的生产和运输过程。

③ 物质的燃烧，例如煤燃烧时产生的烟尘量，占燃煤量的10%以上。

④ 物质被加热时产生的蒸汽在空气中的氧化和凝结，例如矿石烧结、金属冶炼等过程中产生的锌蒸汽，在空气中冷却时，会凝结、氧化成氧化锌固体微粒。

(2) 粉尘的危害

工业有害物危害人体的途径有三个方面：首先，在生产过程中粉尘最主要的传播途径是经呼吸道进入人体，其次是经皮肤进入人体，其三通过消化道进入人体的情况较少。

粉尘对人体健康的危害同粉尘的性质、粒径大小和进入人体的粉尘量有关。

粉尘的化学性质是危害人体的主要因素。因为化学性质决定它在体内参与和干扰生化过程的程度和速度，从而决定危害的性质和大小。有些毒性强的金属粉尘进入人体后，会引起中毒以至死亡。

一般粉尘进入人体肺部后，可能引起各种尘肺病。

粉尘粒径的大小是危害人体的另一个因素。它主要表现在以下两个方面：粉尘粒径小，粒子在空气中不易沉降，也难于被捕集，造成空气长期污染，同时易于随空气进入人的呼吸道深部。粉尘粒径小，其化学活性增大，表面活性也增大，加剧了人体生理效应的发生与发展。

再有，粉尘的表面可以吸附空气中的有害气体、液体以及细菌病毒等微生物，它使污染物质的媒介物，还会和空气中的二氧化硫联合作用，加剧对人体的危害。

粉尘还能大量吸收太阳紫外线短波部分，严重影响儿童的生长发育。

2. 有害蒸气和气体的来源以及对人体的危害

在化工、造纸、纺织物漂白、金属冶炼、浇铸、电镀、酸洗、喷漆等过程中，均产生大量的有害蒸汽和气体。

有害蒸气和气体既能通过人的呼吸进入人体内部危害人体，又能通过人体外部器官的接触伤害人体，对人体健康有极大的危害和影响。常见的有害蒸气和气体有汞蒸气、铅、苯、一氧化碳、二氧化硫、氮氧化物等。

根据有害蒸气和气体对人体危害的性质，可将它们概括为麻醉性的、窒息性的、刺激性的和腐蚀性的几类。

综上所述，工业有害物对人体的危害程度取决于下列因素：

① 有害物本身的物理、化学性质对人体产生有害作用的程度，即毒性的大小。

② 有害物在空气中的含量，即浓度的大小。

③ 有害物与人体持续接触的时间。

④ 车间的气象条件以及人的劳动强度、年龄、性别和体质情况等。

3. 余热、余湿对人体的影响

人的冷热感觉与空气的温度、相对湿度、流速和周围物体表面温度等因素有关。人体散热主要通过皮肤与外界的对流、辐射和表面汗分蒸发三种形式进行，呼吸和排泄只排出少部分热量。

对流换热取决于空气的温度和流速。空气温度低于体温时。温差愈大人体对流散热愈多，空气流速增大对流散热也增大；空气温度等于体温时，对流换热完全停止；空气温度高于体温时，人体不仅不能散热，反而得热。空气流速愈大，得热愈多。

发射散热与空气的温度无关，只取决于周围物体（墙壁、炉子、机器等）表面的温度。当物体表面温度高于人体表面温度时，人体得到辐射热；相反，则人体散失辐射热。

蒸发散热主要取决于空气的相对湿度和流速。当空气温度高于体温，又有辐射热源时，人体已不能通过对流和辐射散出热量，但是只要空气的相对湿度较低（水蒸气分压力较小），气流速度较大，可以依靠汗液的蒸发散热；如果空气的相对湿度较高，气流速度较小，则蒸发散热很少，人体会感到闷热。相对湿度愈低，空气流速愈大，则汗分愈容易蒸发。

由此可见，对人体最适宜的空气环境，除了要求一定的清洁度外，还要求空气具有一定的温度、相对湿度和流动速度，人体的舒适感是三者综合影响的结果。因此，在生产车间内必须防治和排除生产中大量热和水蒸气，并使室内空气具有适当的流动速度。

4. 卫生标准与排放标准

(1) 卫生标准　为了使工业企业的设计符合卫生要求，保护工人、居民的安全和健康，我国于1962年颁布了《工业企业设计卫生标准》。后来又作了多次修订，先后颁发《工业企业涉及卫生标准》(TJ36-79)、《工业企业设计卫生标准》GBZ1—2002和GBZ1—2010作为全国通用设计卫生标准，从2010年8月1日起实行。卫生标准对车间空气中有害物质的最高容许浓度、空气的温度、相对湿度和流速，对居住区大气中有害物质的最高容许浓度等都作了规定，它是工业通风设计和检查其效果的重要依据。例如卫生标准规定，车间空气中一般粉尘的最高容许浓度为10 mg/m^3，含有10%以上游离二氧化硅的粉尘则为2 mg/m^3，危害性大的物质其容许浓度低；在车间空气中一氧化碳的最高容许浓度为30 mg/m^3，而居住区大气中则为1 mg/m^3（日平均），居住区的卫生要求比生产车间高。

卫生标准中规定的车间空气中有害物质的最高容许浓度，是从工人在此浓度下长期进行生产劳动而不会引起急性或慢性职业病为基础制定的。居住区大气中有害物质的一次最高容许浓度，一般是根据不引起黏膜刺激和恶臭而制定的；日平均最高容许浓度，主要是根据防治有害物质的慢性中毒而制定的。制定最高容许浓度还考虑了国家的经济和技术水平。

(2) 排放标准　1973年我国颁发了《工业"三废"排放试行标准》(GBJ4-73)，规定从1974年起试行。这是为了保护环境，防止工业废水、废气、废渣（简称"三废"）对大气、水源和土壤的污染，保障人民身体健康，促进工农业生产的发展而制定的。排放标准是在卫生标准的基础上制定的，对十三类有害物质的排放量或排放浓度作了规定。工业通风排入大气的有害物量(或浓度)应该符合排放标准的规定。

随着我国环境保护事业的发展，1982 年制定了《大气环境质量标准》(GB 3095—82)，先后修订版有《环境空气质量标准》(GB 3095—1996)和 GB 3095—2012。同时不同行业还根据自身的行业特点，制定了相应的标准，如《水泥工业污染物排放标准》(GB 4915—85)和修订版《水泥工业大气污染物排放标准》(GB 4915—1996、GB 4915—2004 和 GB 4915—2013)等。在《水泥工业大气污染物排放标准》中规定，含游离 SiO_2 小于 10%的粉尘，其允许的排放浓度为 50 g/m^3；含游离 SiO_2 大于 10%的粉尘，其允许的排放浓度为 30 g/m^3。上述要求比《工业“三废”排放试行标准》中的规定更为严格。因此，对已制定行业标准的生产部门，应以行业标准为准。

5.1.3 通风与空气调节的主要计算参数

1. 通风的主要计算参数

(1) 室外空气的计算参数　应按《采暖通风与空气调节设计规范》(GB 50019—2003)的规定采用。

① 夏季通风室外计算温度，应采用累年最热月 14 时的月平均温度的平均值。例如(见附录 3.1)，北京地区夏季通风室外计算温度取 30℃，江苏南京地区取 32℃。

② 夏季通风室外计算相对湿度，应采用累年最热月 14 时的月平均相对湿度的平均值。例如，北京地区夏季通风室外计算相对湿度取 64%，上海地区取 67%。

③ 冬季通风室外计算温度，应采用累年最冷月平均温度。例如，北京地区冬季通风室外计算温度取−5℃，江苏南京地区取 2℃。

(2) 室内空气的计算参数　室内空气的计算参数，主要指温度 t、湿度 φ 及风速 v 等，是根据人体舒适性的要求以及生产工艺、卫生条件确定的。这些参数的选定，直接关系到通风系统的初投资及运行费的高低，关系到生产工艺、劳动条件以及人体的舒适性。

对于工业企业的生产车间，冬季通风室内计算温度可采用采暖室内计算温度，而夏季通风室内计算温度应根据室外温度的不同按表 5.1 选取。

相对湿度，对于通风房间通常无要求。

表 5.1　夏季车间工作区空气温度　(单位：℃)

夏季通风室外计算温度 t_w	工作区温度 t_g
≤29	≤32
30	≤33
31	≤34
32～33	≤35
34	≤36

注：对于≤31℃的地区，当设置岗位吹风后，工作区计算温度允许超过表 4.1 规定，但不得超过 35℃。

(3) 全面通风量的确定　全面通风量即把散发到室内的有害物，稀释到卫生标准规定的最高允许浓度以下所必需的通风量。

① 按消除余热所必需的通风量

$$G_1 = \frac{Q}{c(t_p - t_j)} \tag{5-1}$$

② 按消除余湿所必需的通风量

$$G_2 = \frac{W}{d_p - d_j} \tag{5-2}$$

③ 按稀释有害物所必需的通风量

$$G_3 = \frac{\rho G}{c_0 - c_j} \tag{5-3}$$

式中　G_1、G_2、G_3——全面通风量，kg/s；

Q——余热量，kJ/s；

W——余湿量，g/s；

G——室内有害物散发量，mg/h；

t_p——排出空气温度，℃；

t_j——进入空气温度，℃；

d_p——排出空气含湿量，g/kg；

d_j——进入空气含湿量，g/kg；

ρ——空气密度，kg/m^3；

c——空气的质量比热容，kJ/(kg·℃)；

c_0——室内空气中有害物的最高允许浓度，mg/m^3；

c_j——进入空气中有害物的浓度，mg/m^3。

确定全面通风量时应按以下原则进行：

ⅰ. 当室内同时散发余热、余湿及有害物时，换气量取其中最大值。

ⅱ. 当室内同时散发多种有害物时，换气量取其中最大值，而当多种刺激性气体(SO_3及SO_2或H_nF_m及其盐类)或多种溶剂(C_6H_6及其同类物，醇类或醋酸酯类)的蒸汽在室内同时散发时，换气量按稀释各有害气体所需换气量的总和计算。

当有害物散发量不能确定时，换气量可按换气次数确定，即通风量Q(m^3/h)与通风房间体积V(m^3)之比：$n=Q/V$(次/时)，可从有关资料中查得。

2. 空气调节的主要计算参数

(1) 室外空气的计算参数　室外空气计算参数也是按《采暖通风与空气调节设计规范》(GB 50019—2003)的规定选取。例如，北京地区夏季空气调节室外计算干球温度取33.2℃，湿球温度取26.4℃(由干、湿球温度确定的室外计算相对湿度约64%)，冬季室外计算温度取－12℃；江苏南京地区夏季空气调节室外计算干球温度取35℃，湿球温度取28.3℃(由干、湿球温度确定的室外计算相对湿度约65%)，冬季室外计算温度取－6℃。

(2) 室内空气的计算参数　室内空气计算参数包括室内空气的干球温度、相对湿度、空气流速、洁净度、允许噪声和余压等。

对大多数空调系统而言，主要是控制空调房间的温度和相对湿度，例如：$t_n = 20 \pm 0.5$℃，$\varphi_n = 65\% \pm 5\%$。前面的数值是空调基数，后面的数是空调精度。空调精度是指空调区域内空气的温度和相对湿度在要求的持续时间内允许的波动幅度。即上面所说的温度最大不能大于20.5℃，最小不能小于19.5℃，相对湿度最大不大于70%，最小不小于60%。

我国颁布的《采暖通风与空气调节设计规范》(GB 50019—2003)明确规定：在舒适性空调中，室内设计参数要按下列数据选取。

夏季：室内温度24～28℃；
相对湿度40%～65%；
风速≤0.3 m/s。

冬季：室内温度18～22℃；
相对湿度40%～60%；
风速≤0.2 m/s。

对于工艺性空调室内温、湿度基数及其允许的波动范围，应根据工艺需要并考虑必要的卫生条件确定。工作区的风速，夏季宜采用0.2～0.5 m/s，当室外温度高于30℃时，可大于0.5 m/s；冬季工作区的风速，不宜大于0.3 m/s。

5.2 工业通风系统

5.2.1 自然通风的原理、特点

自然通风是依靠室外“风压”，以及是内外空气温差造成的“热压”来实现空气流动的。

风压作用下的自然通风如图5.1(a)所示。当有风吹过建筑物时，在迎风面上空气流动受到阻挡，室外空气把自身的部分动压转换为静压，使该处的压力高于大气压力；在背风面形成局部涡流，使该处压力低于大气压力。由于这个压力差存在，室外空气从迎风面上压力高的窗孔流入室内，再由背风面上压力低的窗孔流出，造成了室内空气的流动。

热压是由于是内外空气温度不同，在外围结构的不同高度上所造成室内外压力差。当室内空气温度高于室外气温时，室外空气密度大，从下部窗孔流入室内，室内密度小的热空气上升，从上部窗孔流出。室内外温差大，上下窗孔高差大，热压也愈大，通风量就增大。如图5.1(b)所示是利用热压进行自然通风的示意图。它是高温车间在夏季应用的一种全面自然通风方式。

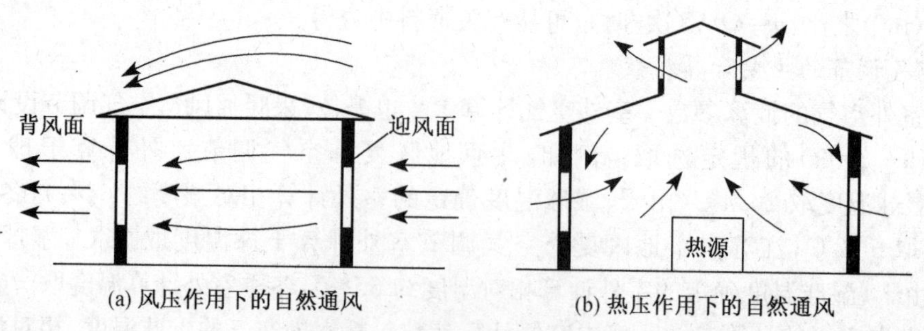

(a) 风压作用下的自然通风　　(b) 热压作用下的自然通风

图5.1　自然通风原理示意图

自然通风是一种经济的通风方式，它不消耗能源，能得到较大的通风量，但通风效果不稳定，通风量随气候影响较大。

5.2.2　机械通风的原理、特点、组成及类型

机械通风由风机提供动力造成室内空气流动。其特点是不受自然条件的限制，可以通过风机把空气送至室内任何指定地点，也可以从室内任何指定地点把空气排出。

按通风系统应用范围的不同，机械通风可分为局部通风和全面通风。

1. 局部通风

局部通风是指范围局限于有害物形成比较集中，或是工作人员经常活动的局部区域的机械通风，它又可分为局部送风和局部排风两种。

如图5.2所示为一机械局部排风系统。它是在有害物散发处设置局部排风罩，利用风机工作产生的吸力，将工艺设备生产过程中产生的有毒、有害气体吸入，经排风处理装置（除尘、净化、回收）、风管和风帽等排至室外。

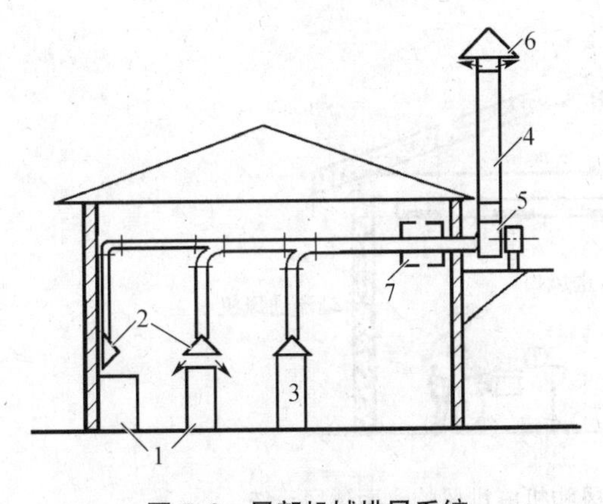

图5.2　局部机械排风系统

1—工艺设备；2—局部排风罩；3—排风柜；
4—风道；5—风机；6—排风帽；7—排风处理设备

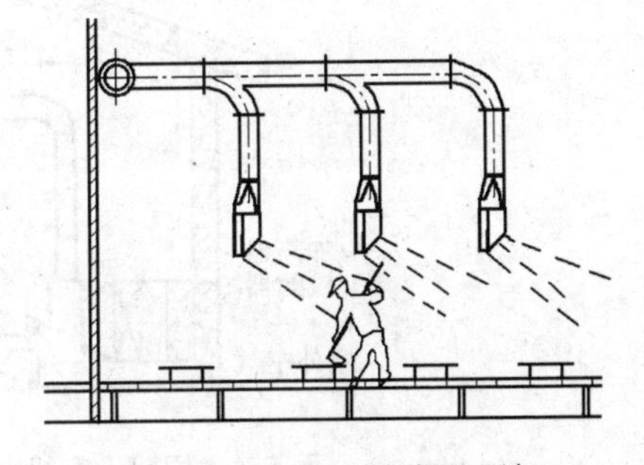

图5.3　局部机械送风系统

如图5.3所示为一机械局部送风系统。它可将经过处理卫生清洁空气，由送风系统关至工人的活动区，以改善工作人员的劳动条件而提高劳动生产率。

2. 全面通风

所谓全面通风，就是进行车间或房间内的全面空气交换，以满足室内环境的更好要求。常用于局部通风不能满足室内环境的卫生与生产要求时。机械的全面通风可分为以下三种。

（1）全面排风　如图5.4所示，在风机的作用下，能把室内污浊的空气排至室外，同时利用排气造成的室内负压，把室外的新鲜空气经门窗缝口流入室内，补充排风。这种通风方式，还可以保证室内污浊空气不能窜入相邻房间，适用于厨房、厕所等较为污浊的地方。

（2）全面送风　如图5.5所示，在风机的作用下，把室外的（或经过处理的）新鲜空气经风管和送风口直接送到指定地点，并对室内污浊空气进行稀释。同时，由于送入空气使室内气压大于室外，可将室内污浊空气经门窗缝口排至室外。这种通风方式，还可以保证周

围相邻房间的空气不会流入室内，适用于室内空气较为清洁的旅馆客房、医院手术室的地方。

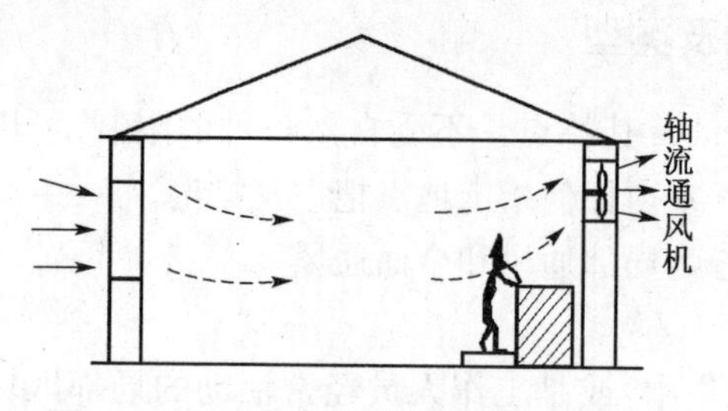

图 5.4　用轴流式通风机排风的全面通风

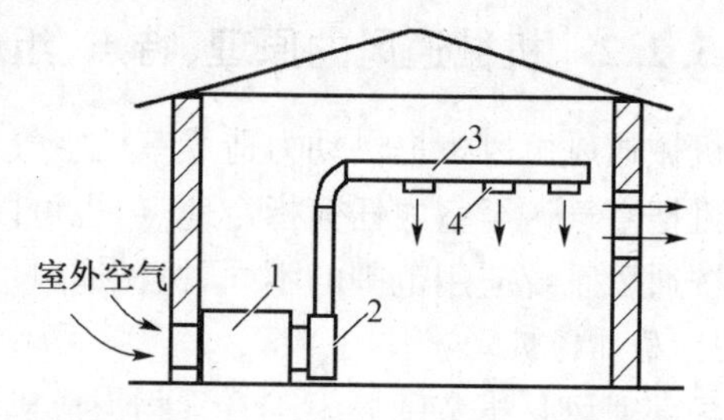

图 5.5　用离心式风机送风的全面通风

1—空气处理室；2—风机；3—风管；4—送风口

（3）全面送排风　如图 5.6 所示，是全面排风和全面送风相结合的送排风系统。通常用于门窗密闭、自行排风或进风比较困难的地方。房间的正压与负压可通过送风量与排风量的调节来实现。

图 5.6　同时设有机械送风和机械排风的全面通风系统

5.2.3　通风系统的主要组成设备及部件

除了自然通风只需要进、排风窗等简单的设备装置外，其他的通风方式则由较多的构件和设备来组成，主要有风道、阀门、进排风装置、风机、空气净化与过滤装置和空气加热器等。

1. 风道

一般的风道材料应该满足下列要求：价格低廉，尽量能就地取材；防火性能好；便于加工制作；内表面光滑、阻力小；部分风管材料应能满足防腐性能好、保温性能强等特殊要求。

目前我国常用的风道材料有薄钢板、硬聚氯乙烯塑料板、胶合板、纤维板、矿渣石膏板、砖及混凝土等。

一般的通风系统多用薄钢板，输送腐蚀性气体的系统用涂刷防腐漆的钢板或硬聚氯乙烯塑料板。需要与建筑结构配合的场合也多用以砖和混凝土等材料制作的风道。一般情况下，通风管道以圆形、矩形为主。

在居住和公共建筑中，垂直的砖风道最好砌筑在墙内，但为避免结露和影响自然通风的作用压力，一般不允许设在外墙中而应设在间壁墙里，相邻两个排风或进风的竖风道间距不能小于1/2砖，排风与进风的竖风道间距不小于1砖。

如果墙壁较薄，可在墙外设置贴附风道(图5.7)。当贴附风道沿外墙设置时，需在风道壁与墙壁之间留40 mm宽的空气保温层。

设在阁楼里和不供暖房间里的水平排风道可用下列材料制作：如果排风的湿度正常，用40 mm厚的双层矿渣石膏板(图5.8)；排风的湿度较大，用40 mm厚的双层矿渣混凝土板；排风的湿度很大，可用镀锌薄钢板或涂漆良好的普通薄钢板，外面加设保温层。

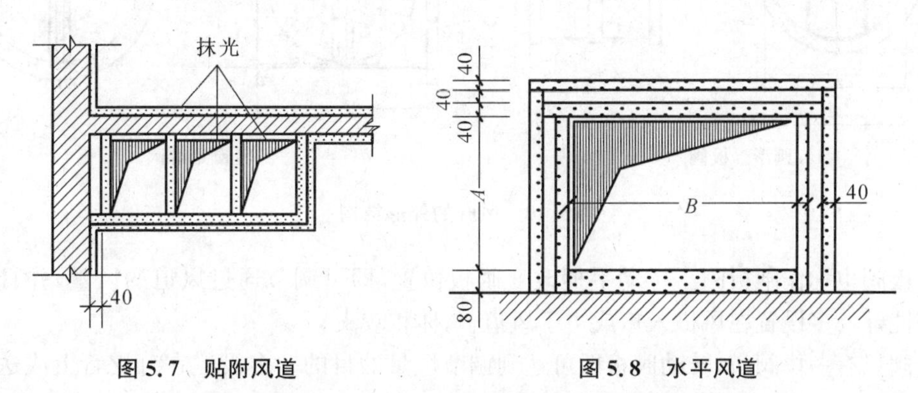

图5.7　贴附风道　　图5.8　水平风道

各楼层内性质相同的一些房间的竖排风道，可以在顶部(阁楼里或最上层的走廊及房间顶棚上)汇合在一起，对于高层建筑尚需符合防火规范的规定。

工业通风系统在地面以上的风道通常采用明装，风道用支架支承沿墙壁及柱子敷设，或者用吊架吊在楼板或桁架的下面(风道距墙较远时)，布置时应力求缩短风道的长度，但应以不影响生产过程和与各种工艺设备不相冲突为前提。此外，对于大型风道还应尽量避免影响采光。

在有些情况下，可以把风道和建筑结构密切地结合在一起，例如对采用锯齿形屋顶结构的纺织厂，便可很方便地将风道与屋顶结构合为一体，如图5.9所示。这样布置的风道，既不影响工艺和采光，又整齐美观。

敷设在地下的风道，应避免与工艺设备及建筑物的基础相冲突，也应与其他各种地下管道和电缆的敷设相配合，此外尚需设置必要检查口。

2. 阀门

调节阀门一般安装在风道或风口上，用于调节风量，关闭风道、风口及分割风道系统的各个部分，还可用于启动风机和平衡风道系统的阻力。常用的风阀有插板阀、蝶阀和多叶调节阀三种，如图5.10所示为插板阀和蝶阀的外形结构。

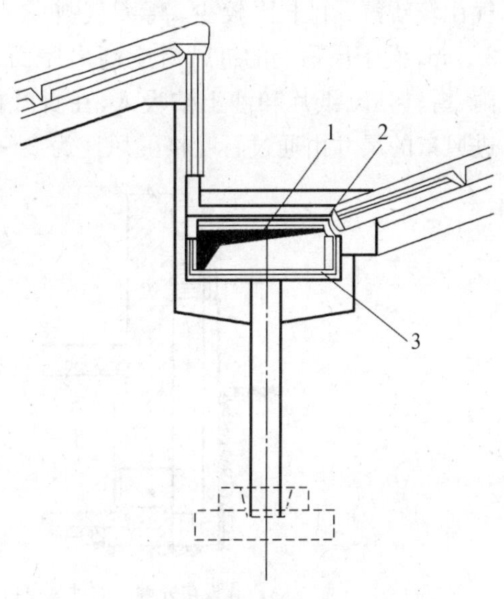

图5.9　与建筑结构结合的钢筋混凝土风道

1—风道；2—钢筋混凝土风道壁；3—风道底板

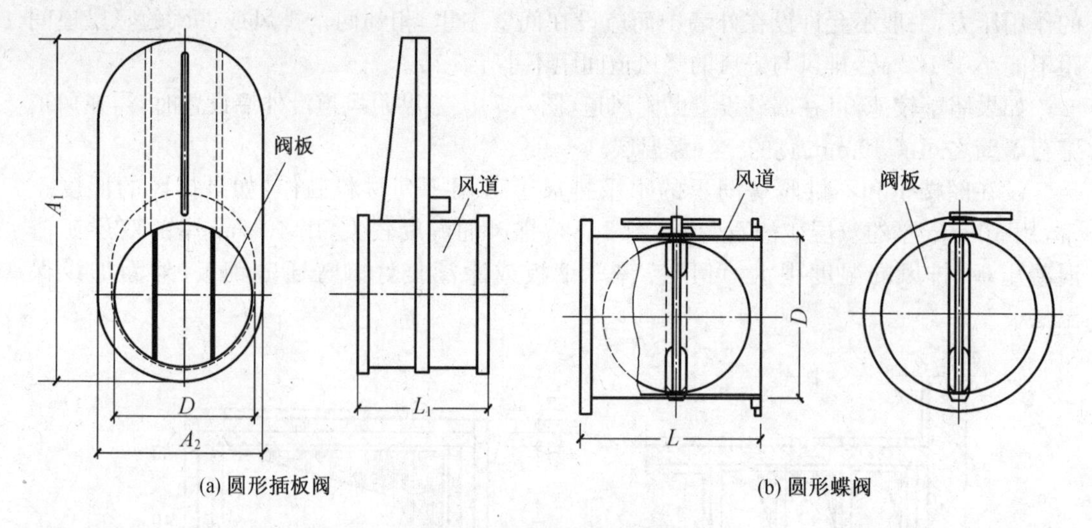

(a) 圆形插板阀　　(b) 圆形蝶阀

图 5.10　风阀的外形结构

插板阀也称作闸板阀。拉动手柄改变闸板位置，即可调节通过风道的风量，并且关闭时严密性好。多设置在风机入口或主干风道上，体积较大。

蝶阀只有一块阀板，转动阀板即可达到调节风量的目的。多设置在分支管上或送风口前，用于调节送风量。由于严密性较差，不宜作关断用。

对开多叶调节阀外形类似活动百叶风口，可通过调节叶片的角度来调节风量。多用于风机出口或主干风道上。

3. 进排风装置

(1) 进风装置　进风装置可以是单独的进风塔，也可以是设在外墙上的进风窗口，如图5.11所示。进风装置有时也可以设在屋顶上，为保证进风的洁净度，进风装置应选择在空气比较新鲜、尘土比较少、离废气排除口较远的地方。进风口的位置一般应高出地面2.5 m，设于屋顶上的进风口应高出屋面1 m以上。进风口上一般都装有百叶风格，防止雨、雪、树叶、纸片和沙土被吸入，在百叶格里面还装有保温门，作为冬季关闭进风口之用，进风口的尺寸由通过百叶格的风速为2～5 m/s来确定。

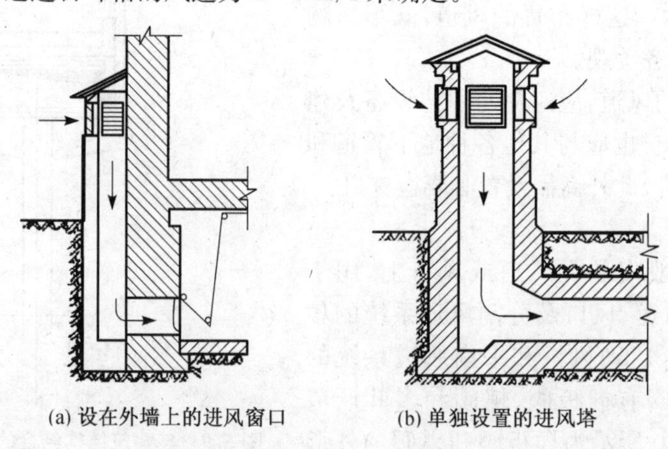

(a) 设在外墙上的进风窗口　　(b) 单独设置的进风塔

图 5.11　室外进风装置

(2) 排风装置　排风装置即排风道的出口，经常做成风塔形式装在屋顶上。这时要求排风口高出屋面 1 m 以上，以免污染附近空气环境，如图 5.12 所示。同样，为防止雨、雪或风沙等倒灌到排风口中，在出口处应设有百叶格或风帽。机械排风时，可直接在外墙上开口作为风口，如图 5.13 所示。

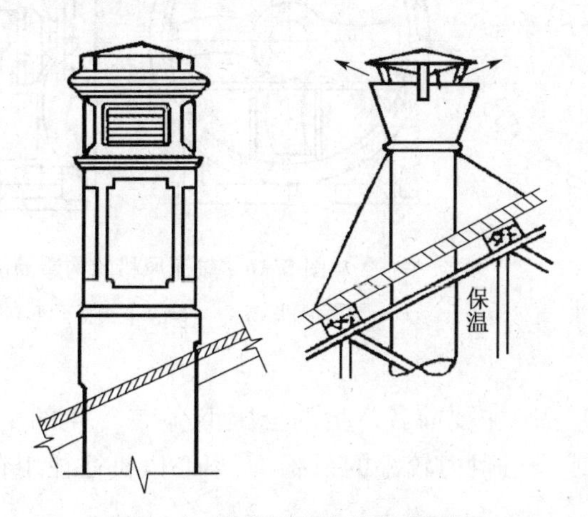

图 5.12　设在屋顶上的排风装置

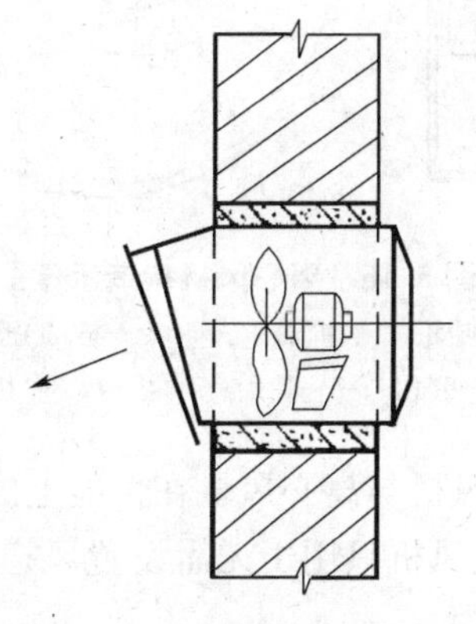

图 5.13　外墙上的排风口

当进、排风塔都设在屋顶上时，为了避免进气口吸入污浊空气，它们之间的距离应尽可能远些，并且进风口应低于排风口，通常进排风塔的水平距离应大于 10 m。在特殊情况下，如果排风污染程度较轻时，则水平距离可以小些，此时排风塔出口应高于进风塔 2.5 m 以上，如图 5.14 所示。

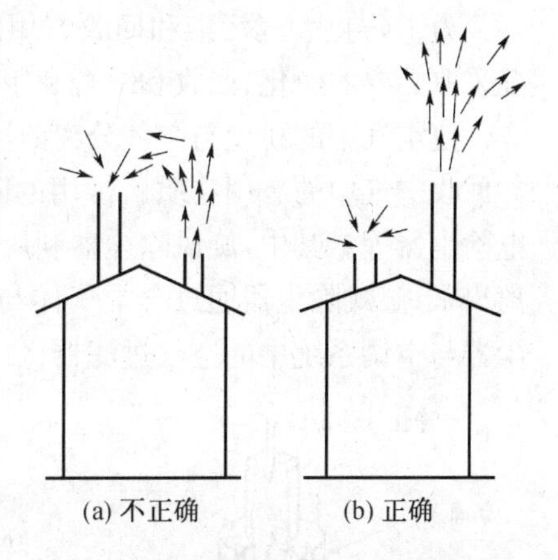

图 5.14　屋顶上的进、排风塔位置

4. 风机

风机是输送气体的机械，常用的风机有离心式和轴流式两种。

(1) 离心风机　离心风机是由叶轮、机壳和吸气口三个主要部分所组成。离心风机主要借助叶轮旋转时产生的离心力使气体获得压能和动能，如图 5.15 所示。

不同用途的风机，在制作材料及构造上有所不同：例如用于一般通风换气的普通风机（输送空气的温度不高于 80℃，含尘浓度不大于 150 mg/m^3），通常用钢板制作，小型的也有用铝板制作的；除尘风机要求耐磨和防止堵塞，因此钢板较厚，叶片较少并呈流线形；防腐风机一般用硬聚氯乙烯板或不锈钢板制作；防爆风机的外壳和叶轮均用铝、铜等有色金属制作，或外壳用钢板而叶轮用有色金属制作等。

离心风机的机号是用叶轮外径的分米数来表示的，不论哪一种形式的风机，其机号均与叶轮外径的分米数相等，例如 No6 的风机，叶轮外径等于 6 dm(600 mm)。

(2) 轴流风机　轴流风机是借助叶轮的推力作用促使气流流动的，气流的方向与机轴相平行，如图 5.16 所示。

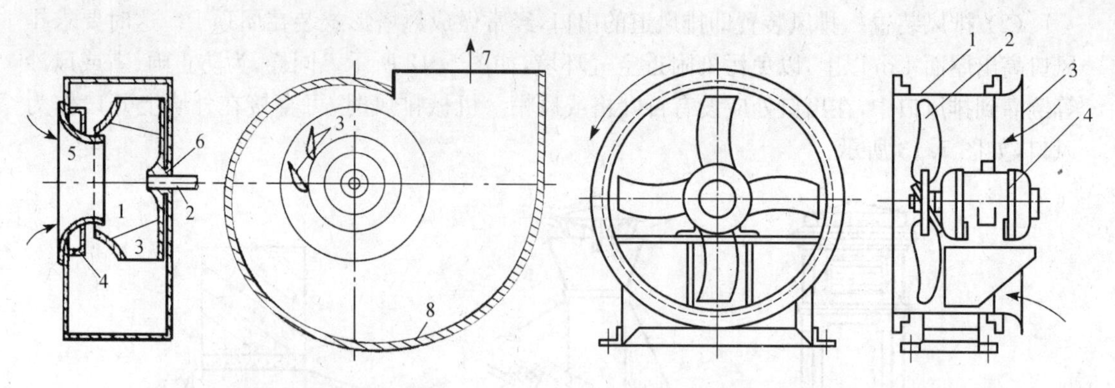

图 5.15 离心风机构造示意图

1—叶轮；2—机轴；3—叶片；4—扩压环；5—吸气口；6—轮毂；7—出口；8—机壳

图 5.16 轴流风机的构造简图

1—圆筒形机壳；2—叶轮；3—吸气口；4—电动机

轴流风机与离心风机在性能上的差别，主要前者产生的全压小，后者产生的全压较大。因此，轴流风机只用于无需设置风道或风道阻力较小的系统，而离心风机往往用在阻力较大的系统中。

5. 空气过滤与净化装置

为了防止大气污染和回收有用的物质，排风系统的空气在排入大气前，应根据实际情况采取必要的净化、回收和综合利用措施。

使空气中的粉尘与空气分离的过程称为含尘空气的净化或除尘，目的是防止大气污染并回收空气中的有用物质。常用的除尘设备有旋风除尘器、湿式除尘器、过滤式除尘器和电除尘器等。其中，旋风除尘器利用气流旋转时作用在尘粒上的离心力式尘粒从气流中分离出来；湿式除尘器通过含尘气体与液体接触时尘粒从气流中分离；过滤式除尘器和电除尘器与空调系统中的空气过滤器机理相似。如图 5.17 所示是几种除尘器的原理示意图。

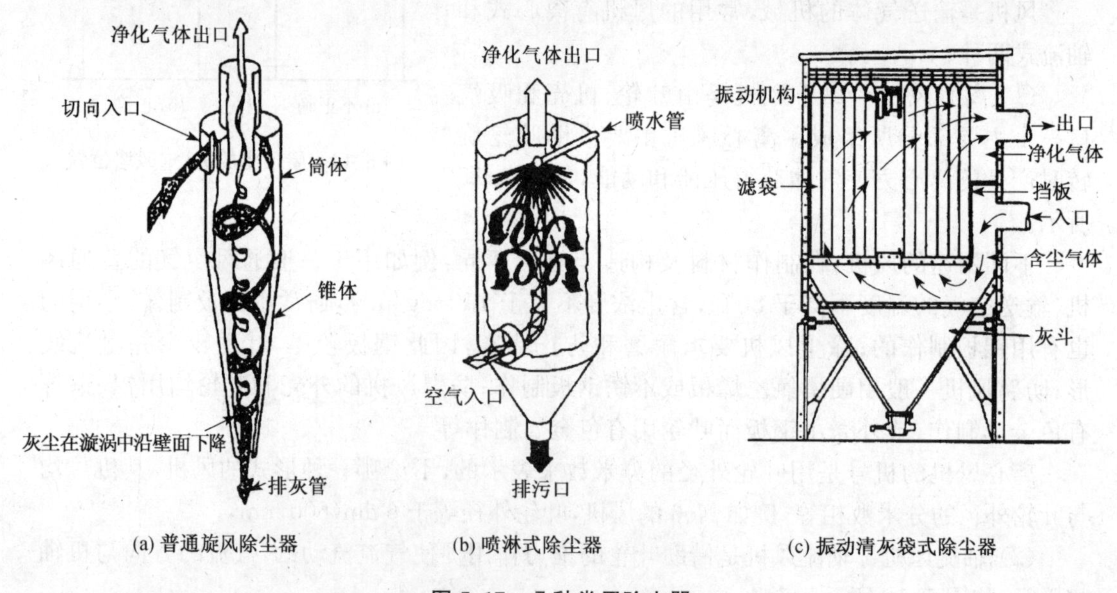

(a) 普通旋风除尘器　(b) 喷淋式除尘器　(c) 振动清灰袋式除尘器

图 5.17 几种常用除尘器

消除有害气体对人体及其他方面的危害,称为有害气体的净化。净化设备有各种吸收塔、活性炭吸附器等。其原理是利用一些溶液表面对某种气体的吸收作用来去除这些气体。如图5.18所示是典型的逆流填料塔的原理图。吸收剂从塔的上部喷淋,加湿填料,气体从填料间隙上升,与填料表面的液膜接触而被吸收。

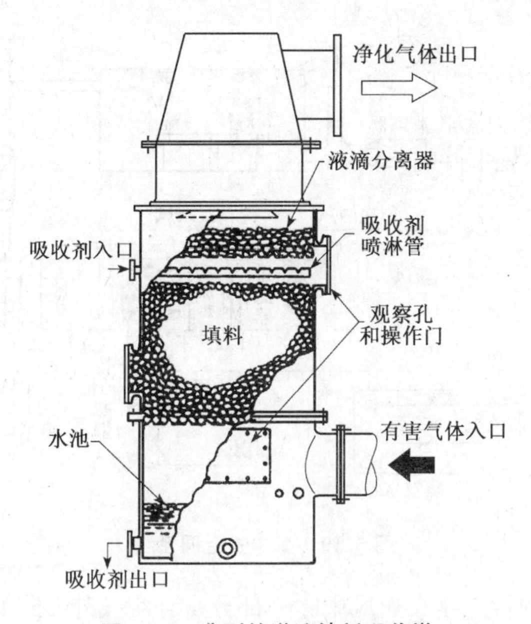

图5.18 典型的逆流填料吸收塔

在有些情况下,由于受各种条件限制,不得不把未经净化或净化不够的废气直接排入高空,通过在大气中的扩散进行稀释,使降落到地面的有害物质的浓度不超过标准中的规定。这种处理方法称为有害气体的高空排放。

5.3 空气调节系统及其设备

5.3.1 空调系统的分类及其特点

空调系统有很多类型,其分类方法也有很多种,在此仅介绍以下两种。

1. 按其空气处理设备的集中程度分类

按其空气处理设备的集中程度来分,可分成集中式、局部式和半集中式。

(1) 集中式空调系统　集中式空调系统的空气处理设备等都集中设在专用的空调机房内。处理后的空气经风道输送到各空调房间。这种空调系统的特点有:服务面大,处理空气多,需要集中的冷源和热源;其运行可靠,便于集中管理,但它由于只能送出同一参数的空气,难于满足不同的要求,所以在一些大型公共场所使用较多。

如图5.19所示为集中式系统的示意图。

按照利用回风的情况不同,集中式空调系统又可分为三类:直流式、混合式和封闭式。

直流式系统处理的空气全部来自室外，经处理达到所需的参数后，送入空调房间。在室内吸收了余热、余湿后，全部经排风口排至室外，如图 5.20(b)所示。

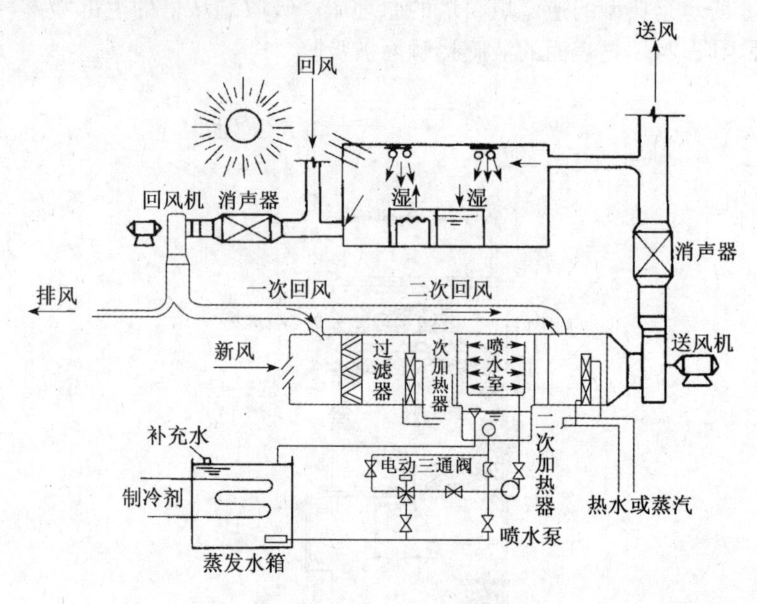

图 5.19 集中式空调系统

混合式空调系统的特点是在送风中除一部分室外空气外，还利用一部分室内回风，如图 5.20(c)所示。混合式系统由于利用了一部分回风，设备投资和运行费用比直流式大为减少。

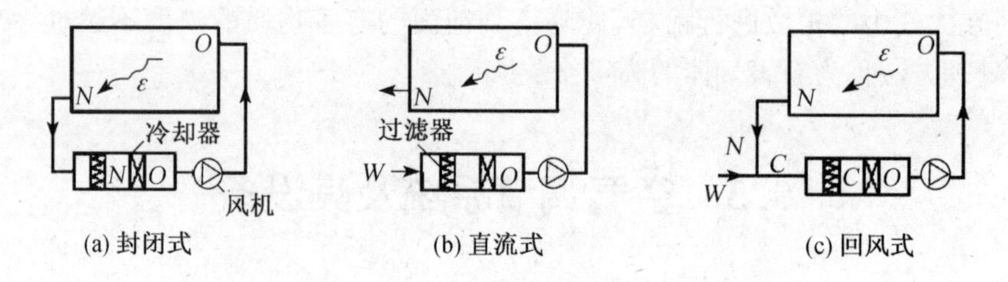

图 5.20 根据新风量使用的多少分类示意图

混合式系统还可分为一次回风系统和二次回风系统。将回风全部引至空气处理设备之前与室外空气混合，称为一次回风。将回风分为两部分，一部分引至空气处理设备之前，另一部分引至空气处理设备之后，称为二次回风系统。

封闭式系统如图 5.20(a)所示，送风全部来自空调房间，而不补给新风。封闭式系统运行费最低，但卫生条件最差。

(2) 局部式空调系统　当一幢建筑物内只有少数房间需要空调，或空调房间很分散，此外对一些季节性较强的旅游宾馆采用局部式空调系统。

这种系统是把冷源、热源、空气处理、风机和自动控制等所有设备装成一体，组成空调机组，由工厂定型生产，现场整机安装。如图 5.21 所示是一局部空调系统的示意图。空调机组一般装在需要空调的房间或邻室内，就地处理空气，可以不用或只用很短的风道就可把处理后的空气送入空调房间内。

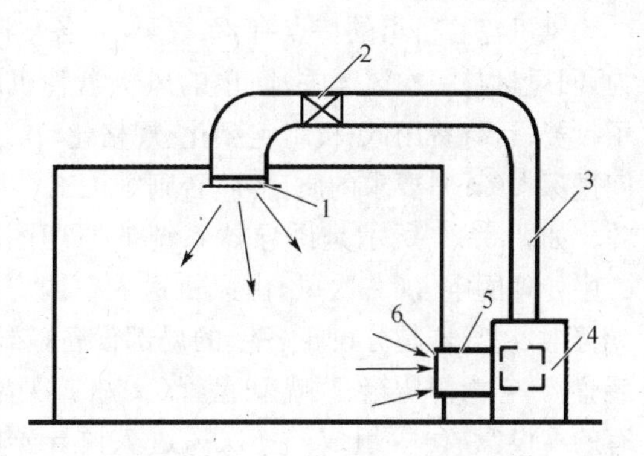

图5.21　局部空调系统示意图

1—送风口；2—电加热器；3—送风管道；4—空调机组；5—回风道；6—回风口

局部空调系统的主要优点有：安装方便，灵活性大，房间之间无风道相通，有利于防火；其缺点是舒适性差，故障率高，日常维护工作量大，噪声大。

(3) 半集中式空调系统　既有集中处理，又有局部处理的空调系统称为半集中式空调系统。通常它先对空气进行集中处理，然后再按空调房间的不同要求分别进行局部处理后送至各房间，因此具有集中式空调系统与局部式空调系统特点糅和起来的特点。半集中式空调系统主要有风机盘管系统和诱导系统两种。

风机盘管空调系统如图5.22所示，它主要由下列部件组成：冷水机组、锅炉换热器、水泵及其管路系统、风机盘管机组。

冷水机组用来供给风机盘管需要的低温水；锅炉用于供给风机盘管制热时所需要的热水，热水的温度通常为60℃左右。

水泵的作用是使冷水（热水）在制冷（热）系统中不断循环。管路系统有双管、三管和四管系统，目前我国较为广泛使用的是双管系统。双管系统采用两根水管，一根回水管，一根供水管。

风机盘管机组实际上是空调系统的一种末端装置。它由风机、盘管（换热器）以及电动机、空气过滤器、室温调节器和箱体组成，如图5.23所示。

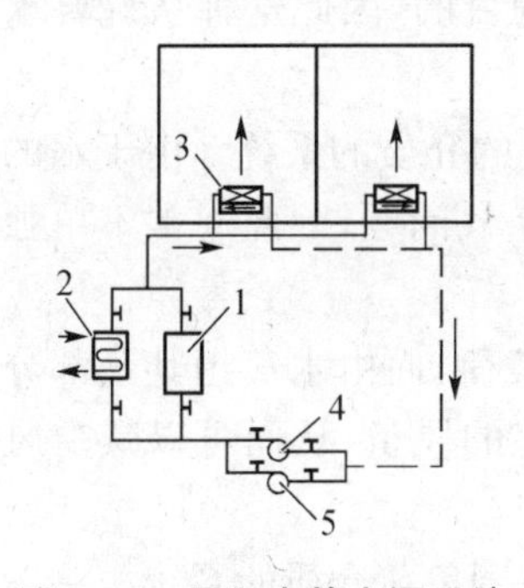

图5.22　风机盘管空调系统

1—锅炉换热器；2—冷水机组；3—风机盘管机组；4—冬季用水泵；5—夏季用水泵

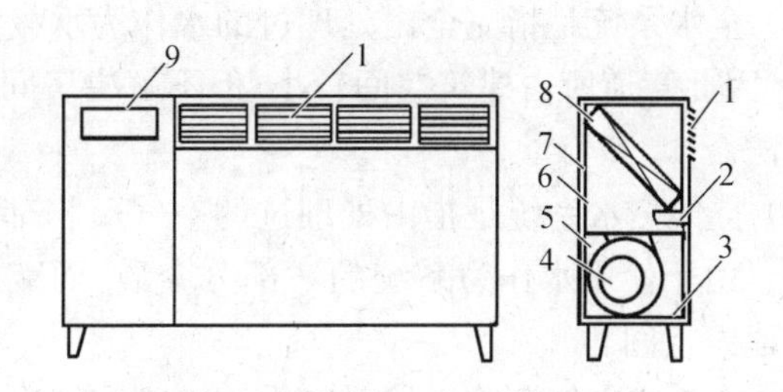

图5.23　风机盘管机组

1—送风口；2—凝水盘；3—过滤器；4—电机；5—风机；6—吸声材料；7—箱体；8—盘管；9—调节器

风机盘管机组工作的原理是，借助机组不断地循环室内空气，使之通过盘管被冷却或加热，以保持市内有一定的温、湿度。盘管使用的冷水和热水，由集中冷源和热源供应。机组有变速装置可以调节风量，以达到调节冷、热量和噪声的目的。

风机盘管机组的特点有：布置灵活，各空调房间能独立调节互不影响；机组由风机作动力，回风量与一次风无关；简单的风机盘管机组可完全不用风道，即既减少了占地，又节省了投资；运行费用低；机组定型化、规格化、易于选择和安装。但机组的作用范围小（通常房间进深<6 m），要求的质量高，否则维护工作量大。

如图 5.24 所示是诱导器系统的原理图。经过集中处理的空气（一次风）由风机送入空调房间的诱导器中，诱导器是分设于各室的局部设备（或称末端装置）。它由静压箱、喷嘴和盘管（又称二次盘管，也有的不设盘管）等组成。一次风进入诱导器的静压箱，经喷嘴以高速射出（20～30 m/s）。由于喷出气流的引射作用，在诱导器内造成负压，室内空气（即回风，又称二次风）被吸入诱导器，一二次回风相混合由诱导器风口送出。

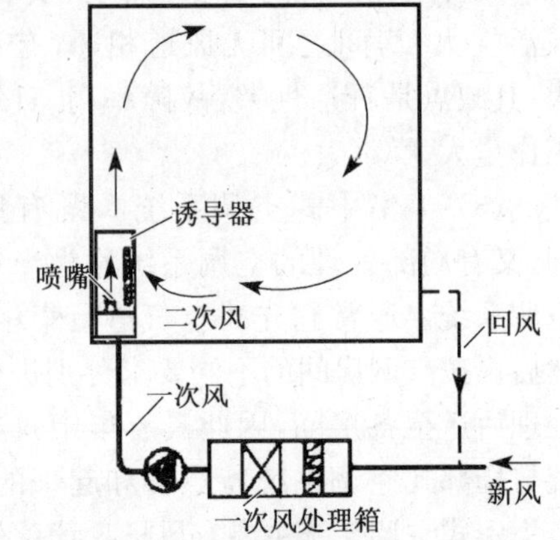

图 5.24　诱导器系统原理图

送入诱导器的一次风通常就是新风，在必要时也可以使用部分回风，但采用回风时风道系统较复杂。

诱导器有两种类别，按诱导器内是否设置盘管分为全空气诱导器系统和空气—水诱导器系统。

2. 按承担空调负荷的介质进行分类

无论何种空调系统，均需要有一种或多种流体作为载体或介质带走作为空调负荷的室内产热、产湿或有害物，达到控制室内环境的目的。若按承担空调负荷的介质对空调系统进行分类，则可分为全空气系统、全水系统、空气—水系统与冷剂系统。

（1）全空气系统是指完全由处理过的空气作为承载空调负荷的介质的系统。由于空气的比热容较小，需要用较多的空气才能达到消除余热余湿的目的，因此这种系统要求风道断面较大或风速较高，从而会占据较多的建筑空间。

（2）全水系统是指完全由处理过的水作为承载空调负荷的介质的系统。由于水的比热容较大，因此管道所占建筑空间较小，但不解决房间的通风换气问题，因此通常不单独采用这种方法。

（3）空气—水系统是指由处理过的空气负担部分空调负荷，而由水负担其余部分负荷的系统。由于使用水作为系统的一部分介质，而减少了系统的风量，从而可以减少风道所占据的建筑空间。

（4）冷剂式空气调节系统是指由制冷剂直接作为承载空调负荷介质的系统。一般空气调节机组均采用这种系统。而由于制冷剂不易长距离输送，因此不易作为集中式空调系统来使用。

5.3.2　空调系统的主要设备

空气处理设备包括对空气进行加热、冷却、加湿、减湿及过滤净化等设备。实际的空气处理过程往往是各种单一过程的组合，如夏季最常用的冷却除湿过程就是降温与除湿过程的组合。

1. 空气的加热

单纯的加热过程是容易实现的。主要的实现途径是用表面式空气加热器、电加热器加热空气。如果用温度高于空气温度的水喷淋空气，则会在加热空气的同时又使空气的湿度升高。

(1) 空气加热器　表面式空气加热器用热水或蒸汽作热媒，可实现对空气的等湿加热，具有构造简单、占地少、水质要求不高、水系统阻力小等优点，已成为常用的空气处理设备。

如图 5.25 所示为肋管式换热器，肋管式换热器由管子和肋片构成，根据加工方法不同肋片管又分为绕片管、串片管和轧片管等。肋片能改善换热效果，增大换热面积。

(2) 电加热器　为了满足空调房间对温、湿度的要求，送入房间的空气不仅在冬季需要加热，有时在夏季也需要有少量加热。除了用表面式换热器对空气加热外，通常还采用电加热器来加热空气。

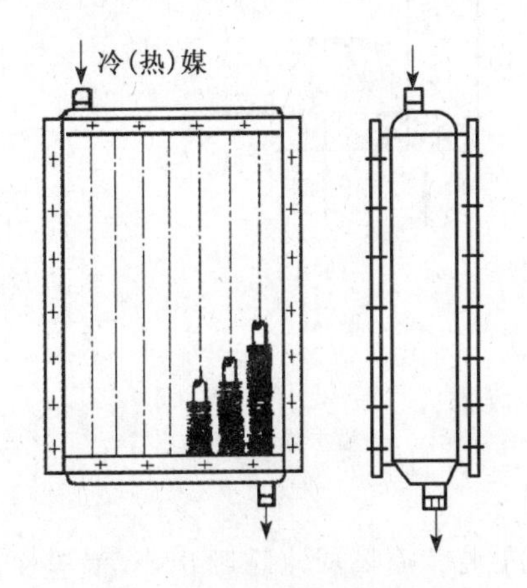

图 5.25　肋管式换热器

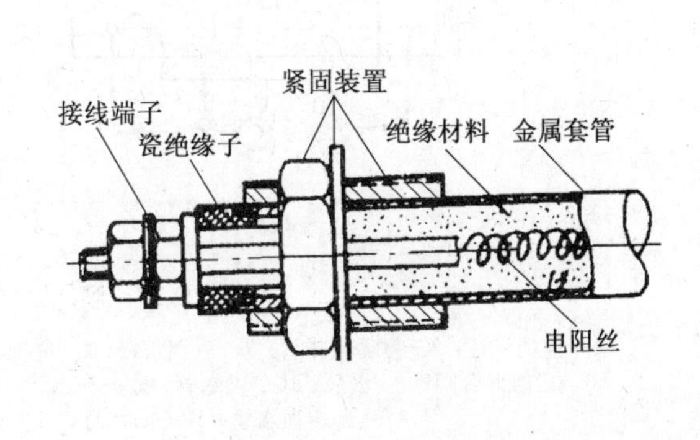

图 5.26　管式电加热器

电加热器如图 5.26 所示，是让电流通过电阻丝发热而加热空气的设备。它有结构紧凑、加热均匀、热量稳定、控制方便等优点。但是由于电加热器利用的是高品位能源，所以只宜在一部分空调机组和小型空调系统中采用。在恒温精度要求较高的大型空调系统中，也常用电加热器控制局部加热或作末级加热器使用。电加热器有两种基本形式：裸线式和管式。

2. 空气的冷却

采用表面式空气冷却器或用温度低于空气温度的水喷淋空气，均可使空气温度下降。如果表面式空气冷却器的表面温度低于空气的露点温度，或喷淋水的水温低于空气的露点温度，则空气在冷却过程中同时还会被除湿。如果喷淋水温高于空气的露点温度而低于空气的干球温度时，则空气在被冷却的同时还会被加湿。

表面式空气冷却器是用冷水或制冷剂作冷媒，因此又可分为冷水式与直接蒸发式两种。其中直接蒸发式冷却器就是制冷系统中的蒸发器。使用表面式冷却器可实现空气的干式冷却或去湿冷却过程，过程的实现取决于表面式冷却器的表面温度是高于还是低于空气的露点温度。

3. 空气的加湿

空气的加湿可通过向空气加入干蒸汽来实现,也可通过直接向空气喷入水雾(高压喷雾、超声波雾化)来实现。

(1) 喷水室　在集中式空调系统中,空气与水直接接触的喷水室得到普遍应用。喷水室的空气处理方法是向流过的空气直接喷淋大量的水滴,被处理的空气与水滴接触,进行热湿交换,达到要求的状态。喷水室由喷嘴、水池、喷水管路、挡水板、外壳等组成,如图5.27所示。

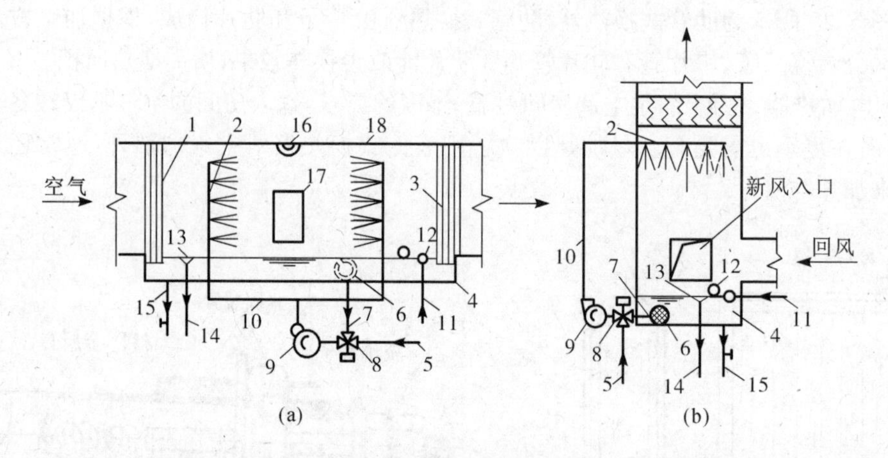

图5.27　喷水室的构造

1—前挡水板;2—喷嘴与排管;3—后挡水板;4—底池;5—冷水管;6—滤水器;7—循环水管;8—三通混合阀;9—水泵;10—供水管;11—补水管;12—浮球阀;13—溢水器;14—溢水管;15—泄水管;16—防水灯;17—检查门;18—外壳

在喷水室横断面上均匀地分布着许多喷嘴,而冷冻水经喷嘴成水珠喷出,充满整个喷水室间。当被处理的空气经前挡水板进入喷水室后,全面与水珠接触,它们之间进行热湿交换,从而改变了空气状态。经水处理后的空气由后挡水板析出所加带的水珠,再进行其他处理,最后由通风机的作用送入空调房间。

喷水室的优点是能够实现多种空气处理过程、具有一定的空气净化能力、耗费金属最少、容易加工等,缺点是占地面积大、对水质要求高、水系统复杂和水泵耗电大等,而且要定期更换水池中的水,清洗水池耗水量比较大。因此目前在一般建筑中已不常使用,但在纺织厂、卷烟厂等以调节湿度为主要任务的场合仍大量使用。

(2) 蒸汽加湿　蒸汽喷管是最简单的一种加湿装置。它是由直径略大于供汽管的管段组成,管段上开许多小孔。蒸汽在管网压力的作用下由小孔中喷出,小孔的数目和孔径大小应由需要的加湿量大小来决定。

蒸汽喷管虽然构造简单,容易加工,但喷出的蒸汽中带有凝结水滴,影响加湿效果的控制。为了避免蒸汽喷管内产生凝结水滴和蒸汽管网内的凝结水流入喷管,可在喷管外面加上一个保温套管,做成所谓的干蒸汽喷管,此时的蒸汽喷孔孔径可大一些。

干蒸汽加湿器由干蒸汽喷管、分离室、干燥室和电动或气动调节阀组成,如图5.28所示。它的优点是节省动力用电,加湿迅速、稳定,设备简单,运行费用低,因此在空调工程中得到广泛的使用。

4. 空气的除湿

空气除湿除了可以用表冷器与喷冷水对空气进行减湿处理外，还可以使用液体或固体吸湿剂来进行除湿。液体吸湿剂是利用某些盐类水溶液对空气中的水蒸气的强烈吸收作用来对空气进行除湿的，方法湿根据要求的空气处理过程不同(降温、加热还是等温)，用一定浓度和温度的盐水喷淋空气。固体吸湿剂是利用有大量孔隙的固体吸附剂如硅胶，对空气中的水蒸气的表面吸附作用来除湿的。由于吸附过程近似为一等焓过程，故空气在干燥过程中温度会升高。

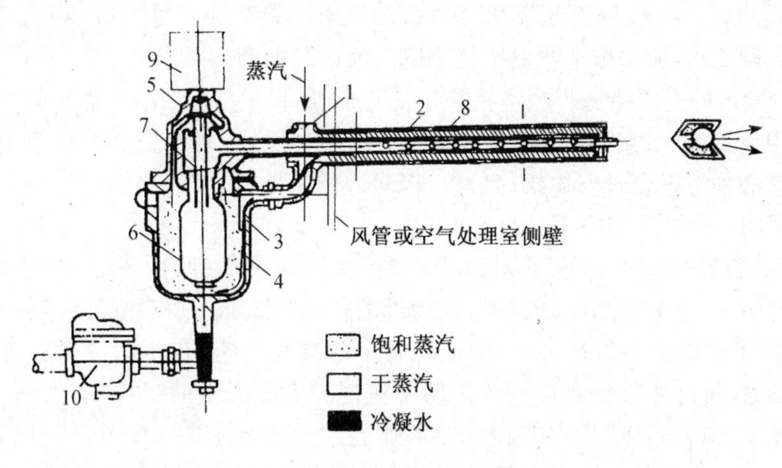

图 5.28　干蒸汽加湿器

1—接管；2—外套；3—挡板；4—分离室；5—阀孔；6—干燥室；
7—消声腔；8—喷管；9—电动或气动执行机构；10—疏水器

(1) 冷冻除湿机　冷冻除湿的原理是，当空气温度降低到它的露点温度以下时，空气中的水分被冷凝出来，含湿量从而降低。冷冻除湿机是由制冷系统与送风装置组成的。其中制冷系统的蒸发器能够吸收空气中的热量，并通过压缩机的作用，把所吸收的热量从冷凝器排到外部环境中去。经处理后的空气虽然温度较高，但湿度很低，由此可见，在既需要减湿又需要加热的地方使用冷冻减湿机比较合理。相反，在室内产湿量大、产热量也大的地方，最好不用冷冻减湿机。

(2) 固体吸湿剂　固体吸湿剂有两种类型：一种是具有吸附性能的多孔材料，如硅胶(SiO_2)、铝胶(Al_2O_3)等，吸湿后材料的固体形态并不改变；另一种是具有吸湿能力的固体材料，如氯化钙($CaCl_2$)等，这种材料在吸湿后，由固态逐渐变为液态，最后失去吸湿能力。

固体吸湿剂的吸湿能力不是固定不变的，在使用一段时间后失去了吸湿能力时，需进行“再生”处理，即用高温空气将吸附的水分(如对硅胶)，或用加热蒸煮法使吸收的水分蒸发掉(如对氯化钙)。

(3) 液体减湿系统　液体减湿系统的构造与喷水室类似，但多了一套液体吸湿剂的再生系统。其工作原理是，一些盐水溶液表面的饱和水蒸气分压力低于同温度下的水表面饱和水蒸气分压力，因此当空其中的水蒸气分压力高于盐水表面的水蒸气分压力时，空气中的水蒸气将会析出被盐水吸收。这类盐水溶液称为液体吸湿剂。盐水溶液喷淋空气吸收了空气中的水分后浓度下降,吸湿能力减弱,因此需要再生。再生方式一般是加热浓缩。

这种减湿方法的优点是空气减湿幅度大,可用单一的处理过程得到需要的送风参数,避免了空气处理过程中冷热抵消的现象。缺点是系统比较复杂,盐水有腐蚀性,维护麻烦。

5. 空调系统的消声减振

空调设备在运行时会产生噪声和振动,并通过风管及建筑结构传入空调房间。噪声与振动源主要是风机、水泵、制冷压缩机、风管、送风末端装置等。对于对噪声控制和防止振动有要求的空调工程,应采取适当的措施来降低噪声与振动。

(1) 减少噪声的主要措施　消声措施包括两个方面:一是设法减少噪声的产生;二是必要时在系统中设置消声器。在所有降低噪声的措施中,最有效的是削弱噪声源。因此,在设计机房时就必须考虑合理安排机房位置,机房墙体采取吸声、隔声措施,选择风机时尽量选择低噪声风机,并控制风道的气流流速。

为减小风机的噪声,可采取下列一些措施:选用高效率、低噪声形式的风机,并尽量使其运行工作点接近高效率点;风机与电动机的传动方式最好采用直接连接,如不可能,则采用联轴器连接或带轮传动;适当降低风管中的空气流速,有一般消声要求的系统,主风管中的流速不宜超过 8 m/s,以减少因管中流速过大而产生的噪声;有严格消声要求的系统,不宜超过 5 m/s;将风机安装在减振基础上,并且风机的进、出风口与风管之间采用软管连接;在空调机房内和风管中粘贴吸声材料,以及将风机设在有局部隔声措施的小室内;等等。

(2) 消声器　消声器的构造形式很多,按消声原理可分为如下四类。

① 阻性消声器:阻性消声器是用多孔松散的吸声材料制成的,如图 5.29(a)所示。当声波传播时,将激发材料孔隙中的分子振动,由于摩擦阻力的作用,使声能转化为热能而消失,起到消减噪声的作用。这种消声器对于高频和中频噪声有一定的消声效果,但对低频噪声的消声性能较差。

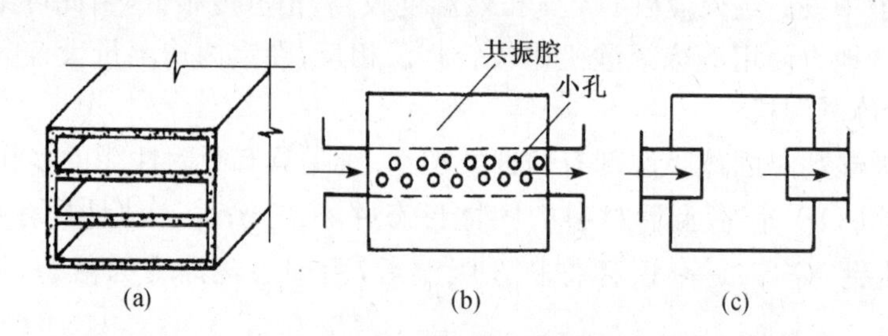

图 5.29　消声器的构造示意图

② 共振性消声器:如图 5.29(b)所示,小孔处的空气柱和共振腔内的空气构成一个弹性振动系统。当外界噪声的振动频率与该弹性振动系统的振动频率相同时,引起小孔处的空气柱强烈共振,空气柱与孔壁发生剧烈摩擦,声能就因克服摩擦阻力而消耗。这种消声器有消除低频的性能,低频率范围很窄。

③ 抗性消声器:当气流通过风管截面积突然改变之处时,将使沿风管传播的声波向声源方向反射回去而起到消声作用,这种消声器如图 5.29(c)所示,对消除低频噪声有一定的

效果。

④ 宽频带复合式消声器：宽频带复合式消声器是上述几种消声器的综合体，以便集中它们各自的性能特点和弥补单独使用时的不足，如阻、抗复合式消声器、共振式消声器等。这些消声器对于高、中、低频噪声均有较良好的消声性能。

(3) 减振的主要措施　空调系统的噪声除了通过空气传播到室内外，还能通过建筑物的结构的基础进行传播。例如转动的风机和压缩机所产生的振动可直接传给基础，并以弹性波的形式从机器基础沿房屋结构传到其他房间去，又以噪声的形式出现，称为固体声。

削弱由机器传给基础的振动，是用消除它们之间的刚性连接来达到的。即在振源和它的基础之间安设避振构件(如弹簧减振器或橡皮、软木等)，可使从振源传到基础的振动得到一定程度的减弱。

常用的减振装置有橡皮、软木减振基座和阻尼弹簧减振器等

一个空调工程产生的噪声是多方面的，除了风机出口装帆布接头，管路上装消声器以及风机、压缩机、水泵基础考虑防振外，有条件时，对要求较高的工程，压缩机和水泵的进出管路处均应设有隔振软管。此外，为了防止振动由风道和水管等传递出去，在管道吊卡、穿墙处均应作防振处理，图5.30中列举了有关这方面的措施，可供参考。

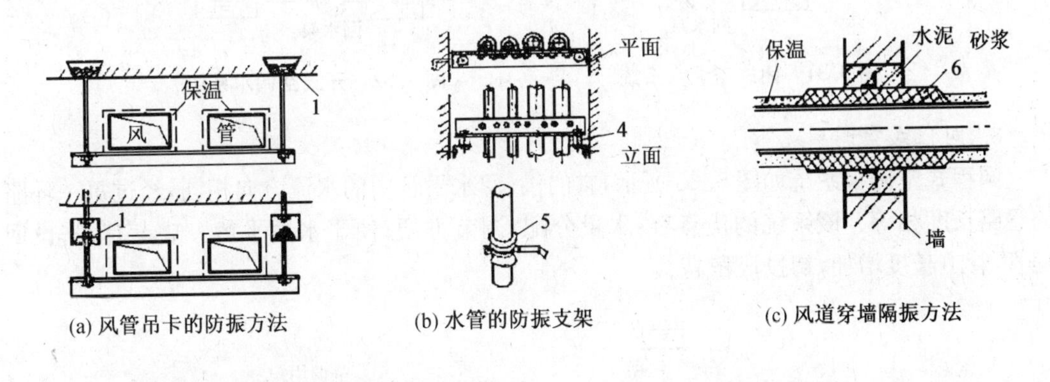

(a) 风管吊卡的防振方法　　(b) 水管的防振支架　　(c) 风道穿墙隔振方法

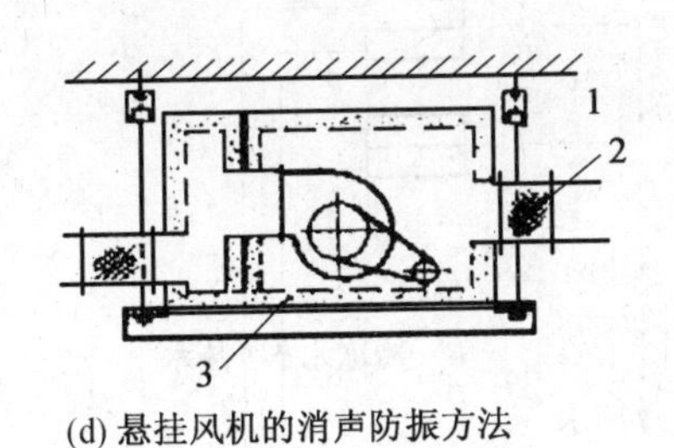

(d) 悬挂风机的消声防振方法

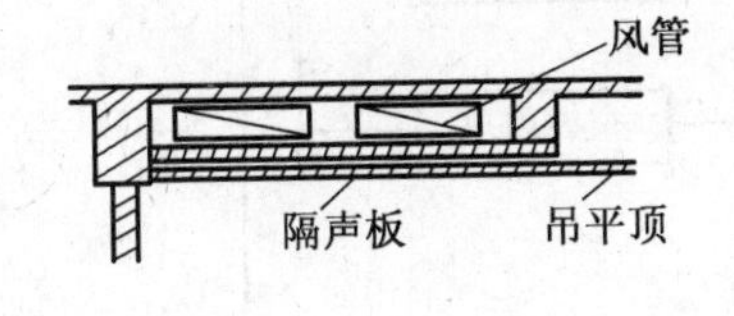

(e) 防止风道噪声从吊平顶向下扩散的隔声方法

图5.30　各种消声防振的辅助措施

1—防振吊卡；2—软接头；3—吸声材料；4—防振支座；5—包裹弹性材料；6—玻璃纤维棉

5.3.3　空调的水系统

空调的水系统根据不同的情况可以设计成不同形式。

1. 闭式空调水系统

闭式空调水系统如图5.31所示，其管路系统不与大气相接触，仅在系统最高点设置膨胀水箱。其优点有：管道与设备的腐蚀机会少；不需克服静水压力，水泵压力、功率均低；系统简单。

2. 开式空调水系统

开式空调水系统如图5.32所示，其管路系统与大气相通。其优点是与蓄热水池连接比较简单。缺点有：水中含氧量高，管路与设备的腐蚀机会多；需要增加克服水静压力的额外能量；输送能耗大。

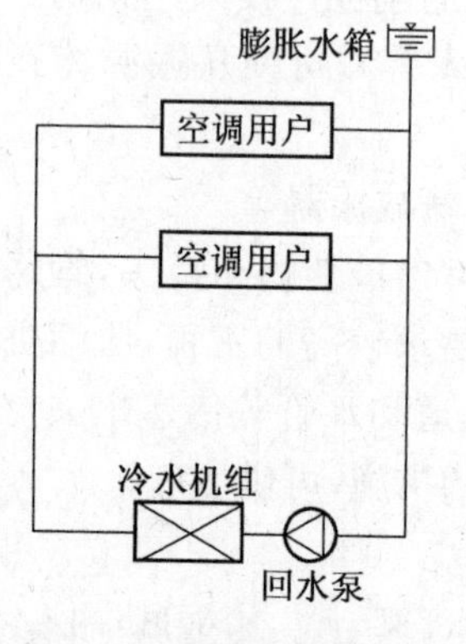

图5.31 闭式空调水系统

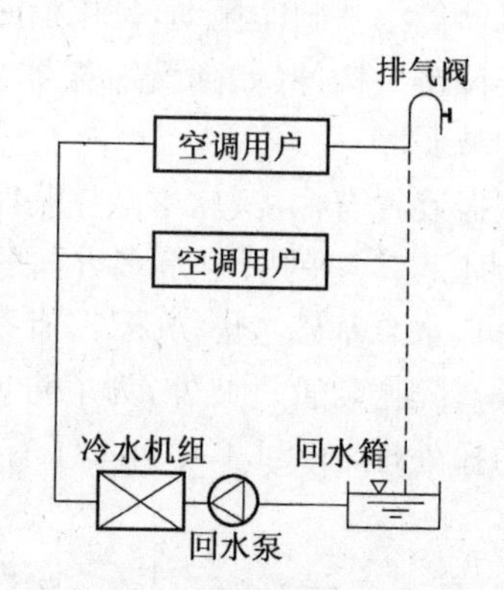

图5.32 开式空调水系统

3. 同程式空调系统

同程式空调水系统如图5.33所示，它的供、回水干管中的水流方向相同，经过每一环路的管路长度相等。该系统的优点有：水量分配、调节方便；便于水力平衡。缺点有：需设回程管，管道长度增加，初投资稍高。

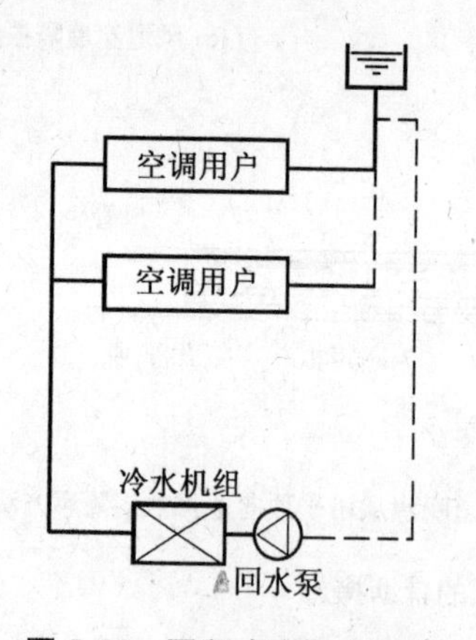

图5.33 同程式空调水系统

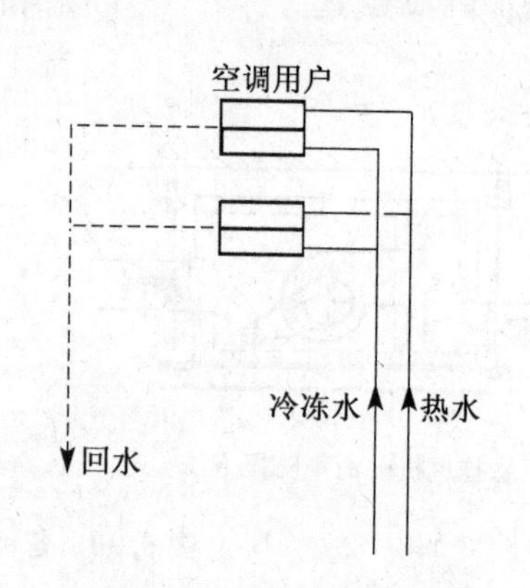

图5.34 异程式空调水系统

4. 异程式空调水系统

如图5.34所示为异程式空调水系统，它的供、回水干管中的水流方向相反，每一环路的管路长度不等。该系统的优点有：不需回程管，管道长度较短，管路简单；初投资稍低。缺点有：水量分配、调节较难；水力平衡较麻烦。

5. 两管制空调水系统

如图5.32所示为两管制空调水系统，在该水系统中供冷、供热合用同一管路系统。其优点有：管路系统简单；初投资省。缺点是无法同时满足供冷、供热的要求。

6. 三管制空调水系统

三管制空调水系统如图5.34所示，它是分别设置供冷、供热管路与换热器，但供冷、热回水的管路共用。该系统的优点有：能满足同时供冷、供热的要求；管路系统较四管式简单。缺点有：有冷、热混合损失；投资高于两管式；管路布置较复杂。

7. 四管制空调水系统

四管制空调水系统如图5.35所示，其中供冷、供热的供、回水管均分开设置，具有冷、热两套独立的系统。该系统的优点有：能灵活实现同时供冷和供热；没有冷、热混合损失。缺点有：管路系统复杂；初投资高；占用建筑空间较多。

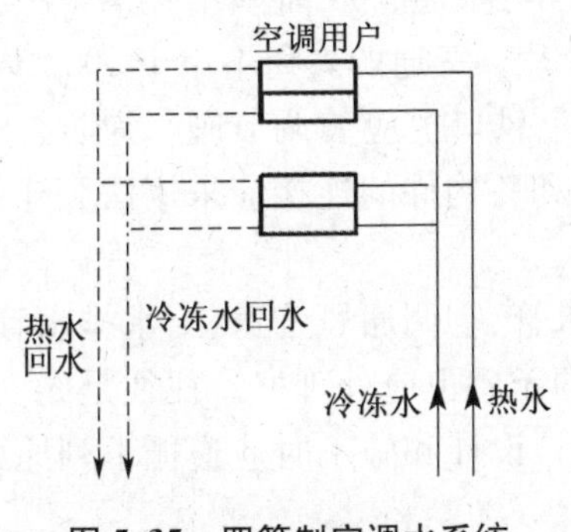

图5.35　四管制空调水系统

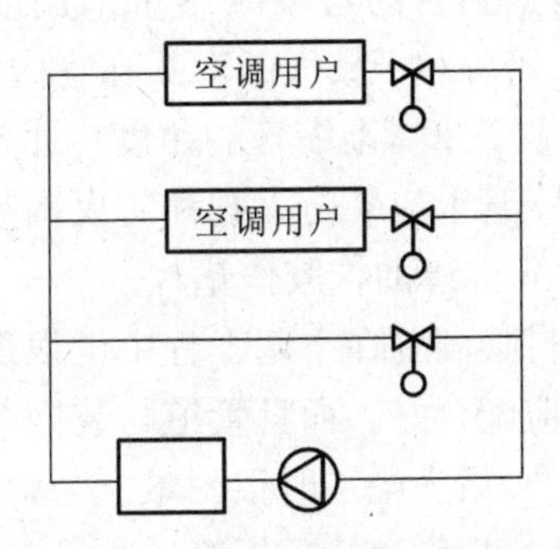

图5.36　变流量空调水系统

8. 定流量空调水系统

定流量空调水系统中的循环水量保持定值，负荷变化时，通过改变供或回水温度来匹配。该系统的优点有：系统简单，操作方便；不需复杂的自控设备。缺点有：配管设计时不能考虑同时使用系数；输送能耗始终处于设计的最大值。

9. 变流量空调水系统

如图5.36所示为变流量空调水系统简图，其中的供、回水温度保持定值，负荷改变时，通过供水量的变化来适应。该系统的优点有：输送能耗随负荷的减少而降低；配管设计时，可以考虑同时使用系数，管径相应减小；水泵容量、电耗也相应减少。缺点有：系统较复杂；必须配备自控设备。

5.4　通风与空调工程同建筑的配合

5.4.1　通风与空调管道的布置要求

通风空调风道通常由送风管、回风管、新风管及排风管等构成。一般主风管内的风速设计为8～10 m/s，支风管内的风速设计为5～8 m/s。风速太大，将发生很大的噪声；风速太小，则在通风量相同的情况下，风管截面积尺寸势必增大，使得管道用材增多，管道既占布置空间又较难布置。送风口的风速一般 2～5 m/s,回风口的风速 4～5 m/s。

为了便于和建筑配合与布置,风管的形状选取矩形的较多,矩形管具有容易和建筑配合,占用空间较小的特点;圆形风管则有节省制作材料、管道刚性好(空气输送振动与噪声小)、空气输送阻力小等优点。

空调管道布置应尽可能和建筑协调一致,保证使用美观。管道走向及管道交叉处,要考虑房屋的高度,对于大型建筑,井字梁用得比较多,而且有时井字梁的高度达 700～800 mm,对管的布置带来很大的不方便。同理当管道在走廊布置时,走廊的高度和宽度都限制管道的布置和安装,设计和施工时都要加以考虑。特别是当使用吊顶作回风静压箱时,各房间的吊顶不能互相串通,否则各房间的回风量得不到保证,很难使设计参数达到要求。

风管布置时应尽量缩短管线,减小分支管线,避免复杂的局部构件,如三通、弯头、四通、变径等。风管的弯头应尽量采用较大的弯曲半径,通常取曲率半径 R 为风管宽度的 1.5～2.0 倍。对于较大的弯头在管内应设导流叶片。三通的夹角不小于 30°。风管渐扩的扩张角应小于 20°,渐缩管的角度应小于 45°。每个风口上应装调节阀。为防止火灾,在各房间的分支管上应装防火阀和防火调节阀。风管和各构件的连接应采用法兰连接,法兰之间用 3～4 mm 厚的橡胶作垫片。

管道打架问题在空调工程中也很重要,冷热水管、空调通风管道、给水排水管道在设计时各专业应配合好。而且管道与装修、结构之间的矛盾也应处理好。往往是先安装的管道施工很方便,后来施工时很困难。为解决这个矛盾,设计和施工时应遵循下列原则:小管道让大管道,有压管道让无压管道。

5.4.2 风管和部件的基本安装要求

(1) 风管和部件安装必须牢固,位置、标识和走向应符合设计要求,部件方向正确,操作方便。防火阀检查孔的位置必须设在在便于操作的部位。

(2) 风机的出风口与管道之间要用帆布连接,这样可减小振动和噪声。风机出口要有不小于管道直径的 5 倍的直管段,以减小涡流和阻力。

(3) 支、吊、托架的形式、规格、位置、间距及固定必须符合设计要求和施工规范规定,严禁设在风口、阀门及检视门处。

(4) 风帽安装必须牢固,风管与屋面交接处严禁漏水。

(5) 输送产生凝结水或含有潮湿空气的风管安装坡度应符合设计要求,底部的接缝均作密封处理。

(6) 风口位置正确,外露部分平整美观,同一房间内标高一致,排列整齐。

(7) 柔性短管松紧适宜,长度符合设计要求和施工规范规定,并无开裂和扭曲现象。

(8) 罩类安装位置正确,排列整齐,牢固可靠。

5.4.3 通风与空调设备的布置要求

空调机在空调机房内布置有以下几个要求:

(1) 中央机房应尽量靠近冷负荷的中心布置。高层建筑有地下室时宜设在地下室。

(2) 中央机房应采用二级耐火材料或不燃材料建造,并有良好的隔声性能。

(3) 空调用制冷机多采用氟利昂压缩式冷水机组，机房净高不应低于3.6 m。若采用溴化锂吸收式制冷机，设备顶部距屋顶或楼板的距离，不小于1.2 m。

(4) 中央机房内压缩机间宜与水泵间、控制室隔开，并根据具体情况，设置维修间及厕所等。尽量设置电话，并应考虑事故照明。

(5) 机组应做防振基础，机组出水方向应符合工艺的要求。

(6) 对于溴化锂机组还要考虑排烟的方向及预留孔洞。

(7) 对于大型的空调机房还应做隔声处理，包括门、天棚等。

(8) 空调机房应设控制室和休息间，控制室和机房之间应用玻璃隔断。

5.5　通风与空调工程施工图的识读

5.5.1　通风与空调工程施工图的组成

通风与空调工程的施工图是由文字说明、平面图、剖面图及系统轴测图、详图等组成。详图包括部件的加工制作和安装的节点图、大样图及标准图，如采用国家标准图、省(市)或设计部门标准图及参照其他工程的标准图时，在图纸目录中附有说明，以便查阅。

1. 文字说明

文字说明包括设计施工说明、图例、设备材料明细表等。

(1) 通风与空调工程设计施工说明　设计施工说明包括采用的气象数据、通风空调系统的划分及具体施工要求等。通常内容有：

① 需要敷设通风空调系统的建筑概况。

② 通风空调系统采用的设计依据、范围和参数。工程设计依据是根据甲方提供的委托设计任务书及建筑专业提供的图纸，并依照供暖通风专业现行的国家颁发的有关规范、标准进行设计的。设计范围是说明本通风空调工程设计的内容、系统的划分(包括系统编号、系统所服务的区域)与组成。设计参数是根据建筑物所在的地区，说明设计计算时所用的室外计算参数及建筑物室内所要求的计算参数等。

室外空气的计算参数主要指温度、相对湿度、风速风向等，它们应按《采暖通风与空气调节设计规范》(GB 50019—2003)的规定采用。例如，北京地区夏季通风室外计算温度取30℃，相对湿度取64%，平均风速为1.9 m/s，风向为N(上海地区温度取32℃，相对湿度取67%，平均风速为3.2 m/s，风向为SE)；北京地区夏季空气调节室外计算干球温度取33.2℃，湿球温度取26.4℃；冬季室外计算温度取－12℃，相对湿度取45%，；(江苏南京地区夏季空气调节室外计算干球温度取35℃，湿球温度取28.3℃；冬季室外计算温度取－6℃，相对湿度取73%)。

室内空气的计算参数主要指温度t、湿度φ及风速v等，是根据人体舒适性的要求以及生产工艺、卫生条件确定的参见5.1。这些参数的选定，直接关系到通风系统的初投资及运行费的高低，关系到生产工艺、劳动条件以及人体的舒适性。我国颁布的《采暖通风与空气调节设计规范》(GB 50019—2003)明确规定：在舒适性空调中，室内设计参数要按下列数据范围选取。

夏季：室内温度24～28℃　　　　冬季：室内温度18～22℃

　　相对湿度40%～65%　　　　　　相对湿度40%～60%

　　风速≤0.3 m/s　　　　　　　　风速≤0.2 m/s

对于建筑物内空调房间室内的其他设计参数，如要求的送风量(m^3/h)、新风量(m^3/h)、设计负荷(kW)、换气次数(次/h)、平均风速(m/s)、气流组织、室内噪声等级、含尘量等都应有说明。

③ 空调系统的设计运行工况(只有要求自动控制时才有)。

④ 风管系统：包括统一规定、风管材料及加工方法、支吊架要求、阀门安装要求、减振做法、保温做法说明和风管穿越机房、楼板、防火墙、沉降缝、变形缝等处的做法说明等。例如说通风及空调系统风管一般采用镀锌钢板制作；排烟风管采用普通钢板制作，外刷防火漆；在需要软接时采用金属软风管。

⑤ 水管系统：包括统一规定、管材、连接方式、支吊架做法、减振做法、防腐、保温要求、阀门安装、管道分段试压和整体试压、冲洗的说明等。例如空调水系统的工作压力和试验压力值的说明。

⑥ 设备：包括制冷设备、空调设备、供暖设备、水泵等的安装要求及做法。

⑦ 油漆：包括风管、水管、设备、支吊架等的除锈、油漆要求及做法。

⑧ 调试和运行方法及步骤。

⑨ 应遵守的施工规范、规定，工程的主要技术数据、施工验收要求以及特殊注意事项等。

其他未说明部分，可按《建筑给水排水及采暖工程施工质量验收规范》(GB 50242—2002)、《通风与空调工程施工质量验收规范》(GB 50243—2002)、《洁静室施工及验收规范》(GB50591—2010)、《建筑设备施工安装图集》(91SB6)，以及其他的国家标准或布业标准进行施工。

(2) 图例　通风与空调施工图中常用的图例见表5.2。

表5.2　通风与空调施工图常用图例

图　例	名　称	图　例	名　称
A×B (h) A×B (h)	风管及尺寸 [宽×高(标高)]		风管软接头
	送风管： 上图为可见剖面 下图为不可见剖面		排风管： 上图为可见剖面 下图为不可见剖面
	方圆变径管		矩形变径管

续表 5. 2

图　例	名　称	图　例	名　称
L=	消声器		伞形风帽
	消声弯头		带导流片弯头
	蝶　阀		插板阀
	手动对开多叶调节阀		电动对开多叶调节阀
	风管止回阀		防火阀
	三通调节阀		光圈式启动调节阀
	送风口		回风口
FS	方形散流器	YS	圆形散流器
	风机 （由底边流向顶点）	8	轴流风机
	加湿器	M	离心风机
	电加热器		空气过滤器

续表 5.2

图 例	名 称	图 例	名 称
⊕	空气加热器	⊖	空气冷却器
⊕	风机盘管	→	送风气流方向
		⌇→	回风气流方向

(3) 设备材料明细表　为设计人员将通风与空调工程所需的各种设备和各类管道、管件、阀门以及防腐、保温材料的名称、规格、型号、数量而列出的明细表。

2. 通风空调系统平面图

通风空调系统平面图主要表明各层通风空调设备和系统风道的平面布置。一般包括下列内容：

(1) 平面图中的工艺设备和通风空调设备，如风机、送风口、回风口、风机盘管、消音弯头、调节阀门、风管导流片等分别有标注或编号，并列入设备及主要材料表中，说明了型号、规格、单位和数量。注明的弯头的曲率半径 R 值，注明通用图、标准图索引号等。

(2) 平面图中绘有设备的轮廓线，标注有设备的定位尺寸；注明了通风空调系统管道各风管的截面尺寸和定位尺寸；绘有通风空调管道的弯头、三通或四通、变径管等的位置。风口旁标注的箭头方向，是表明风口的空气流动方向。

(3) 在平面图中，对于比较复杂通风管道系统，常在需要的部位画有剖切线、剖切符号，把复杂的部位用剖面图来进一步表示清楚。

(4) 对恒温恒湿的空调房间，常注明有各房间的基准温度和精度要求。房间的基准温度是指空调区域内按设计规定所需保持的空气基准温度；空调精度是指空调区域内空气温度允许的波动幅度。例如图中某房间注有 $t=(20\pm0.5)$℃，表明该空调房间的基准温度为 20℃，空调精度为±0.5℃。即空调房间的温度控制在 20.5～19.5℃范围内即满足空调要求。

3. 空调系统剖面图

剖面图是表示通风与空调系统管道和设备在建筑物高度上的布置情况，它一般包括下列内容：

(1) 标注有建筑物地面和楼面的标高，通风空调设备位置尺寸和标高(设备通常标在中心)和管道的位置尺寸和标高(圆管标中心，矩形管标管底边)。

(2) 用双线表示的对应于平面图的风道、设备、零部件(其编号应与平面图一致)的位置尺寸和有关工艺设备的位置尺寸。

(3) 注明风道直径(或截面尺寸)；送、排风口的形式、尺寸、标高和空气流向；风管穿出屋面的高度，风帽标高。

4. 系统轴测图

通风与空调系统轴测图是表示通风与空调系统管道在空间的曲折和交叉情况及其设备、管件的相对位置和空间的立体走向，并注有相应的尺寸。其内容一般包括：

(1) 画有系统主要设备的轮廓，注明了主要设备、部件的编号、型号、规格等(编号与平面图一致）。

（2）注明有风管管径（或截面尺寸）、标高、坡度、坡向等。

（3）标注出风口、调节阀、检查口、测量孔、风帽及各异形部件的标高、位置尺寸和型号规格，并画有风口及空气的流动方向符号。

（4）标注各设备的名称及型号规格。

在比较复杂的通风与空调系统轴测图中，通常标有系统的设置编号，如空调系统K-1、新风系统X-1、排风系统P-1、排烟系统PY-1等。

5. 原理图

通风空调原理图是表明整个系统的原理与流程。其主要内容包括空调房间的设计参数、冷（热）源、空气处理、输送方式、控制系统之间的相互关系以及设备、管道、仪表、部件等。

6. 详图

详图是表示通风与空调系统设备的具体构造和安装情况，并注明有相应的尺寸。通风空调工程的详图较多，如空调器、过滤器、除尘器、通风机等设备的安装详图；各种阀门、测定孔、检查门、消声器等设备部件的加工制作详图；风管与设备保温详图等。

各种详图大多有标准图供选用，在施工图纸上相应注明有标准图的编号。对于特殊性的工程设计，则由设计部门设计施工详图，以指导施工安装。

5.5.2　识读空调系统施工图的基本方法与步骤

1. 识图基本方法

对系统而言，识读顺序可按空气的流向和空气处理的过程进行。送风系统为：进风口→进风管道→通风机→主干风管→分支风管→送风口；排风系统为：排气（尘）罩类→吸气管道→排风机→立风管→风帽；全空气空调系统为：新风口→新风管道→空气处理设备→送风机→送风干管→送风支管→送风口→空调房间→回风口→回风机→回风管道（同时读排风管、排风口）→二次回风管→空气处理设备。

对图纸而言识读顺序一般为平面图、剖面图、系统图、详图。看剖面图与系统图时，应与平面图对照进行。看平面图以了解设备、管道的平面布置位置及定位尺寸；看剖面图以了解设备、管道在高度方向上的位置情况、标高尺寸及管道在高度方向上的走向；看系统图以了解整个系统在空间上的概貌；看详图以了解设备、部件的具体构造、制作安装尺寸与要求等。

2. 识图的步骤

（1）阅读图纸目录　根据图纸目录了解该工程图纸的概况，包括图纸张数、图幅大小及名称、编号等信息。

（2）阅读施工说明　根据施工说明了解该工程概况，包括空调系统的形式、划分及主要设备布置等信息，在这基础上，确定哪些图纸是代表着该工程特点、是这些图纸中的典型或重要部分，图纸的阅读就从这些重要部分开始。

（3）阅读有代表性的图纸　确定代表该工程特点的图纸，然后根据图纸目录，确定这些图纸的编号，并找出这些图纸进行阅读。

在通风空调施工图中，有代表性的图纸基本上都是反映空调系统布置、空调机房布置、冷冻机房布置的平面图，因此通风空调施工图的阅读基本上都是从平面图开始的，先是总平面图，然后是其他的平面图。

阅读系统图要注意，平、剖面图中的风管是用双线表示的，而系统图中的风管则是按单线绘制的。

（4）阅读辅助性图纸　对于平面图上没有表达清楚的地方，就要根据平面图上的提示（如剖面位置）和图纸目录找出该平面图的辅助图纸进行阅读，这包括立面图、侧立面图、剖面图等。对于整个系统可参考系统轴测图。

（5）阅读其他内容　在读懂整个通风空调系统的前提下，再进一步阅读施工说明与设备主要材料表，了解通风空调系统的详细安装情况，同时参考加工、安装详图，从而完全掌握图纸的全部内容。

5.5.3　空调系统施工图识读案例

1. *以某铸造车间通风系统施工图为例*

图 5.37、图 5.38 和图 5.39 分别为铸造车间通风系统的平面图、剖面图和风管系统轴测图。

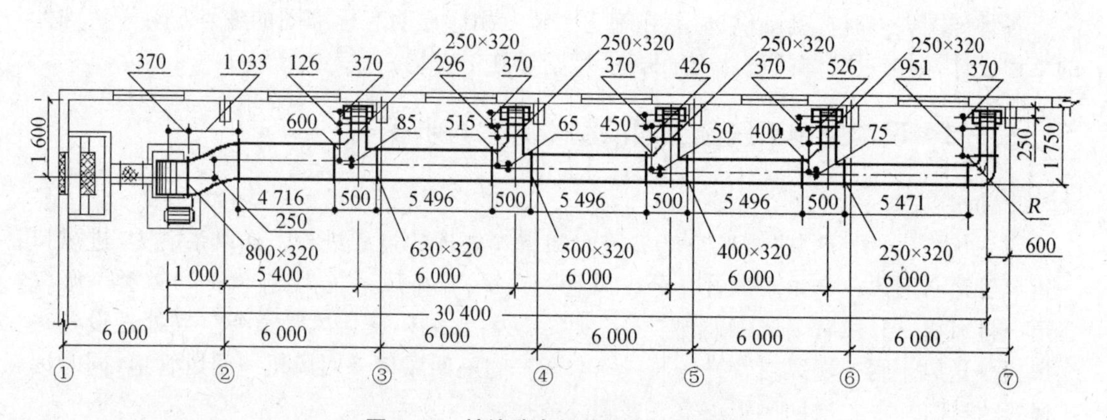

图 5.37　某铸造车间通风系统平面图

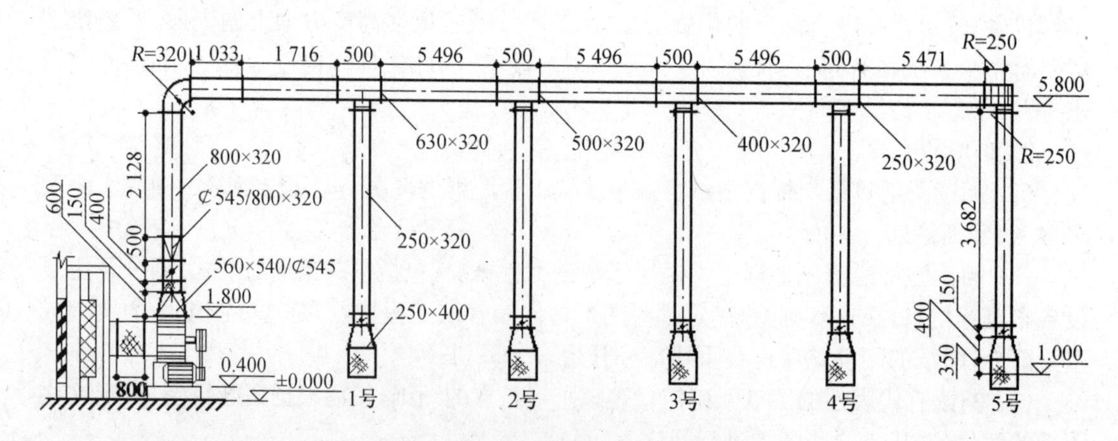

图 5.38　铸造车间通风系统立面图

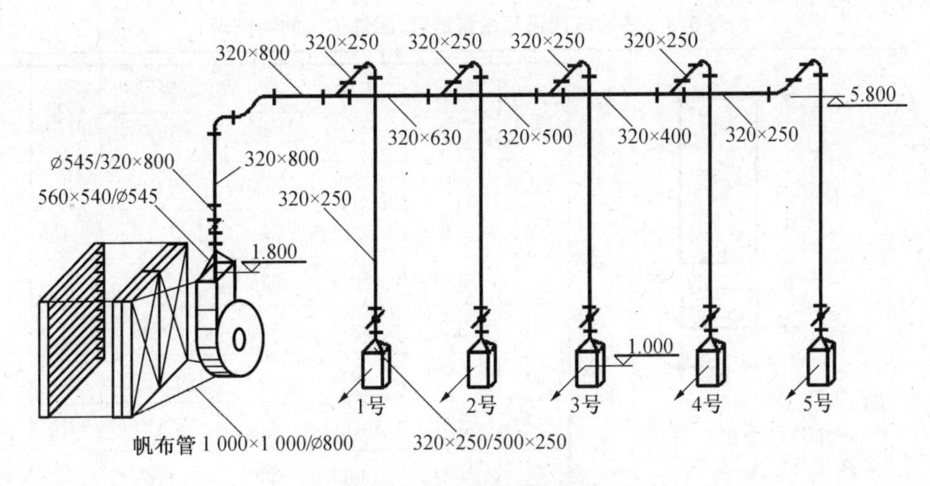

图 5.39　通风管网系统图

由图 5.37 至图 5.39 可以看出，通风系统风机出口中心的安装位置尺寸是：离地面±0.000 高 1.800 m，距北面墙面 1 600 mm，距②轴线柱子中心 1 000 mm；风机出口与方圆变径管（560×540/ϕ545 mm）连接，将方形出口变成圆形口，以便与圆形接口的风机启动阀连接；为了减轻风机振动的传动，在方圆变径管后接有风管软接头（长 150 mm），然后再与风机启动蝶阀相接；风机启动蝶阀后又接有一个方圆变径管（ϕ545/800×320 mm），将圆形口重新变成方形口；后面依次接上矩形直风管、弯头、来回变（偏心 250 mm）和水平干风管；水平干直风管上依次的四个三通和末端的弯头分别接出五个支管（320×250 mm），它们通过各自的短管、弯头、竖直管、矩形蝶阀、方圆变径管与空气分布器连接。

各末端空气分布器送风口中心的安装位置尺寸是：离地面±0.000 高 1.000 m，距北面墙面 250 mm，距相应轴线柱子中心 600 mm（如 5 号末端送风口与⑦轴线柱子中心的距离）。

通风水平干管的管底标高是 5.8 m，外侧面离墙面间离是 1750 mm；水平干管三通分支后，风管截面积依次缩小为 320 mm×630 mm、320 mm×500 mm、320 mm×400 mm、320 mm×250 mm，但风管截面的高度不变，为 320 mm。

图 5.40 和表 5.3 是通风系统风管、管件及配件等编号与加工的明细表。

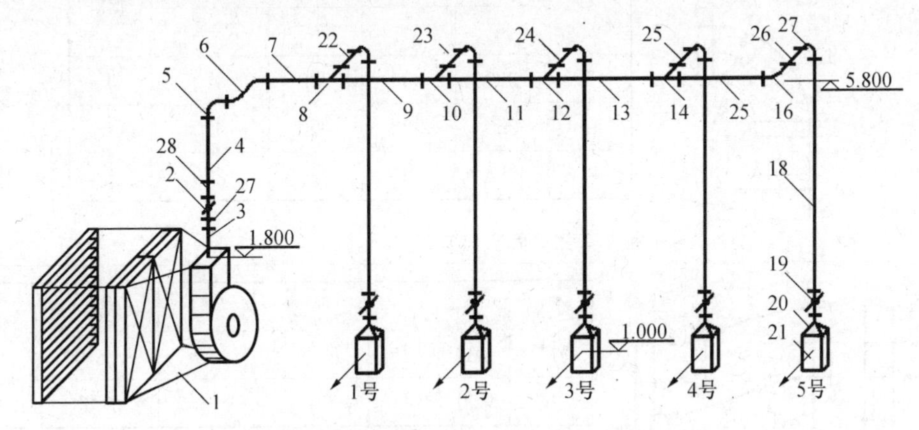

图 5.40　给系统中的风管、管件及配件编号

表 5.3 铸造车间通风系统的管、配件加工的明细表

一、直风管

系统编号	加工尺寸			安装尺寸	数量	附注
	A	L	B	L		
4	320	2 132	800	2 128	1	
7	320	4 716	800	4 716	1	
9	320	5 496	630	5 496	1	
11	320	5 496	500	5 496	1	
13	320	5 496	400	5 496	1	
15	320	5 471	250	5 471	1	
18	250	3 682	320	3 682	5	
22	250	126	320	126	1	
23	250	296	320	296	1	
24	250	426	320	426	1	
25	250	526	320	526	1	
26	250	951	320	951	1	

加工要求：

① 采用咬口连接；

② 采用角钢 ∟ 25×4 法兰；

③ 风管材料使用 A_3 镀锌铁皮。当风管大边尺寸 $<$440 mm时，取铁皮厚度 $\delta=0.6$ mm；当风管大边尺寸 440 mm $<\delta<$ 775 mm 时，取铁皮厚度 $\delta=0.7$ mm；775 mm $<\delta$ 时，取 $\delta=0.82$ mm

二、分流三通

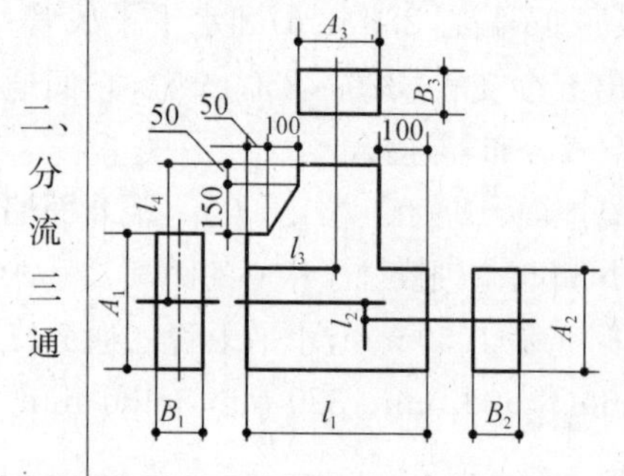

系统编号	加工尺寸						安装尺寸				数量
	A_1	B_2	A_2	B_2	A_3	B_3	l_1	l_2	l_3	l_4	
8	800	320	630	320	250	320	500	85	275	600	1
10	630	320	500	320	250	320	500	65	275	515	1
12	500	320	400	320	250	320	500	50	275	450	1
14	400	320	250	320	250	320	500	75	275	400	1

加工要求：同直风管

三、弯头

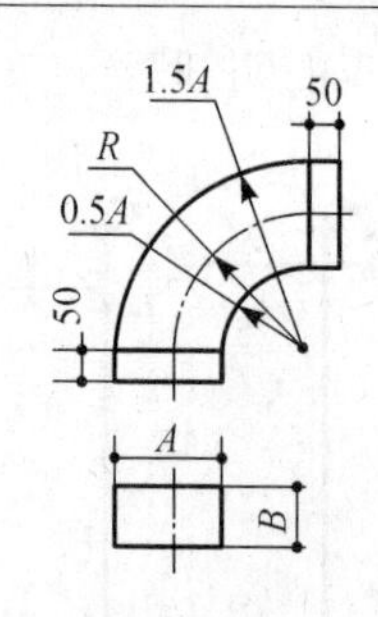

系统编号	加工尺寸			安装尺寸	数量
	A	B	R	$R+50$	
5	320	800	320	370	1
16	250	320	250	300	1
17	250	320	320	370	5

加工要求：同直风管

四、来回弯

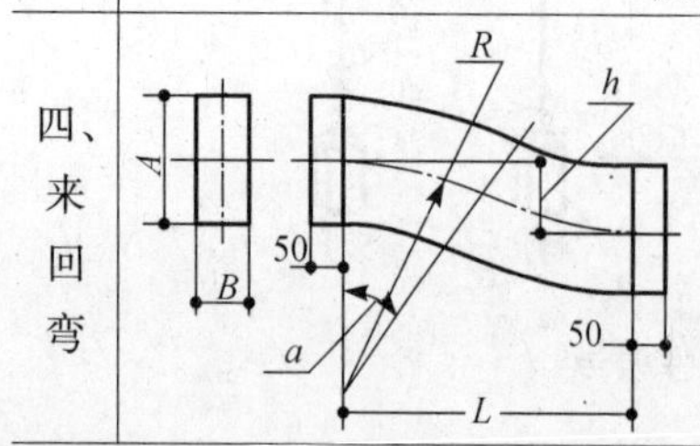

系统编号	加工尺寸					安装尺寸	数量
	A	B	R	α	h	$L+100$	
6	800	320	933	30°	250	1 033	1

加工要求：同直风管

续表 5.2

五、变径管

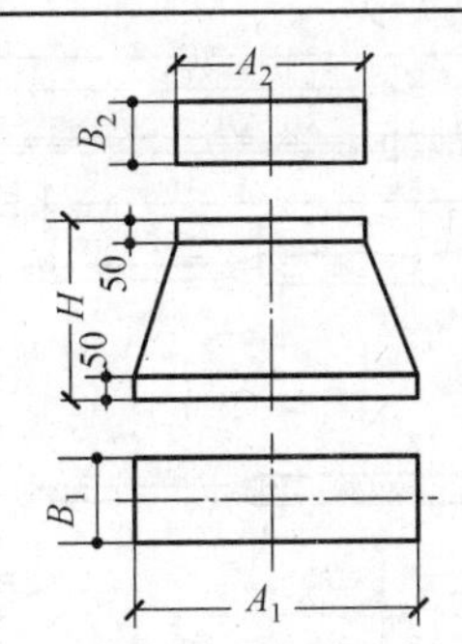

系统编号	加工尺寸				安装尺寸	数量
	A_1	B_1	A_2	B_2	H	
20	250	320	500	250	400	5

加工要求：同直风管

六、天圆地方

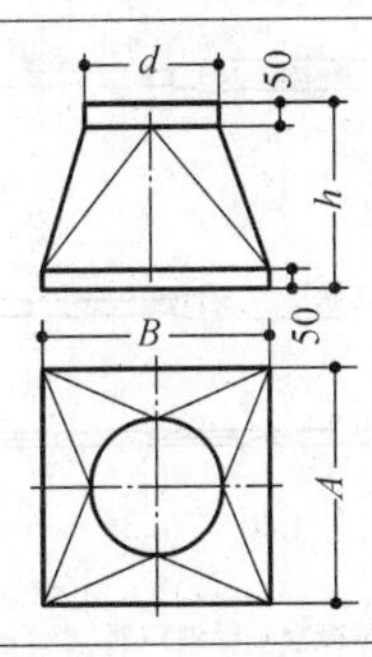

系统编号	加工尺寸			安装尺寸	数量
	A	B	d	h	
28	560	640	545	600	1
3	320	800	545	500	1

加工要求：同直风管

七、部件

系统编号	部件名称	型号规格	安装尺寸 H	数量	图号
1	帆布连接管	1 000×1 000/ϕ800	800	1	
2	风机启动阀	7#	400	1	T301-5
19	矩形蝶阀		150	5	T302-9
21	空气分布器	矩形 3#	700	5	T206-1
27	帆布连接管	320×800	150	1	

帆布连接管加工要求：
① 采用角钢法兰，并与帆布短管连接要紧密；
② 帆布刷干性油漆两度

附注：(1) 所有加工件两侧均按规定装配好法兰；
(2) 当风管管长 $L>5$ m 时，可根据施工及运输条件，将风管加工成长度相等的两段风管，中间用法兰连接；
(3) 当风管大边长度≥630 mm，风管管长 $L>1.2$ m 时，风管应进行加固。加固方法采用角钢加固框，角钢采用 ∟25×4。加固框铆接在风管外侧，框与框（或框与法兰）间距为 1 200～1 400 mm，铆钉规格 ϕ4×8，铆钉间距为 150～200 mm。
(4) 所有加工件均应在加工后编号出厂，以便于现场安装。

2. 以某大厦多功能厅空调施工图为例

图 5.41、图 5.42 和图 5.43 为多功能厅空调平面图、剖面图和风管系统轴测图。

由图 5.41 至图 5.43 可以看出，变风量空调机组箱 1 侧面离墙面一边是 1 000 mm，一边 500 mm，其出口距地面高 2 405 mm(＝150 mm＋2 255 mm)；出口通过风管软接头、短直风管与矩形变径管相连接，使风管截面变成 500 mm×1 500 mm；再通过变截面后的直风管进入吊顶(标高 3 500 mm)与弯头相接；弯头又通过矩形变径管(500 mm×1 500 mm/500 mm×1 250 mm)与水平干管相连接，并在水平干管上设有微穿板消声器 2；水平干管的管底标高是 4.000 m，后面通过两个三通过和末端的弯头分别与三个矩形支管(截面尺寸分

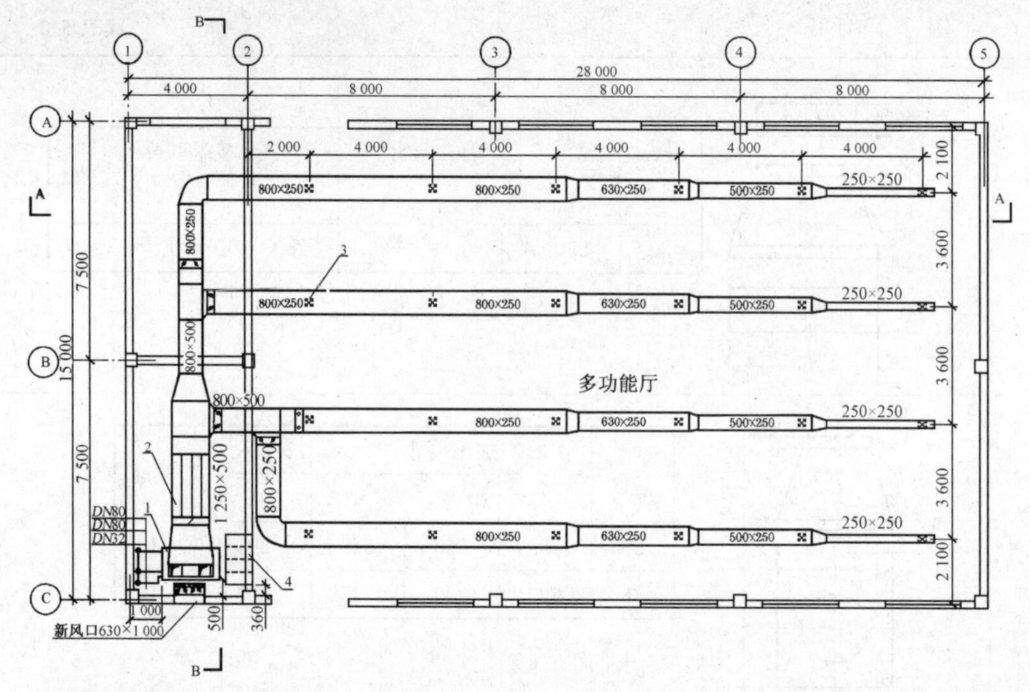

1. 变风量空调箱BFP×18，风量18 000 m³/h,冷量150 kW,余压400 Pa，电机功率4.4 kW。 2. 微穿孔板消声器1 250 mm×500 mm。 3. 铝合金方形散流器240 mm×240 mm，共24只。 4. 阻抗复合式消声器1 600 mm×800 mm，回风口。

图 5.41　多功能厅空调平面 1：150

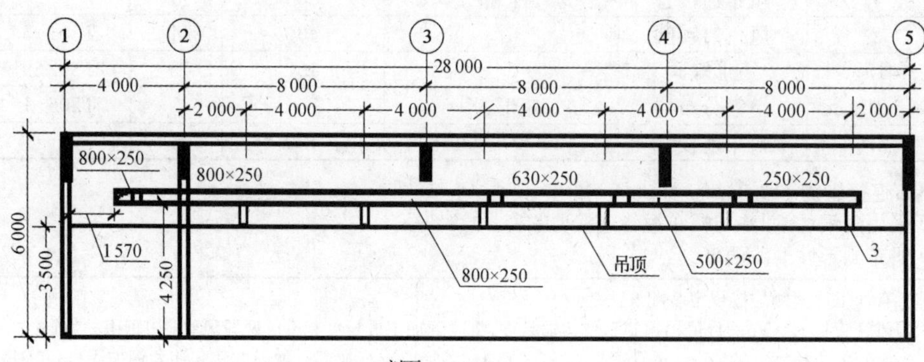

A—A 剖面　1:150

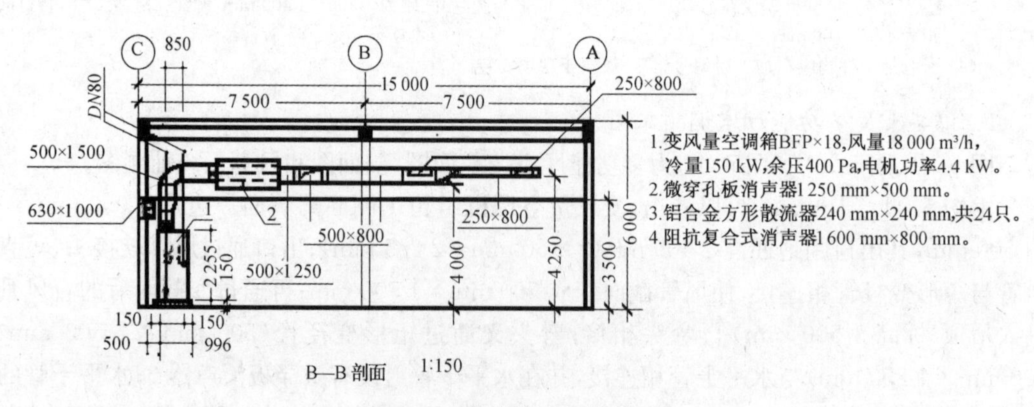

B—B 剖面　1:150

图 5.42　多功能厅空调剖面图

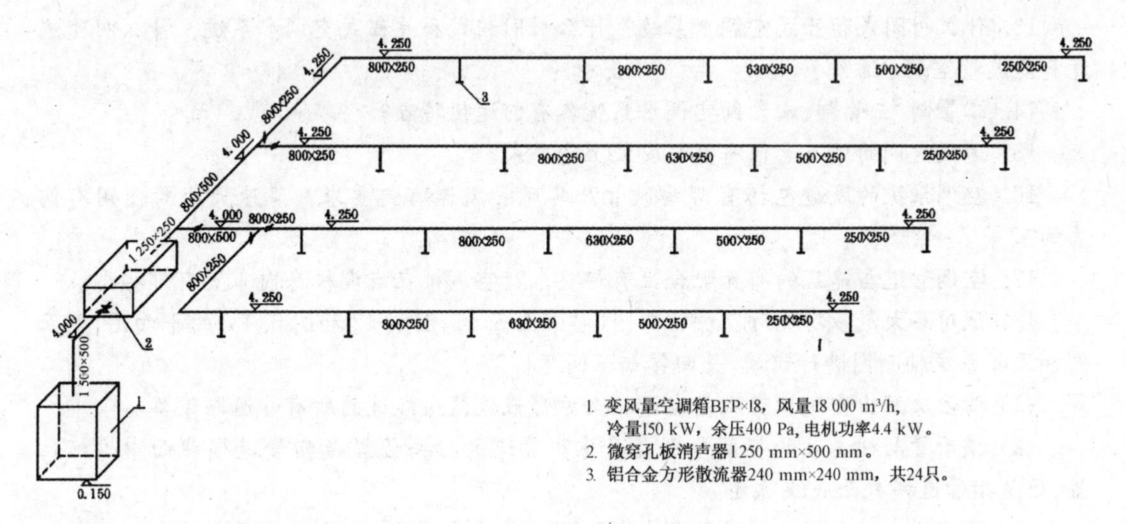

图5.43　多功能厅空调风管轴侧图

别是：800 mm×500 mm、800 mm×250 mm、800 mm×250 mm，管底标高依次是4.000 m、4.250 m、4.250 m）连接，并在每一个分支处设置有手动对开式多叶调节阀；在第一条支管线上又通过一个三通分出两条支管（截面尺寸都为800 mm×250 mm，管底标高变成4.250 m），在分支处也设置有手动对开式多叶调节阀；在上述四条支管线上均匀布置有4×6个铝合金方形散流器3（支管之间相距3 600 mm，支管上的散流器相距4 000 mm），支管截面尺寸也从800 mm×250 mm逐步缩小为630 mm×250 mm→500 mm×250 mm→250 mm×250 mm。

复习思考题

1. 通风与空气调节在概念上有哪些区别？

2. 通风空调中所指的工业有害物有哪几个方面？它们对人体有何危害？

3. 根据《采暖通风与空气调节设计规范》，试查出哈尔滨市的夏季通风室外计算温度、相对湿度、冬季通风室外计算温度和空气调节的夏季空气调节室外计算温度、湿球温度。

4. 室内空气的计算参数主要有哪些？应参考哪些因素来确定？

5. 在舒适性空调中，室内设计参数：温度、相对湿度和风速通常为多少？

6. 试分别叙述出自然通风和机械通风的基本原理与特点。

7. 机械通风按通风系统应用范围分，可分成哪两种类型？局部通风和全面通风又有哪些分类？

8. 通风系统通常由哪些设备及部件组成？对进、排风装置的设置位置有何要求？

9. 按空气处理设备的布置情况分，空气调节系统有哪几种类型？各有何使用的优缺点？集中式空调系统按照利用回风的情况又有哪几种类型？它们各有何使用特点？半集中式空调系统又有哪两种？

10. 什么叫全空气系统、全水系统、空气—水系统与制冷剂系统？

11. 空气处理设备主要有哪几种类型？

12. 常采用哪些措施来减少或降低通风空调系统的噪声与振动？

13. 什么叫闭式和开式空调水系统？什么叫同程式和异程式空调水系统？什么叫变流量和定流量空调水系统？

14. 二管制、三管制、四管制空调水系统各有何运用特点？

15. 通风空调的风道有何布置与安装上的要求？

16. 空调系统的风道包括有哪些风管？其风管风速有何要求？风速大小对使用有何影响？

17. 空调管道与建筑的布置配合上有何要求？空调机在空调机房内布置有哪些要求？

18. 试对某大厦多功能厅空调施工图(参书图 5.41、图 5.42 和图 5.43)的平面图、剖面图和风管系统轴测图进行识读，并回答如下问题：

(1) 请依次写出空气从变风量空调箱至方形散流器所经过的所有管道与设备。

(2) 横干管与横支管的标高分别是多少？管道的标高位置是指管道横截面中心线位置，还是指管道横截面底线位置？

(3) 请问横支管之间的距离是多少米？支管上的散流器又相距多少米？

(4) 靠两边墙的横支管距离边墙多少米？方形散流器安装的离地高度是多少米？

第6单元

建筑供、配电工程

学习内容

主要讲述建筑供配电系统及其组成，系统电压等级及负荷等级的划分，建筑供配电系统主要电气设备的构造、工作原理，安全用电的基本知识，接地与接零系统的有关基本概念，建筑防雷装置及防雷措施，建筑施工现场的供配电及有关规定。

学习目标

1. 了解电力系统、建筑供配电系统的组成及电压等级，负荷等级的划分；
2. 了解各种常用的高低压电气设备的结构、型号及工作原理；
3. 了解电力线路的组成、构造、特征及敷设方式；
4. 了解安全电压、电流的基本概念和掌握安全用电、防止触电的有效措施；
5. 理解工作接地、保护接地、重复接地和等电位连接的概念和作用；
6. 掌握低压系统接地的各种形式及其适用的场合；
7. 了解防雷装置的组成、种类及其适用的场合，建筑物的防雷等级及相应的防雷措施；
8. 了解施工现场的供电形式及有关负荷计算、变电所位置的选择布置、导线和电缆的选择，掌握施工现场电力供应平面图绘制，熟悉施工现场临时用电的有关规定。

6.1 建筑供配电系统的基本组成及等级划分

6.1.1 电力系统的组成及额定电压等级

1. 供配电电力系统的基本组成

如图6.1所示是发电厂到用电户的送电过程示意图，由此看出，供配电电力系统是由发电厂(或发电站)、电力网和用电户三部分组成的。

(1) 发电厂　它是将自然界蕴藏的各种一次能源(如热能、水能、原子能、太阳能等)转换为二次能源的一种电能的工厂，比如有水力发电厂、火力发电厂、核能发电站以及风力发电厂、地热发电厂、太阳能发电厂等。

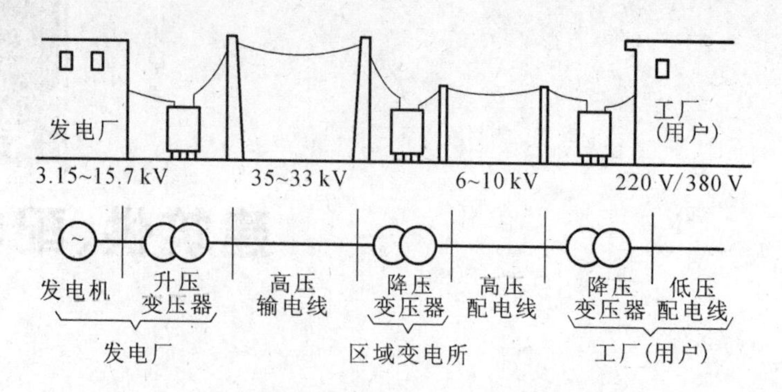

图 6.1　发电厂到用户的送电过程示意图

(2) 电力网　电力网是发电厂和用户之间进行电力输送、变换和分配环节的整体，由各级电压的电力线路及其所联系的变配电所组成。

为降低发电成本，发电厂常建在远离城市的地区，或建在一次能源丰富的地区附近；受绝缘材料和设备制造成本的限制，发电机所发的电压又不能太高，而它生产的电能除了直接供应给发电厂附近的用户外，还要进行远距离输送。为了减少输送过程中电压损失和电能损耗，要求高压输电，即用升压变压器把发电机的出口端电压升高进行输送；远距离输送到用户区的电能，为了安全和方便用户，又通过降压变压器将高压降为低压再供给用户使用。

把电压升高或降低并向外分配和输送的场所叫变电所。其中将低电压变换为高电压的是升压变电所，将高电压变换到合适低电压的是降压变电所。

电力线路是输送电能的通道。一般情况下，大型发电厂与电能用户相距较远，所以，需要各种不同电压等级的电力线路作为发电厂、变电所和电能用户之间联系的纽带，使发电厂生产的电能源源不断地输送到电能用户。通常，把发电厂生产的电能直接分配给用户或由降压变电所分配给用户的 10 kV 及以下的电力线路称为配电线路，把电压在 35 kV 及以上的高压电力线路称为输电线路。

(3) 电能用户　在电力系统中，所有的用电设备或用电单位均称为电能用户（又称电力负荷）。

(4) 电力系统　为了更经济合理地利用动力资源，减少能源损耗，降低发电成本，大大提高供电可靠性，保证用户供电不中断，有利于国民经济发展，用各种电压的电力线路将一些发电厂、变配电所和电力用户联系起来的一个发电、输电、变电、配电和用电的整体，称为电力系统，如图 6.2 所示。

2. 电力系统额定电压等级

根据我国规定，三相交流电力网的额定电压等级有：380 V、660 V、3 kV、6 kV、10 kV、35 kV、66 kV、110 kV、220 kV、330 kV、500 kV，习惯上把 1 kV 及以上的电压称为高压，1 kV 以下的电压称为低压。

我国电力系统中，220 kV 及以上电压等级都用于大型电力系统的主干线，输送距离在几百千米；110 kV 电压用于中、小电力系统的主干线，输送距离在 100 km 左右；35 kV 则用于电力系统的二次网络或大型建筑物、工厂的内部供电，输送距离在 30 km 左右；6～10 kV 电压用于送电距离为 10 km 左右的城镇和工业与民用建筑施工供电；电动机、电热器等用

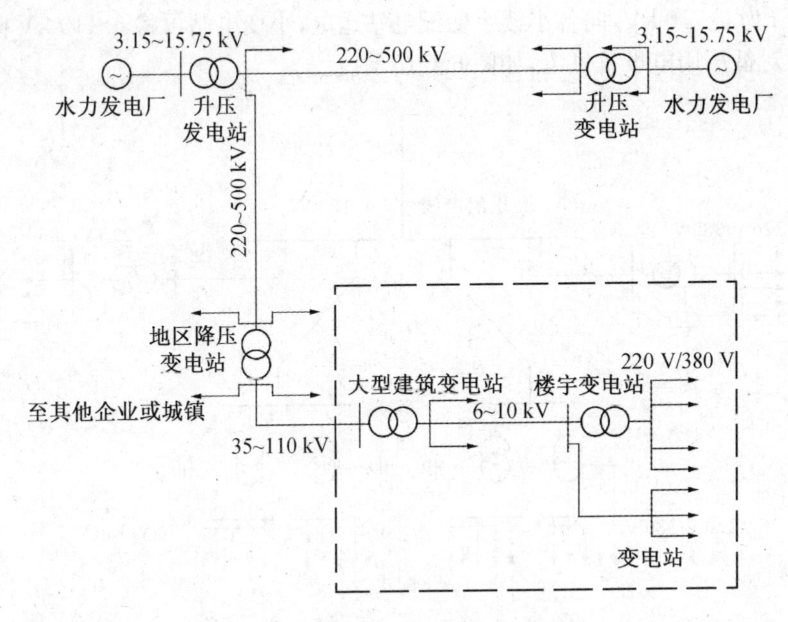

图 6.2　大型电力系统的系统简图

电设备，一般采用三相电压 380 V 和单相电压 220 V 供电。照明用电一般采用 220 V/380 V三相四线制供电。

6.1.2　建筑供配电系统及其组成

建筑供配电就是指各类建筑所需电能的供应和分配。各类建筑为了接受从电力系统送来的电能，就需要有一个内部的供配电系统。这种接受电源的输入，并进行检测、计量、变换，然后向电能用户分配电能的系统就称之为建筑供配电统。它是从电源引入线开始到所有用电设备入线端为止的整个网络，由高低压配电线路、变电站（包括配电站）和用电设备组成。

1. 小型民用建筑设施供电系统

小型民用建筑设施的供电，一般只需要设立一个简单的将 6～10 kV 电压降为 220 V/380 V 的变电所，其供电系统如图 6.3 所示。对于 100 kW 以下用电负荷，一般不设变电所，只采用 220 V/380 V 低压电源进线，设立一个低压配电室即可。

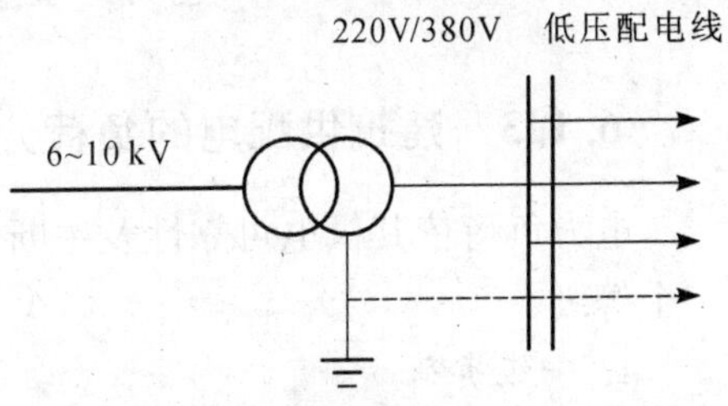

图 6.3　小型民用建筑设施供电系统简图

2. 中型民用建筑设施供电系统

中型民用建筑设施的供电，一般电源进线为 6～10 kV，经过高压配电所，再用几路高压配电线，将电能分别送到各建筑物变电所，降为 220 V/380 V低压，供给用电设备，如图 6.4 所示。

3. 大型民用建筑设施供电系统

大型、特大型建筑设有总降压变电站，电源进线一般为 35 kV，需要经过两次降压，第一次由 35 kV 降为 6～10 kV，向各小楼宇变配电站送电，小变电站再将 6～10 kV 降为220 V/380 V 电压，对低压用电设备供电，如图 6.5 所示。

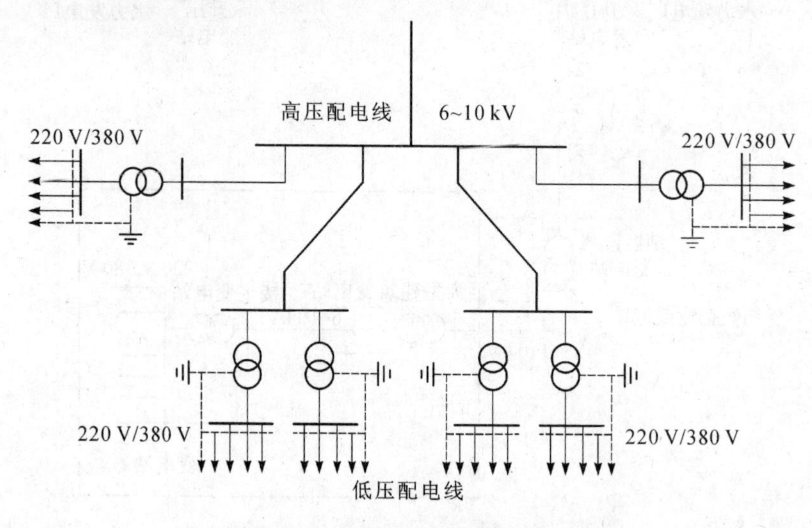

图 6.4　中型民用建筑设施供电系统简图

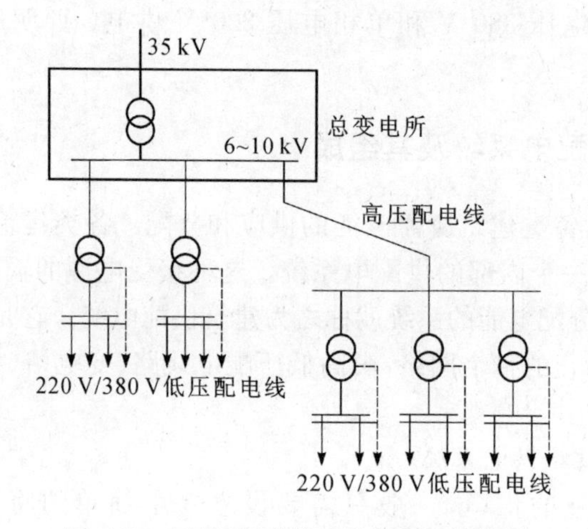

图 6.5　大型民用建筑设施供电系统简图

6.1.3　建筑供配电的负荷分级及其对供电要求

电力负荷依其供电可靠性及中断供电在政治、经济上所造成的损失或影响程度，分为三个等级。

1. 一级负荷

一级负荷为中断供电将造成人身伤亡或产生重大政治影响、重大经济损失或造成公共场所秩序严重混乱的电力负荷，如重大设备损坏、重大产品报废、用重要原料生产的产品大量报废、国民经济中重点企业的连续生产过程被打乱需要长时间才能恢复等；中断供电将影响有重大政治、经济意义的用电单位的正常工作者，如重要铁路枢纽、重要通信枢纽、重要宾馆、经常用于国际活动的大量人员集中的公共场所等用电单位中的重要电力负荷。

在一级负荷中，当中断供电将发生中毒、爆炸和火灾等情况的负荷，以及特别重要场所的不允许中断供电的负荷应为特别重要负荷，如民用建筑中大型金融中心的关键电子计算机系统和防盗报警系统、大型国际比赛场(馆)的记分系统及监控系统等；工业生产中正常电源中断时处理安全停产所必需的应急照明、通信系统、保证安全停产的自动控制装置等。

一级负荷要求两个电源供电，一备一用；对一级负荷中特别重要的负荷，除上述两个电源外，还必须增设应急电源，以保证供电的连续性。

2. 二级负荷

二级负荷为中断供电将在政治、经济上造成较大损失的负荷，如主要设备损坏、大量产品报废、连续生产过程被打乱需较长时间才能恢复；重点企业大量减产等；中断供电将影响重要用电单位正常工作的负荷，如交通枢纽、通信枢纽等用电单位中的重要电力负荷，以及中断供电将造成大型影剧院、大型商场等较多人员集中的重要公共场所秩序混乱的负荷。

二级负荷要求两回路供电。供电变压器亦应有两台(两台变压器不一定在同一变电所)，做到当发生电力变压器故障或电力线路常见故障时不致中断供电或中断后能迅速恢复。在负荷较小或地区供电条件困难时，可由一条 6 kV 的回路及 6 kV 以上专用架空线供电；当采用电缆线路时，应采用两根电缆供电，其每根电缆应能承受 100%的二级负荷。

3. 三级负荷

三级负荷为一般的电力负荷，所有不属于一、二级负荷者。

三级负荷属不重要负荷，对供电电源无特殊要求。

6.2　供配电的主要电气设备

6.2.1　变配电所及主要电气设备

变电所担负着从电力系统受电、经过变电，然后再配电的任务；配电所担负着从电力系统受电，然后直接配电的任务，所以变配电所是建筑供配电系统的枢纽和工业企业及各类民用建筑的电能供应中心，在建筑中占有重要的地位。

一般中小型企业、民用建筑的用电量不多，多采用 6～10 kV 变电所供电；大型企业，大型、特大型建筑用电量多，多采用 35 kV 变电所供电。变电所一般由电力变压器、高压配电室、低压配电室等组成。根据实际需要，有的变电所内还设有高压电容器补偿室、控制室、值班室等。

在 6～10 kV 的民用建筑供配电系统中，担负着输送和分配电能任务的电路中的电气设备称为一次设备(凡用来控制、指示、监测和保护一次设备运行的电路中的设备称为二次设备)。常用的高压一次电气设备有：高压熔断器、高压隔离开关、高压负荷开关、高压断路器、高压开关柜和避雷器等。常用的低压一次电气设备有：低压闸刀开关、低压负荷开关、低压熔断器和低压配电屏等。互感器属高压一次设备。

1. 常用高压设备

(1) 高压熔断器　高压熔断器是电网中广泛采用的保护电器，当通过熔断器的电流超过其规定值并经过一段时间后，熔断器的熔体本身发热熔断，借灭弧介质的作用使电路切断，从而达到保护线路和电气设备的目的。熔断器的功能主要是对电路及其电气设备进行短路保护，有时也对过负荷保护。它一般由熔管、熔帽和支架等组成。按结构不同熔断器一般分为管式与跌落式两类。户内广泛采用RN1、RN2 管式，户外则广泛采用的是 RW4-10(G)、RW10-10(F)跌落式熔断器(R—熔断器，N—户内，W—户外，G—隔离开关，F—负荷开关)。

(2) 高压隔离开关　高压隔离开关由于断开后有明显的断开间隙，且断开间隙的绝缘和相间绝缘都是足够可靠的，所以它主要用来隔离高压电源，以保证其他电气线路和设备的安全检修。但由于它没有专门的灭弧装置，因此不能带负荷操作。但却可用来通断一定的小电流，如激磁电流不超过 2 A 的空载变压器，电容电流不超过5 A的空载线路以及电压互感器和避雷器回路等。高压隔离开关按安装地点分为户内式和户外式两大类。如图 6.6 所示是GN8-10/600 型户内高压隔离开关的外形。GN8-10/600 的含义是：G—隔离开关；N—户内式；8—设计序号；10—额定电压(kV)，600—额定电流 600(A)。

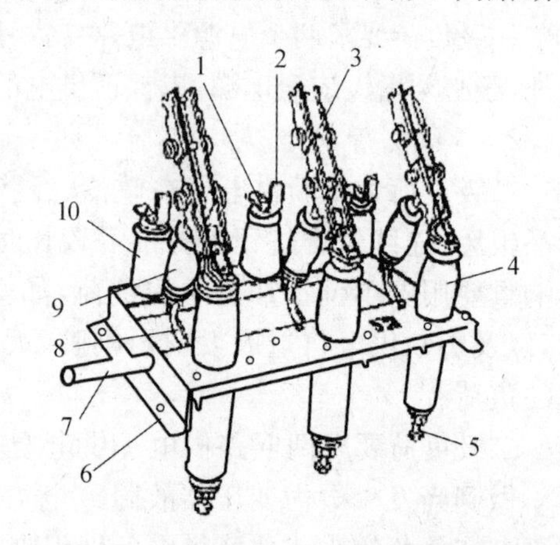

图 6.6　GN8-10/600 型高压隔离开关

1—上接线端；2—静触头；3—刀闸；4—套管绝缘子；5—下接线端；6—框架；7—转轴；8—拐臂；9—升降绝缘子；10—支柱绝缘子

(3) 高压负荷开关　高压负荷开关能通断负荷电流，也能在过负荷情况下(装有热脱扣器时)自动跳闸。它只具有简单的灭弧装置，所以它不能断开短路电流，因此，线路的短路故障只有借助与它串联的高压熔断器来予以切除(高压负荷开关与高压熔断器组合使用，可以替代昂贵的高压断路器)。同时负荷开关断开后也具有明显的断开间隙，因此也具有隔离开关隔离电源、保证安全检修的功能。户内式高压负荷开关的外形结构与隔离开关很相似，实际上，负荷开关在结构也就是隔离开关加上一个简单的灭弧装置，以便既能通断负荷电流，也能起隔离电源保证安全检修的作用。

我国自行设计的 FN3-10RT 型户内压气式高压负荷开关如图 6.7 所示。FN3-10RT的含义是：F—负荷；N—户内式；3—设计序号；10—额定电压(kV)；R—熔断器；T—热脱扣器。

(4) 高压断路器　高压断路器不仅能通断正常的负荷电流，并在严重过负荷和短路时在自动保护装置下自动跳闸，切断过负荷或短路电流。高压断路器具有相当完善的灭弧装置和足够大的断流能力。高压断路器按其采用的灭弧介质不同，分为油断路器、气体(如六氟化硫)断路器和真空断路器等。

如图 6.8 所示为 SN10-10 型高压少油断路器的外形结构图。SN10-10/1000—500 的含义是：S—少油断路器；N—户内式；10—设计序号；10—额定电压(kV)；1000—额定电流

(A);500—断流容量(MVA)。高压油断路器按其油量多少和油的作用分为多油断路器和少油断路器两大类。多油断路器的油量多,其油一方面作为灭弧介质,另一方面又作为相对地(外壳)甚至相间的绝缘介质。而少油断路器的油量很少(一般只几千克),其油只限作为灭弧介质。一般 6～10 kV 户内配置装置中多采用少油断路器。

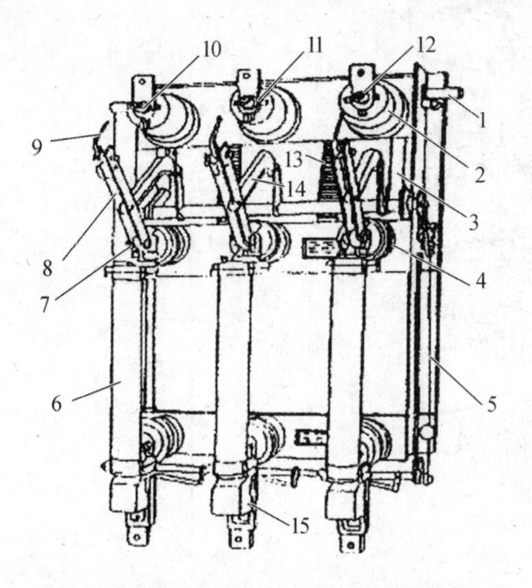

图 6.7　FN3-10RT 型户内压气式高压负荷开关

1—主轴,2—上绝缘子兼气缸;3—连杆;4—下绝缘子;5—框架;6—高压熔断器;7—下触座;8—闸刀;9—弧动触头;10—弧喷嘴(内有弧静触头);11—主静触头;12—上触座;13—断路弹簧;14—绝缘拉杆;15—热脱扣器

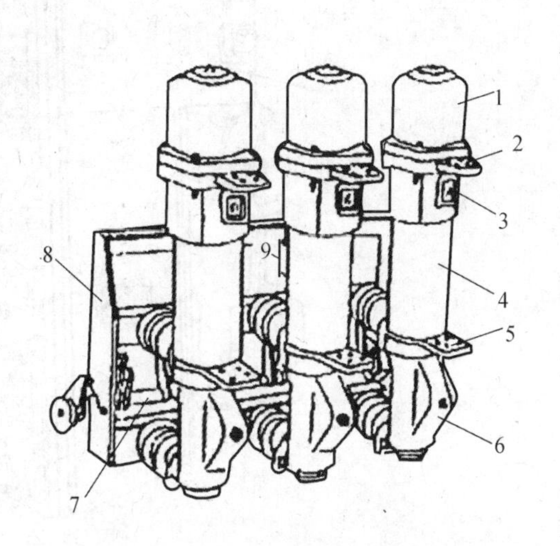

图 6.8　SN 10-10 型高压少油断路器

1—上帽;2—上出线座;3—油标;4—绝缘筒;5—下出线座;6—基座;7—主轴;8—框架;9—断路弹簧

(5) 高压开关柜　高压开关柜是按一定的接线方案将有关一、二次设备成套组装的一种高压配电装置,在变(配)电所中作为控制和保护发电机、电力变压器和高压线路之用,也可作为大型高压交流电动机的启动和保护之用。高压开关柜中安装有高压开关设备、保护电器、监测仪表和母线、绝缘子等。我国现在大量生产和广泛使用的固定式高压开关柜主要是 GG-10 型。这种开关柜采用新型开关电器,柜内空间较大,便于检修,而且技术性能也较好。如图 6.9 所示是 GG-10-07S 型高压开关柜的外形结构图。GG-10-07S 的含义是:G—高压开关柜;G—固定式;10—设计序号;07—次线路方案编号;S—手动主开关操作机构。

2. 常用低压设备

低压设备是指 1 000 V 及以下的电气设备。常用的有低压熔断器、低压开关以及低压配电屏等。

(1) 低压熔断器　低压熔断器是实现低压配电系统的短路保护或过负荷保护的一种保护元件,其工作原理和高压熔断器类似,最常用的有无填料封闭管试(RM10)、有填料封闭管式(RT0)和自复式(RZ1)熔断器。前者结构简单、价廉及更换熔片方便但断弧能力较弱;次者由于有石英砂填料,灭弧断流能力较强,但熔体多为不可拆式,不够经济;以上两者都在低压配电系统中广泛地使用。但它们有一个共同的缺点就是在实现故障保护后,必须更换熔片或熔管后才能恢复供电,因而使停电时间较长,而后者正好弥补了上述的不足。这种自复式熔断器既能切断故障电流,又能自动恢复供电,无需更换熔体,所以在低压配电系

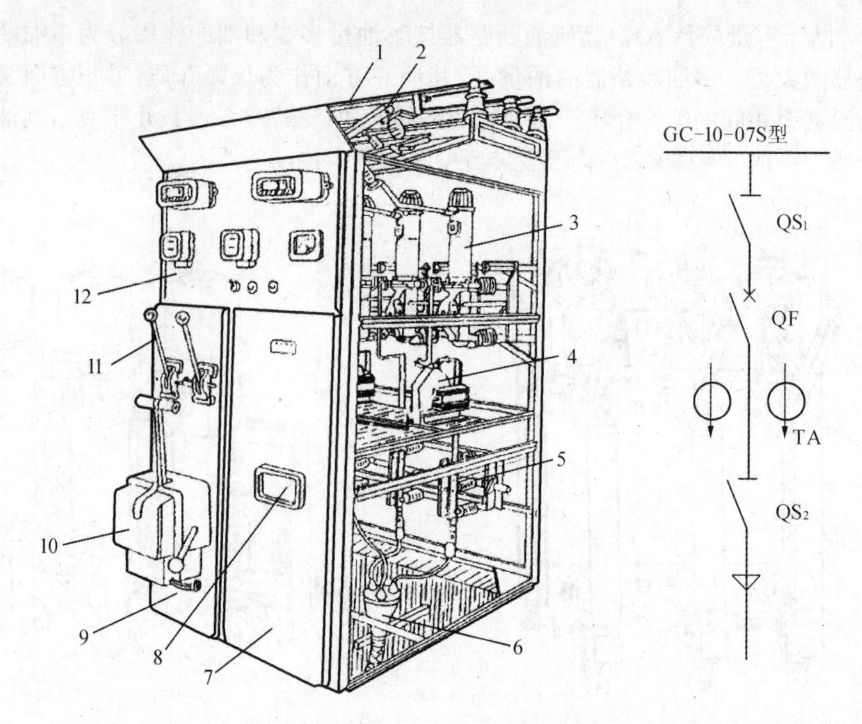

图 6.9　GG10-07S 型高压开关柜(已抽出右面的防护板)

1—母线(汇流排)；2—高压隔离开关；3—高压断路器；4—电流互感器；5—高压隔离开关
6—电缆头；7—检修门；8—观察用玻璃；9—操作板；10—高压断路器操作机构
11—高压隔离开关操作机构；12—仪表、继电器板(兼检修门)

统中的使用愈来愈广泛。

(2) 低压刀开关　低压刀开关按其灭弧结构分有带灭弧罩的和不带灭弧罩的两种。不带灭弧罩的只能在无负荷下或小负荷下操作，作为隔离开关使用；带灭弧罩的能通断一定的负荷电流。

(3) 低压负荷开关　负荷开关由带灭弧罩的刀开关和熔断器组成，它有开启式和封闭式两类，前者外罩开启式胶盖，后者外装封闭的金属外壳。它能有效地通、断负荷电流，且能进行短路保护，使用方便，造价低廉，在负荷不大的低压配电系统中得到广泛应用。

(4) 低压断路器　低压断路器又称低压自动空气开关。它既能带负荷通断正常的工作电路又能在短路、过负荷及电路失压时自动跳闸，其功能与高压断路器类似，因此被广泛应用于低压配电系统中。

(5) 低压配电屏　低压配电屏按一定的接线方案将同一回路的开关电器、母线、测量仪表、保护电器和辅助设备等都配装在封闭的金属柜中，成套供应给用户。在低压系统中作动力和照明配电用。抽屉式低压配电屏虽然更换方便，性能优越但价格较贵，所以固定式 PGL1 和 PGL2 型使用较广泛。

6.2.2　室外配电线路

配电线路是供配电系统的重要组成部分，担负着输送和分配电能的重要任务。配电线路按电压高低分为高压配电线路即 1 kV 以上的线路和低压配电线路即 1 kV 以下的线路。

高压配电线路一般用于额定电压为3 kV或6 kV的大容量电动机等设备使用，它基本上采用高压电缆沿电缆沟敷设，以下着重介绍低压配电线路。低压配电线路一般由室外配电线路和室内配电线路两部分组成。在室外配电线路中，又有架空线路和电缆线路两种。

1. 架空线路

在民用建筑的室外配电线路中，架空线路是经常采用的一种配电线路，架空线路与电缆线路相比具有投资少、安装容易、维护检修方便等优点，因而得到广泛使用。但其缺点是受外界自然因素（风、雨、雷、雪等）影响较大，故安全性、可靠性较差，并且不美观，有碍市容，所以其使用范围受到一定限制。现代化建筑有逐渐减少架空线路、改用电缆线路的趋势。

架空线路的结构形式有：6～10 kV高压三相三线线路；220 V/380 V低压三相四线线路；220 V低压单相两线线路，如图6.10所示，称为电杆架空线路；也可以用绝缘导线架设在墙壁支架的绝缘子上，如图6.11所示，称为沿墙架空线路。架空线路主要由导线、电杆、横担、绝缘子拉线和线路金具等组成。

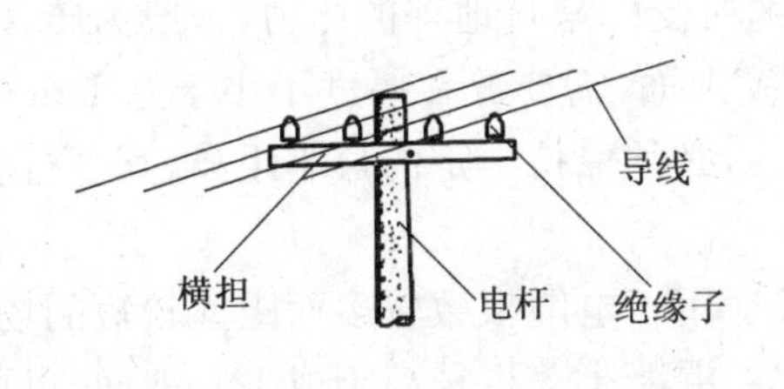

图6.10　电杆架空线路

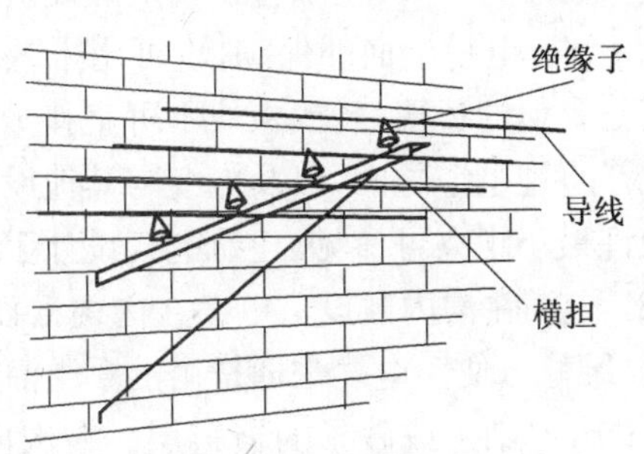

图6.11　沿墙架空线路

(1) 导线是架空线路的主体，担负着输送电能的作用。它普遍采用裸铝绞线(LJ)，35 kV以上及机械强度要求高的架空线路用钢芯铝绞线(GLJ)，接近民用建筑的接户线选用绝缘导线。导线不仅要有良好的导电性，而且还要有一定的机械强度和耐腐蚀性，尽可能质轻量轻而价廉。

(2) 电杆是支撑导线的支柱。对于电杆，主要要求有足够的机械强度，此外，还要求电杆经久耐用、价廉、便于搬运和架设等。常用的电杆按其架空线路的位置和功能分有：直线杆、直线耐张杆、转角杆、转角耐张杆、分支杆、跨越杆和终端杆等几种杆型。

(3) 横担用来安装绝缘子以固定导线，安装在电杆上部。从材料来分有木横担(已很少用)、铁横担和瓷横担。低压架空线路常用镀锌角钢横担。

(4) 绝缘子又称瓷瓶，它们固定在横担上，用来支撑、固定导线在电杆上，并使导线和横担、电杆之间绝缘，同时也承受导线的垂直荷重和水平拉力。对于绝缘子主要要求有足够的电气绝缘强度和机械强度。低压架空线路的绝缘子主要有针式和蝶式两种。

(5) 拉线是为了平衡电杆各方面的作用力，并抵抗风压以防止电杆倾倒用的，通常用直径为4 mm的镀锌铁线绑扎制成。其所需根数取决于受力情况。

(6) 金具是用于连接导线、安装横担和绝缘子等的金属构件。架空线路对金具的技术要求较高。所用金具必须经过防锈处理，有条件的应镀锌；应进行机械加工的金具，必须在防锈处理前加工完竣；加工后必须经过检查，应符合质量要求。此外，所有金具的规格必须符合线路要求，不可勉强代用。

2. 电缆线路

电缆线路与架空线路虽具有成本高、投资大、维护不便等缺点，但运行可靠、不受外界影响(特别在有腐蚀性气体和易燃易爆场所只有敷设电缆线路)、不占地、不影响美观等优点使其在现代化建筑中得到了愈来愈广泛的应用。10 kV 及以下的电缆线路比较常见，在城市中应用较多。大型民用建筑、繁华的建筑群以及风景区的室外供电，多采用电缆线路。

电缆是一种特殊的导线，在它几根(或单根)绞绕的绝缘导电芯外面，统包有绝缘层和保护层。保护层又分为内保护层和外保护层。内保护层直接保护绝缘层，而外保护层又防止内保护层受机械损伤和腐蚀。外保护层通常为钢丝或钢铠，外覆麻被、沥青或塑料护套。

电缆线路的敷设方式有：电缆直接埋地敷设、电缆在沟内敷设和电缆穿管敷设。

(1) 电缆直接埋地敷设　电缆直埋敷设是应用最多的一种敷设方式，具有施工简单、投资省、电缆散热条件好等优点，因此，在对电缆无侵蚀作用的地区，且同一路径的电缆根数不超过 6 根时，多采用电缆直接埋地敷设。直接埋地的电缆要放成一排，电缆的埋入深度不小于 0.7 m。电缆上面的保护板，可用来减小电缆所受的来自地坪的压力，一般为砖、水泥板或其他类似的板块，砖或板块不可直接放在电缆上面，需要放在厚度不小于 0.1 m 的软土层上。直埋电缆之间，以及电缆与其他设施之间，必须保持一定的最小距离，其平行和交叉的允许最小距离可参见《建筑电气设计手册》。

(2) 电缆在沟内敷设　电缆在沟内敷设方式适用于电缆根数较多而距离较短的场合，占地少，维修方便。电缆沟通常由混凝土灌成，它的混凝土盖板稍高于或平于地面，也可以加 300 mm 厚细土或砂子的覆盖层。在沟内电缆一般敷设在由角钢焊接而成的电缆支架上。支架之间的距离，一般对电力电缆不大于 1 m，对控制电缆时不大于 0.8 m。敷设在支架上的电缆之间的间隙，不得小于 50 mm，电缆也无需卡牢。

(3) 电缆穿管敷设　电缆穿管敷设主要用于室内。电缆穿管敷设的方法及要求与电线穿管敷设几乎完全相同，只是电缆具有较厚的保护层。对电缆所穿的保护管有几点要求：电缆穿管敷设时，保护管的内径不应小于电缆外径的 1.5 倍；保护管的埋设深度，在室外不得小于 0.7 m，在室内不作规定；保护管的直角弯不应多于两个；保护管的弯曲半径不能小于所穿入电缆的允许弯曲半径。

6.3 安全用电与接地

6.3.1 触电的危害及类型

人身一旦接触带电导体或电气设备的金属外壳(因绝缘损坏而带电的)时，将会有电流通过人体，从而造成触电事故，严重时(当通过人体的电流值达到危险值时)甚至导致人身伤亡。

人体触电通常分为两种：一种是人体触及带电体，使电流通过身体发生触电，称为电击，又称为内伤；另一种是操作人员带重负荷拉闸时，在开关处产生强烈的电弧，使电弧烧伤人体皮肤，称为电伤，又叫外伤。当烧伤面积不大时，电伤通常不至于生命危险。而电击则是最危险的一种。在高压电的触电事故中，上述两种情况都存在，而对于低压来讲，主要是指电击。

6.3.2　安全电流、安全电压

安全电流是指人体触电后最大的摆脱电流。电击触电的危害程度决定于通过人体电流的大小及通电时间的长短。我国一般取30 mA(50 Hz交流)为安全电流值，也就是人体触电后最大的摆脱电流30 mA(50 Hz)，但通电时间不超过1 s，所以这安全电流也称30 mA·s。如果通过人体电流不超过30 mA·s时，不致引起心室纤维性颤动和器质性损伤，所以对人身机体不会有损伤；但如果通过人体电流达到50 mA·s时，对人就有致命危险；而达到100 mA·s"致命电流"时，一般要致人死命。

安全电压是指不致使人直接致死或致残的电压。我国根据具体环境条件的不同，规定了安全电压有三个电压等级：12 V、24 V、36 V。一般情况下空气干燥、工作条件好时为36 V；较潮湿的环境下为24 V；潮湿环境下为12 V或更低。所以应该注意，安全电压是一个相对的概念，某一种工作环境中的安全电压，在另一种工作环境中可能不再是安全的。

实际上，从电气安全的角度来说，安全电压与人体电阻是有关系的，而人体电阻的大小又与皮肤表面的干湿程度、接触电压有关。从人身安全的角度考虑，取人体电阻的下限1 700 Ω，根据人体可以承受的电流值30 mA，可以用欧姆定律求出安全电压值。即

$$U_{saf}=30\ \text{mA}\times1\ 700\ \Omega\approx50\ \text{V}$$

这50 V(50 Hz)称为一般正常环境下允许持续接触的"安全特低电压"。

6.3.3　防止触电、保证电气安全的措施

为确保用电安全，防止触电事故的发生，除了必须加强电气安全教育和建立完善的安全管理体制外，还需要在电气装置中采取相应有效的防护措施，这些措施包括直接触电防护和间接触电防护两类。

1. 直接触电防护

这是指对直接接触正常带电部分的防护。直接触电防护可根据工作环境的不同，采取超低压供电。根据安全电压等级，一般要求相间电压小于或等于50 V，如在有触电危险的场所使用的手持式电动工具，采用50 V以下的电源供电；在矿井或多粉尘场所使用的行灯，采用36 V电源；对使用中有可能偶然接触裸露带电体的设备采用24 V电源；用于水下或金属炉膛内的电动工具及照明设备，则采用12 V电源。对不能采取超低压供电，而人体又可能接触到的带电设备，则对该设备加隔离栅栏或加保护罩等。

2. 间接触电防护

这是指对故障时可带危险电压而正常时不带电的设备外露可导电部分(如金属外壳、框架等)的防护。例如，采取适当的接地或接零保护措施即将正常时不带电的外露可导电部分接地，并根据需要选择适当型号和参数的漏电保护器与低压配电系统的接地或接零保护配合使用，防止各种故障情况下出现人身伤亡或设备损坏事故的发生，使低压配电系统更加安全可靠地运行。

直接触电防护较简单，下面着重介绍有关间接触电防护的相关内容。

6.3.4 电气装置的接地

1. 接地的有关概念

电气设备的某部分与大地之间做良好的电气连接，称为接地。接地体，或称接地极是指埋入地中并直接与大地接触的金属导体。接地体又分人工接地体和自然接地体两种，前者是专门为接地而人为装设的接地体，后者是兼作接地体用的直接与大地接触的各种金属构件、金属管道及建筑物的钢筋混凝土基础等。连接接地体与设备、装置接地部分的金属导体，称为接地线。接地线在设备、装置正常运行情况下是不载流的，但在故障情况下要通过接地故障电流。接地线与接地体合称为接地装置。由若干接地体在大地中相互用接地线连接起来的一个整体，称为接地网。

2. 接地的形式

电力系统和电气设备的接地，按其作用不同分为：工作接地、保护接地和重复接地等。

(1) 工作接地　工作接地是为保证电力系统和设备达到正常工作要求而进行的一种接地，例如在电源中性点直接接地的电力系统中，变压器、发电机的中性点接地等。

电力系统的工作接地又有两种方式，一种是电源的中性点直接接地称大电流接地系统，一种是电源的中性点不接地或经消弧线圈接地，称小电流接地系统。建筑 6～10 kV 供电系统均为中性点不接地或经消弧线圈接地的小电流接地系统。在 110 V 以上的超高压和 380/220 V 的低压系统中多采用中性点接地的大电流接地系统。低压配电系统中工作接地的接地电阻一般不大于 4 Ω。

各种工作接地有各自的功能。例如电源中性点直接接地，能在运行中维持三相系统中相线对地电压不变；而电源中性点经消弧线圈接地，能在单相接地时消除接地点的断续电弧，防止系统出现过电压；电源的中性点不接地，能在单相接地时维持线电压不变，使三相设备仍能照常运行；至于防雷装置的接地，其功能更是显而易见的，不进行接地就无法对地泄放雷电流，从而无法实现防雷的要求。

(2) 保护接地　电气设备的金属外壳可能因绝缘损坏而带电，为防止这种电压危及人身安全而人为地将电气设备的外露可导电部分与大地做良好的连接称为保护接地。保护接地的接地电阻不大于 4 Ω。保护接地的形式有两种：一种是电气设备的外露可导电部分经各自的 PE 线(保护线)分别直接接地(如在 TT、IT 系统中)，我国电工技术界习惯称为保护接地；另一种是电气设备的外露可导电部分经公共的 PE 线(如在 TN-S 系统中)或 PEN 线(如在 TN-C 和在 TN-C-S 系统中)接地，我国电工技术界习惯称为保护接零。

根据系统接地形式，将低压配电系统分为三种：IT 系统、TT 系统和 TN 系统。

① TN 系统：TN 系统的电源中性点直接接地，并引出有 N 线，属三相四线制大电流接地系统。系统上各种电气设备的所有外露可导电部分(正常运行时不带电)，必须通过保护线与低压配电系统的中性点相连(属于保护接零)。接零保护的作用是：当设备的绝缘损坏时，相线碰及设备外壳，使相线与零线发生短路，由于短路电流很大，迅速使该相熔丝熔断或使电源的自动开关跳脱，切断了电源，从而避免了人身触电的可能性。因此，接零保护是防止中性点直接接地系统电气设备外壳带电的有效措施。

按 N 线与保护线 PE 的组合情况，TN 系统分以下三种形式：

ⅰ. TN-C系统。这种系统的N线和PE线合为一根PEN(保护中性线)线，所有设备的外露可导电部分均与PEN线相连。当三相负荷不平衡或只有单相用电设备时，PEN线上有电流通过，其系统如图6.12所示，因而TN-C系统通常用于三相负荷比较平衡工业企业建筑，在一般住宅和其他民用建筑内，不应采用TN-C系统。

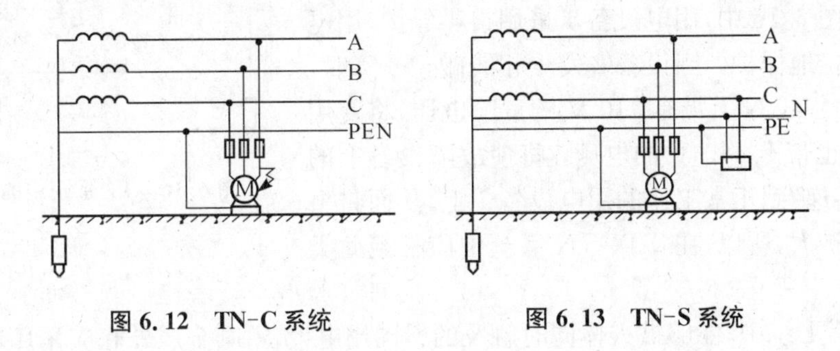

图6.12 TN-C系统 图6.13 TN-S系统

ⅱ. TN-S系统。这种系统将N线和PE线分开设置，所有设备的外露可导电部分均与公共PE线相连，TN-S系统也称为三相五线系统，其系统图如图6.13所示。这种系统的优点在于公共PE线在正常情况下没有电流通过，因而，保护线和用电设备金属外壳对地没有电压，可较安全地用于一般民用建筑以及施工现场的供电，应用较广泛。

ⅲ. TN-C-S系统。在这种保护系统中，中性线与保护线有一部分是共同的，有一部分是分开的，其系统图如图6.14所示。这种系统兼有TN-C和TN-S系统的特点。

② TT系统：TT系统的中性点直接接地，并引出有N线，而电气设备经各自的PE线接地与系统接地相互独立。TT系统一般作为城市公共低压电网向用户供电的接地系统，即通常所说的三相四线供电系统，其系统图如图6.15所示。采用TT系统，应注意下列问题：

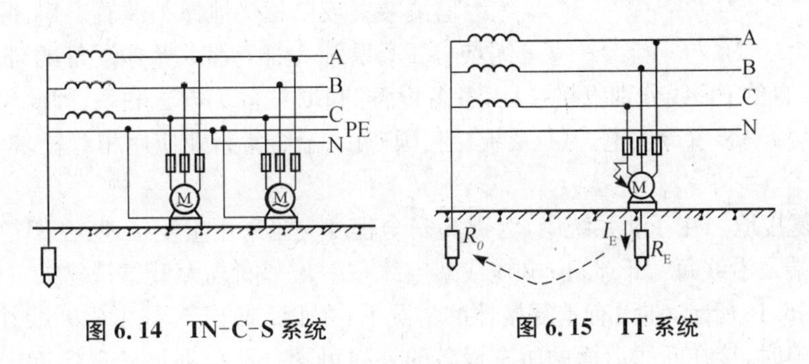

图6.14 TN-C-S系统 图6.15 TT系统

ⅰ. 在TT系统中，当用电设备某一相绝缘损坏而碰壳(图6.15)时，若系统的工作接地电阻和用电设备接地电阻均按4 Ω计算，不计线路阻抗则短路故障电流为 $I_E = 220/(4+4) = 27.5$ A。一般情况下，27.5 A的电流不足以使电路中的过电流保护装置动作，用电设备外壳上的电压为27.5 A×4 Ω=110 V，这一电压将长时间存在，对人身安全构成威胁。解决这一问题最实际有效的方法是装设灵敏度较高的漏电保护装置，使IT系统变得更加安全。漏电保护器RCD的动作电流一般很小(通常几十毫安)，即很小的故障短路电流就可使RCD动作，切断电源，从而保证人身安全。需要注意的是安装RCD后，用电设备的保护接地不可省略，否则RCD不能及时动作。

ⅱ. 对TT系统或TN系统而言，同一系统中不允许有的设备采用接地保护，同时有的设备采用接零保护，否则当采用接地保护的设备发生单相接地故障时，采用接零保护的设备的外露可导电部分将带上危险的电压。例如图6.16中，用电设备1采用接零保护，用电设备2采用接地保护。当设备2发生相线碰壳故障时，由以上分析，零线N上带有110 V的危险电压，将使用电设备1上也带上110 V的电压，将使故障设备上的危险电压"传递"到正常工作的用电设备1上，从而将事故隐患加以扩大，所以，在TT、TN系统中应杜绝此类接线方式。

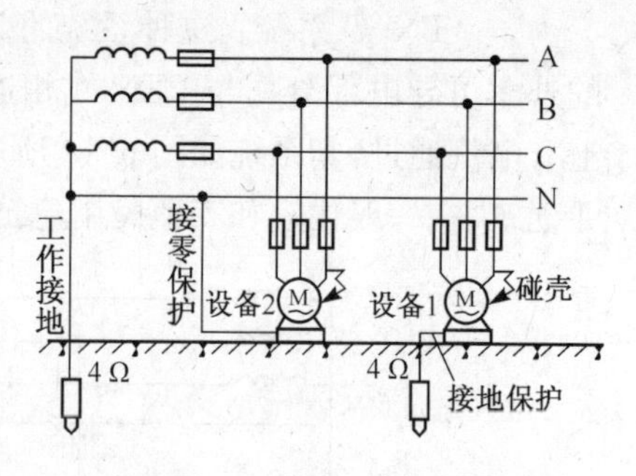

图6.16　TT系统中的错误接线

ⅲ. 在TT统中，能够被人体同时触及的不同用电设备，其金属外壳应采用同一个接地装置进行接地保护，以保证各用电设备外壳上的等电位。

③ IT系统：在IT系统中，系统的中性点不接地或经阻抗接地，不引出N线，属三相三线制小电流接地系统。正常运行时不带电的外露可导电部分如电气设备的金属外壳必须单独接地、成组接地、或集中接地，传统称为保护接地，其系统如图6.17所示。该系统的一个突出优点就在于当发生单相接地故障时，其三相线电压仍维持不变，三相用电设备仍可暂时继续运行，但同时另两相的对地电压将由相电压升高到线电压，并当另一相再发生单相接地故障时，将发展为两相接地短路，导致供电中断，因而该系统要装设绝缘监测装置或单相接地保护装置。IT系统的另一个优点与TT系统一样，是其所有设备的外露可导电部分，都是经各自的PE线分别直接接地，各台设备的PE线间无电磁联系，因此也适用于对数据处理、精密检测装置等供电。IT系统在我国矿山、冶金等行业应用相对较多，在建筑供电中应用较少。

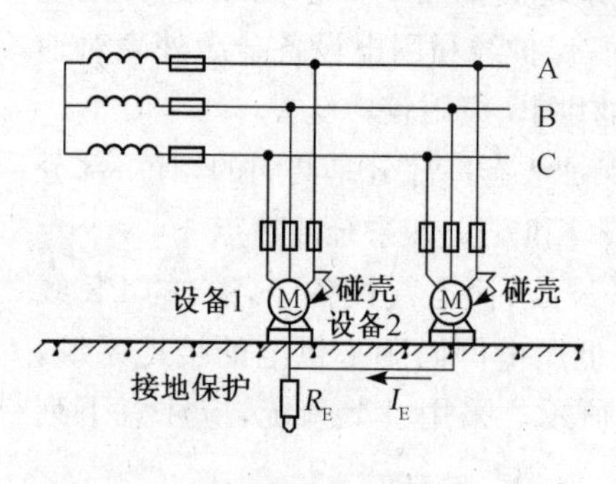

图6.17　IT系统

(3) 重复接地　在TN系统中，为提高安全程度应当采用重复接地：在架空线的干线和分支线的终端及沿线每一千米处；电缆或架空线在引入车间或大型建筑物处。以TN-C系统为例，如图6.18所示，在没有重复接地的情况下，在PE或PEN线发生断线并有设备发生一相接地故障时，接在断线后面的所有设备的外露可导电部分都将呈现接近于相电压的对地电压，即$U_E=U_\phi$，这是很危险的。如果进行了重复接地，如图6.19所示，则在发生同样故障时，断线后面的PE线或PEN线的对地电压$U'_E=I_E R_E$。假设电源中性点接地电阻R_E与重复接地电阻R'_E相等，则断线后面一段PE线或PEN线的对地电压$U_E=U_\phi/2$，其危险程度大大降低。当然实际上，由于$R'_E>R_E$，故$U'_E>U_\phi/2$，对人还是有危险的，因此，PE线或PEN线的断线故障应尽量避免。施工时，一定要保证PE线和PEN线的安装质量。运行中也要特别注意对PE线和PEN线状况的检视，根据同样的理由，PE线和PEN线上一般不允许装设开关或熔断器。

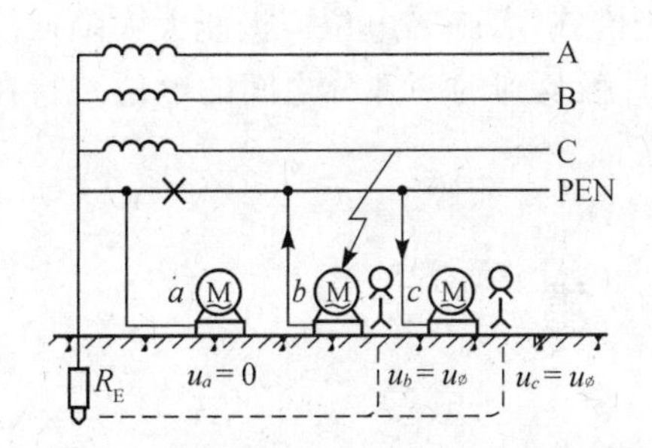

图6.18　无重复接地时中性线断裂的情况

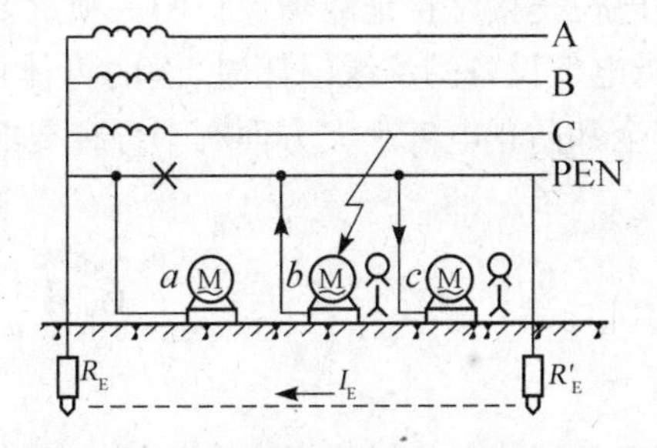

图6.19　有重复接地时中性线断裂的情况

(4) 等电位连接　等电位连接是使电气装置各外露可导电部分和装置外可导电部分电位基本相等的一种电气连接，以消除或减少各部分间的电位差，减少保护电器动作不可靠的危险性，消除或降低从建筑物外窜入电气装置外露导电部分上的危险电压。

等电位连接主要包括总等电位连接(MEB)、局部等电位连接(LEB)和辅助等电位连接(SEB)。

采用接地故障保护时，在建筑物内应做总等电位连接；当电气装置或其某一部分的接地故障保护不能满足规定要求时，尚应在局部范围内做局部等电位连接。

总等电位连接是在建筑物进线处，将PE线或PEN线与电气装置接地干线、建筑物内的各种金属管道(如水管、煤气管、采暖空调管道等)以及建筑物金属构件等都接向总等电位连接端子，使它们都具有基本相等的电位，见图6.20中MEB。

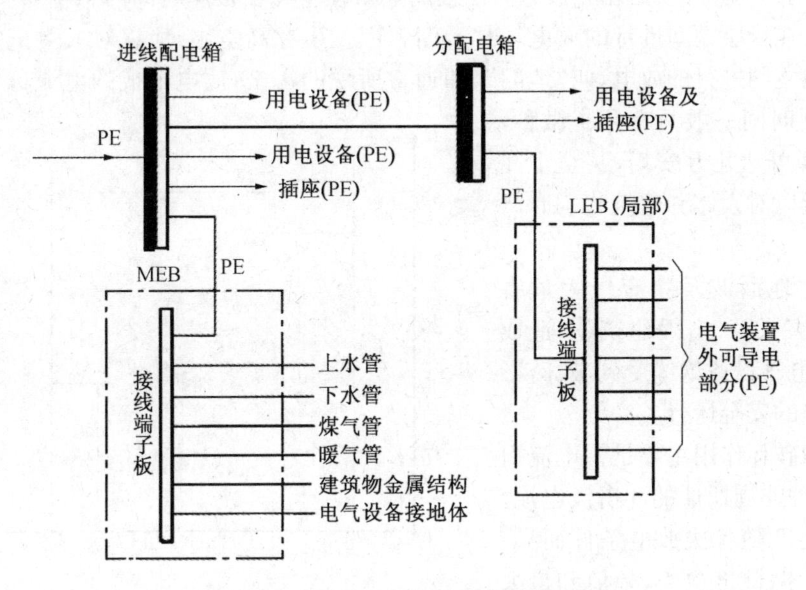

图6.20　总等电位连接和局部等电位连接

MEB—总等电位连接；LEB—局部等电位连接

局部等电位连接是在远离总等电位连接处、非常潮湿、触电危险性大的局部地域内进行的等电位连接，作为总等电位连接的一种补充，见图6.20中LEB。在容易触电的浴室及安全要求极高的胸腔手术室等地，还可进行辅助等电位连接(将两个及其以上可导电部分进行电气连接，使其故障接触电压，降至安全限值电压以下)。

等电位连接是接地故障保护的一项重要安全措施，实施等电位连接能大大降低接触电压(是指电气设备的绝缘损坏时，人的身体可同时触及到的两部分之间的电位差)，在保证人身安全和防止电气火灾方面有十分重要的意义。

6.4 防 雷

雷电是一种大气放电现象。当雷电通过建筑物或供配电装置对大地进行放电时，将对建筑物或供配电装置以及相关人员的安全带来威胁。为此，必须采取相应的防雷保护措施。

6.4.1 雷电的形成

雷电形成的必要条件是雷云，它是带电荷的汽、水混合物。天气闷热潮湿时地面上的水分受热蒸发，升到高空遇到冷空气，凝结成小水滴，在重力作用下下降时与继续上升的热气流发生摩擦，产生水滴分离，形成正、负两种电荷。气流带着部分带负电荷的小水珠上升，形成“负雷云”，而另一部分带正电荷的大水珠向地面下降形成雨或悬浮在空中，形成“正雷云”，正、负两种电荷不断聚集。当电荷越积越多时形成了很强的电场，到一定程度便会击穿空气绝缘，在云层与云层之间或云层与大地之间进行放电，发生强烈的弧光和声音，这就是我们通常所说的“雷电”。我们平常看见的“闪电”就是雷云放电时产生的强烈的光和热，而听到的“雷声”就是雷云放电时巨大的热量使空气在极短时间内急剧膨胀而产生的爆炸声响。在云层之间进行的放电，叫“云闪”，因发生在高空中，所以对人类危害不大；在云层与大地之间进行的放电，叫“地闪”，即通常所说的雷击，放电形成的电流称为雷电流。雷电流持续时间一般只有几十微秒，但电流强度可达几万安培，甚至十几万安培。所以对人体和建筑物均有严重的危害。

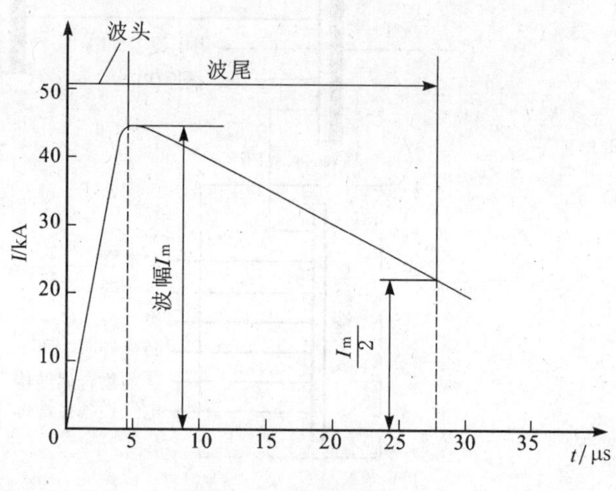

图 6.21 雷电流波形图

雷电对地面波及物有极大危害性，它能伤害人畜、击毁建筑物，造成火灾，并使电气设备绝缘受到破坏，影响供电系统的安全运行。

雷电的破坏作用主要是雷电流引起的，是一种非周期性的冲击波电流。其幅值和陡度随各次放电条件而异。通常幅值大时陡度也大，幅值和最大陡度都出现在波头部分。故雷电流的破坏作用又主要是波头部分产生的，防雷设计只考虑波头部分。如图 6.21 所示是雷电流的波形图。由放电开始至雷电流最大值的时间为波头，一般为 2～5 μs。最大电流称为波幅，其值可达几万至几十万安培。从幅值起到雷电流衰减到 $I_m/2$ 的一段波形称为波尾。

6.4.2　雷电的基本形式及危害

雷云对大地之间进行的放电将产生有很大破坏作用的大气过电压。其基本形式有三种。

1. 直击雷

雷电直接击中建(构)筑物、线路或电气设备,其过电压引起强大的雷电流通过这些物体放电入地,从而产生破坏性极大的热效应和机械效应,相伴的还有电磁效应和闪络放电。这种雷电过电压称作直击雷。强大的热效应和机械效应会引起燃烧和爆炸,造成建筑物倒塌、设备毁坏及人身伤亡。对于高层建筑,雷电还有可能通过其侧面放电,称为侧击。直击雷的破坏作用最为严重。

2. 感应雷

感应雷是带电云层和雷电流对其附近的建筑物产生的电磁感应作用所导致的高压放电过程。当建(构)筑物、线路或电气设备上空出现很强的带电雷云时,在建筑物上就会感应、聚集起与雷云电荷相异的束缚电荷,当云层在空间放电之后,空中的电场消失,但是聚集在建筑物上的电荷来不及很快泄入大地,残留下来的大量电荷向两端移动,对地形成一个相当高的过电压。这个高电压就称为感应雷过电压或感应雷。这个高电压使架空线路和电气设备的绝缘被击穿,或瞬间产生的强大雷电流在附近形成一个迅速变化的强大磁场,其产生的感应电势在建筑物内的金属空隙之间发生放电,从而引起火灾、爆炸和人身伤亡事故。

3. 雷电波侵入

当架空线路、天线或金属管道遭受雷击(即遭受直击雷),或者与遭受雷击的物体接触,以及由于雷云在附近放电(即遭受感应雷)等原因,都会形成高电压,这个高电压沿着架空线路,各种导体、金属管道引入室内,此现象称为雷电波侵入。如果金属设备接触不良或有间隙,就会在间隙处因感生相当大的电动势而形成火花放电,引起火灾等事故。如果高电压沿供电线路串入电气设备,很可能击穿绝缘而损坏该设备。

6.4.3　雷电活动的一般规律

雷电活动有一定的规律。从时间上看,春夏和夏秋之交,雷电活动较多;从气候上看,热而潮湿的地区比冷而干燥的地区雷电活动多;从地域上看,山区多于平原。根据统计调查,容易遭受雷击的有:

(1) 建筑物高耸、突出部位。如水塔、烟囱、屋脊、屋角、山墙、女儿墙等,并且与屋顶的坡度有关,屋顶的坡度愈大,屋脊的雷击率就愈大。如图6.22所示。

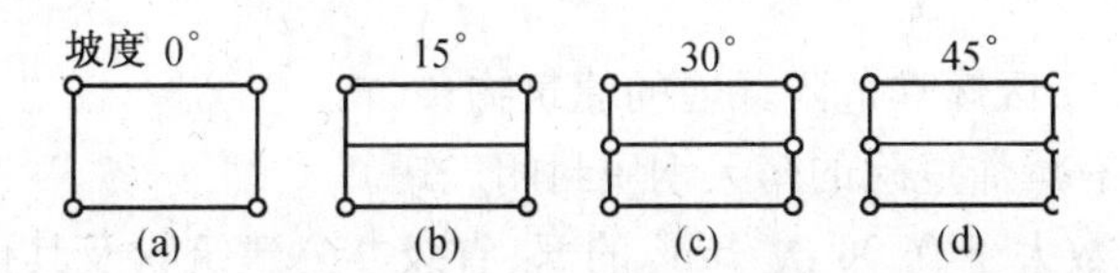

图6.22　不同屋顶坡度时易遭雷击部位示意图

○—雷击率最高的部位;粗线—易遭雷击的部位

(2) 排出导电尘埃的烟囱、废气管道及厂房等设施和建筑物。

(3) 屋顶为金属结构,地下埋有金属管道,内部有大量金属设备的厂房。

(4) 地下有金属矿物的地带。

(5) 大树和山区的输电线路。

6.4.4 防雷等级

建筑物(含构筑物,下同)根据其重要性、使用性质、发生雷电事故的可能性和后果,按防雷要求分为三类。

1. 第一类防雷建筑物

(1) 凡制造、使用或储存炸药、火药、起爆药、火工品等大量爆炸物质的建筑物,因电火花而引起爆炸会造成巨大破坏和人身伤亡者。

(2) 具有0区或10区爆炸危险环境的建筑物(爆炸和火灾危险环境的分区见表6.1)。

表6.1 爆炸和火灾危险环境的分区

分区代号	环境特征
0区	连续出现或长期出现爆炸性气体混合物的环境
1区	在正常运行时可能出现爆炸性气体混合物的环境
2区	在正常运行时不可能出现爆炸性气体混合物的环境,或即使出现也仅是短时存在的爆炸性气体混合物的环境
10区	连续出现或长期出现爆炸性粉尘环境
11区	有时会将积留下的粉尘扬起而偶然出现爆炸性粉尘混合物的环境
21区	具有闪点高于环境温度的可燃液体,在数量和配置上能引起火灾危险的环境
22区	具有悬浮状、堆积状的可燃粉尘或可燃纤维,虽不可能形成爆炸混合物,但在数量和配置上能引起火灾危险的环境
23区	具有固体状可燃物质,在数量和配置上能引起火灾危险的环境

(3) 具有1区爆炸危险环境的建筑物,因电火花而引起爆炸会造成巨大破坏和人身伤亡者。

2. 第二类防雷建筑物

(1) 制造、使用或贮存爆炸物质的建筑物,且电火花不易引起爆炸或不致造成巨大破坏和人身伤亡者。

(2) 具有1区爆炸危险环境的建筑物,且电火花不易引起爆炸或不致造成巨大破坏和人身伤亡者。

(3) 具有2区或11区爆炸危险环境的建筑物。

(4) 工业企业内有爆炸危险的露天钢质封闭气罐。

(5) 预计雷击次数大于0.06次/hm^2 的部、省级办公建筑物及其他重要或人员密集的公共建筑物;预计雷击次数大于0.3次/hm^2 的住宅、办公楼等一般性民用建筑物。

(6) 国家级重要建筑物(从略)。

3. 第三类防雷建筑物

(1) 根据雷击后对工业生产的影响及产生的后果,并结合当地气象、地形、地质及周围环境等因素,确定需要防雷的21区、22区、23区火灾危险环境。

(2) 预计雷击次数大于或等于0.06次/hm^2的一般工业建筑物。

(3) 预计雷击次数大于或等于0.012次/hm^2,且小于或等于0.06次/hm^2的部、省级办公建筑物及其他重要或人员密集的公共建筑物;预计雷击次数大于或等于0.06次/hm^2,且小于或等于0.3次/hm^2的住宅、办公楼等一般性民用建筑物。

(4) 在平均雷暴日大于15 d/hm^2的地区,高度在15 m及以上的烟囱、水塔等孤立的高耸建筑物;在平均雷暴日小于或等于15 d/hm^2的地区,高度在20 m及以上的烟囱、水塔等孤立的高耸建筑物。

(5) 省级重点文物保护的建筑物及省级档案馆。

6.4.5 防雷措施

1. 防直接雷措施

防直接雷的基本思想是给雷电流提供可靠的通路,一旦建(构)筑物遭到雷击,雷电流可通过设置在其顶部的接闪器、防雷引下线和接地装置泄入大地,从而达到保护建(构)筑物的目的。防直接雷的接闪器有避雷针、避雷带、避雷网、避雷线。对建筑物屋顶易受雷击的部位主要应装设避雷针、避雷带、避雷网进行直接雷防护;而对架空线路,则主要在其上方架设避雷线进行直接雷防护。

2. 防间接雷措施

防止雷电感应在建筑物上设置收集并泻放电荷的避雷带、避雷网等接闪装置,通过引下线和接地装置使聚集电荷迅速泄入大地;防止屋内金属物上由于雷电感应产生的火花放电现象就需将建筑物内的金属物(如设备、管道、构架、电缆金属外皮、金属门、窗等较大金属构件)和突出屋面的金属物与接地装置相连接;室内平行敷设的长金属物(管道、构架、电缆金属外皮等),当其净距大小100 mm时,应每隔20～30 m用金属线跨接,以防静电感应。

3. 防雷电波侵入的措施

为了防止雷电波侵入建筑物或沿供电线路进入室内的用电设备,可将低压配电线路全长采用电缆直接埋地敷设;当全线采用电缆有困难时,架空线路应在入户前50 m处换接铠装电缆引入,在电缆与架空线路的连接处加装避雷器或保护间隙,同时还应将电缆金属外皮、避雷器等连接在一起做良好的接地。

不同防雷等级的建(构)筑物所采取的具体防雷装置和措施虽然有所不同,但防雷原理是相同的:均是设法使雷电流迅速泄入大地,从而保护建筑物免受雷击。

4. 防雷装置

防雷装置主要由接闪器、引下线和接地装置三部分组成。

(1) 接闪器　接闪器就是专门用来接受直接雷击的金属物体。它的作用是引来雷电流通过引下线和接地极将雷电流导人地下,从而使接闪器下一定范围内的建筑物免遭直接雷击。接闪器有三种形式:避雷针、避雷线、避雷带及避雷网。

① 避雷针

ⅰ. 避雷针的作用和结构。避雷针是安装在建筑物突出部位或独立装设的针形导体。它的下端要经引下线与接地装置连接。避雷针一般采用镀锌圆钢(针长1 m以下时直径不小于12 mm;针长1～2 m时直径不小于16 mm)或镀锌钢管(针长1 m以下时内径不小于

20 mm，针长1～2 m时内径不小于25 mm)制成。当避雷针较长时，针体则由针尖和不同管径的管段组合而成。避雷针的功能实质上是引雷作用，在雷云的感应下，针的顶端形成的电场强度最大，所以很容易把雷电流引过来，完成避雷针的接闪作用。然后经与避雷针相连的引下线和接地装置将雷电流泄放到大地中去，使被保护物免受直接雷击。所以，避雷针实质是引雷针，它把雷电流引入地下，从而保护了线路、设备及建筑物。

ⅱ. 避雷针的保护范围。避雷针对建筑物的防雷保护是有一定范围的。避雷针的保护范围以它能防护直击雷的空间来表示。单支避雷针其保护范围应采用IEC推荐的“滚球法”来确定，滚球半径按照建筑物防雷等级的不同取不同数值(见表6.5)，方法如下。

表6.5 滚球半径与避雷网尺寸 (单位：m)

建筑物防雷等级	滚球半径 R_i	避雷网尺寸
一类防雷建筑物	30	10×10
二类防雷建筑物	45	15×15
三类防雷建筑物	60	20×20

选择一个半径为 h 球体，球与 OO' 轴的接触点始终为 O，和地面的接触点为 A，紧贴 OO' 轴(需要防护直击雷物体的对称轴)，并沿 OO' 轴滚动一周，A 点的轨迹是一个圆，而圆弧 OA 随滚球旋转一周得到一个关于 OO' 轴对称的旋转面，旋转面和 A 点的轨迹形成的圆的平面组成一个锥体，它占有的空间(或区域)即为避雷针的保护范围(见图6.23)。如果建筑物处在这个空间范围内，就能够得到避雷针的保护。

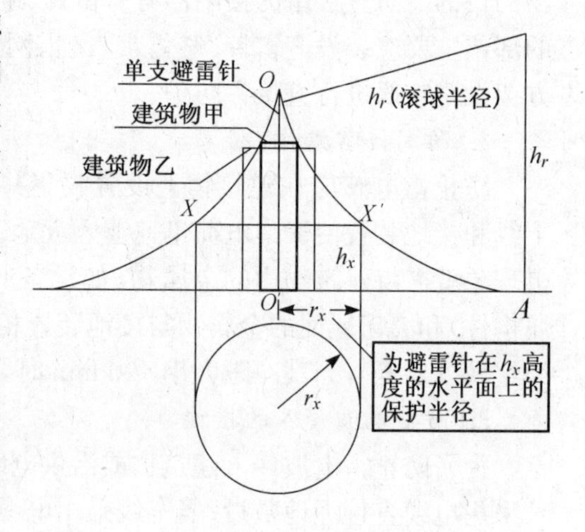

图6.23 单支避雷针的保护范围示意图

② 避雷带和避雷网：避雷带和避雷网主要用来保护高层建筑物免遭直击雷和感应雷。避雷带是沿建筑物易受雷击的部位(如屋面挑檐、屋脊、女儿墙等)装设的带形导体。避雷带宜采用圆钢和扁钢，优先采用圆钢。圆钢直径应不小于8 mm；扁钢截面应不小于48 mm²，其厚度应不小于4 mm。当烟囱上采用避雷环时，其圆钢直径应不小于12 mm；扁钢截面应不小于100 mm²，其厚度应不小于4 mm。

避雷带应采用金属支持卡支出10～15 cm，支持卡之间的间距为1.0～1.5 m，有时还可以在避雷带上增装短针，短针的长度为0.4～0.5 m，这样将对重点保护部位起到更有效的保护作用。图6.24示出了用避雷带组成的防雷平面图。避雷带及其与引下线的各个节点应焊接可靠，并注意美观整齐不影响建筑物的外观效果。

当屋面面积较大时，应设置避雷网。避雷网相当于屋面上纵横敷设的避雷带组成的网格。避雷网所需的材料与做法基本上与避雷带一样。

③ 避雷线：避雷线一般采用截面不小于35 mm的镀锌钢绞线，架设在架空线路的上面，以保护架空线路或其他物体(包括建筑物)免遭直接雷击。由于避雷线既要架空，又要

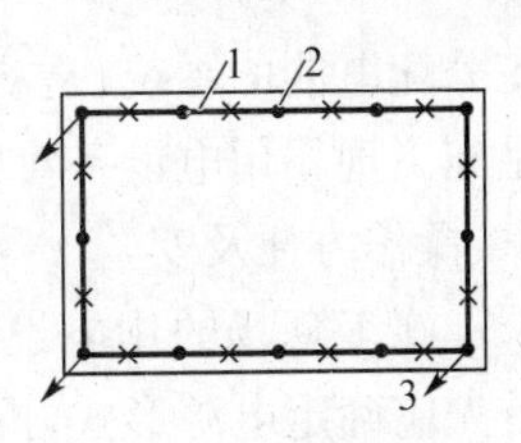

图 6.24　防雷平面图

1—Φ8 mm 镀锌圆钢；
2—混凝土支座；
3—防雷带引下处

接地，因此它又称为架空地线。避雷线的功能和原理与避雷针基本相同。

(2) 引下线　以上接闪器均应经引下线与接地装置连接。引下线的作用是将接闪器和防雷接地极连成一体，为雷电流顺利地导入地下提供可靠的电气通路。引下线宜采用圆钢或扁钢，优先采用圆钢，其尺寸要求与避雷带(网)采用的相同，但其圆钢直径应不小于 8 mm，扁钢截面应不小于 48 mm^2。引下线应沿建筑物外墙明敷，并经最短的路径接地，建筑艺术要求较高者可暗敷，但截面应加大一级。

(3) 接地装置　将雷电流通过引下线引入大地的散流装置，称为接地装置。防雷接地装置是接地体与接地线的统称。接地体的形式可分为人工接地体和自然接地体两种，一般应尽量采用自然接地体，特别是高层建筑中，利用其桩基础、箱形基础等作为接地装置，可以增加散流面积，减小接地电阻，同时还能节约金属材料。采用钢筋混凝土基础内的钢筋作接地体时，每根引下线处的冲击接地电阻应小于 5 Ω。

(4) 避雷器　避雷器是用来防止雷电产生的过电压波沿线路侵入变配电所或其他建筑物内，以免危及被保护设备的绝缘的。避雷器应与被保护设备并联，装在被保护设备的电源侧，如图 6.25 所示。当线路上出现危及设备绝缘的雷电过电压时，避雷器的火花间隙就被击穿，或由高阻变为低阻，使过电压对大地放电，从而保护了设备的绝缘。避雷器的形式主要有阀式和排气式等。

常用的阀型避雷器是由空气间隙与一个非线性电阻串联起来，装在密封的瓷瓶中构成的，如图 6.26(a)所示。阀型避雷器为正常电压时，非线性电阻的阻值很大，而在过电压时，非线性电阻的阻值很小。在雷电波侵入发生过电压时，间隙被击穿，非线性电阻又很小，所以雷电流很快泄入大地。当过电压消失后，非线性电阻呈现很大的电阻，间隙又恢复成断路状态。阀型避雷器的接线如图 6.26(b)所示。对于重要的建筑物，为防止雷波沿低压架空线侵入建筑物，在导线进户时，可使用一段长度不小于 50 m 的金属铠装电缆直接埋地引入。在电缆与架空线连接处，还应装设阀型避雷器。

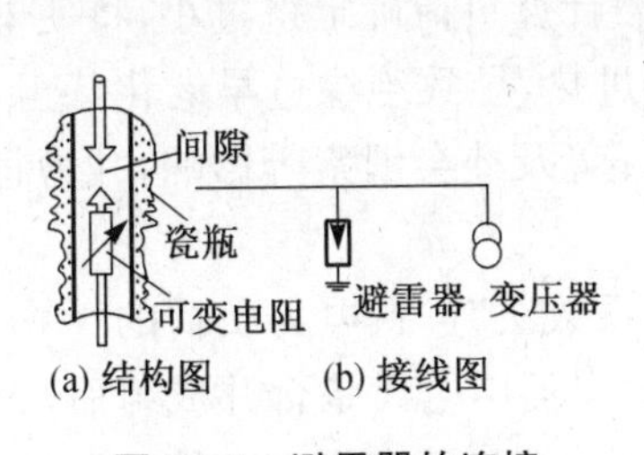

图 6.25　避雷器的连接

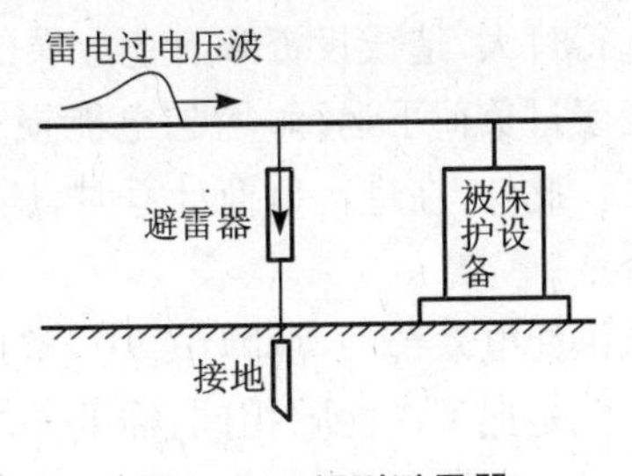

图 6.26　阀型避雷器

6.5　施工现场的供配电系统

施工现场的供配电系统是指接受电源的输入，并进行检测、计量、变换，然后向用电设备分配电能的系统，是从电源引入线开始到所有用电设备入线端为止的整个网络。它应满足施工现场用电设备对供电可靠性、供电质量及供电安全的要求，接线方式应力求简单可靠、操作方便及安全。

施工现场的用电设备主要包括照明和动力两大类，在确定施工现场电力供应方案时，首先应确定电源形式，再确定计算负荷、导线规格型号，最后确定配电室、变压器位置及容量等内容。

6.5.1 施工现场的供配电形式及电力负荷计算与选择

1. 选用施工现场的供电形式

施工现场的供电形式主要有低压 220 V/380 V、自备变压器和独立变配电所等供电，具体采用哪一种形式应根据工程项目的性质、规模及供电要求确定。

(1) 低压 220 V/380 V 供电　对于电气设备容量较小的建设项目，附近有低压 220 V/380 V 电源，在其余量允许的情况下，可到有关部门申请，采用附近低压 220 V/380 V 直接供电。

(2) 自备变压器供电　对于施工现场的临时用电，可利用附近的中高压电网，通过增设自备变压器等配套设备供电。为了节约投资，在计算负荷不是特别大的情况下，施工现场的临时用电都采用结构简单的户外杆上变电所的形式。户外杆上变电所主要由降压变压器、高低压开关、母线、避雷装置、测量仪表、继电保护装置等组成。

(3) 独立变配电所供电　对于规划小区、新建工厂、新建学校等一些规模较大的工程项目，可利用配套建设的变配电所供电，即先建设好变配电所，由其直接供电，这样可避免重复投资，造成浪费。永久性变配电所投入使用，从管理的角度上看比较规范，供电的安全性有了基本的保障。变配电所主要由高压配电屏、变压器和低压配电屏组成。

2. 计算施工现场的电力负荷

计算施工现场电力负荷是确定供电系统、选择变压器容量、电气设备、导线截面和仪表量程的依据，也是合理进行无功功率补偿的重要依据。计算负荷确定得是否正确合理，直接影响到电气设备和导线电缆的选择是否经济合理。若计算负荷确定得过大，将使电器和导线电缆选得过大，造成投资和有色金属的浪费；若计算负荷确定得过小，将使电气设备和导线电缆处于过负荷下运行，增加电能损耗，产生过热，导致绝缘过早老化甚至烧毁，同样会造成损失。此外，在进行负荷计算时，还要考虑环境及社会因素等影响，并为将来的发展留有适当余量。

在建筑供配电系统的负荷计算中，常用“需要系数法”进行电力负荷的计算。所谓“需要系数法”，就是把工作性质相同、需要系数相近的同类用电设备合并成组后，再分别求出各组用电设备的计算负荷（分为有功计算负荷、无功计算负荷和视在计算负荷）。它们的计算式为：

有功计算负荷　$$P_j=K_x P_N$$

无功计算负荷　$$Q_j=P_j\tan\varphi$$

视在计算负荷　$$S_j^2=P_j^2+Q_j^2$$

式中　K_x——某类用电设备的需要系数；

P_N——某类用电设备的额定容量；

φ——某类用电设备的功率因数角；

计算负荷确定后，便可确定计算电流，计算式为：

三相负荷计算电流　$$I_j=S_j/(\sqrt{3}U)$$

式中　U——电源的线电压。

3. 选择变电所的位置

在选择变电所位置时，应考虑变电所运行的安全可靠、维护操作方便等因素，应遵循以下原则：

(1) 高压进线方便，尽量靠近高压电源。

(2) 变电所应尽量靠近负荷中心，以减少线路上的电能损耗和电压损失，同时也节省输电导线，有利于节约投资。

(3) 为保障安全，防止人身触电事故的发生，变电所要远离交通要道和人畜活动频繁的地方。

(4) 变电所应选择地势较高而又干燥的地方，并要求运输方便，易于安装；变电所不应设置在有腐蚀气体或容易沉积可燃粉尘、可燃纤维、导电尘埃的场所。

4. 选择配电变压器

在选择配电变压器时，应根据当地高压电源的电压和用电负荷需要的电压来确定变压器原、副边的额定电压。在我国城镇，供电网电压通常为 10 kV，而施工机械电动机的额定电压一般为 220 V/380 V。因此，施工现场选择的变压器，高压侧额定电压为 10 kV，低压侧的额定电压为 220 V/380 V。

选用的变压器容量 S_N 应大于施工现场的计算负荷 S_j，即 $S_N \geqslant S_j$。

6.5.2　施工现场配电线路的结构及导线与电缆选择

施工现场配电线路的结构形式有架空线配线和电缆配线两种(参见本书 6.2.2 室外配电线路)。

1. 架空线配线与敷设

建筑工地上的低压架空线主要由导线、横担、拉线、绝缘子和电杆组成。架空线必须架设在专用电杆上，即木杆和钢筋混凝土杆，严禁架设在树木、脚手架及其他设施上。钢筋混凝土杆不得有露筋、宽度大于 0.4 mm 的裂纹和扭曲；木杆不得腐朽，其梢径不应小于 140 mm。

架空线必须采用绝缘导线。导线截面的选择应符合下列要求：

(1) 导线中的计算负荷电流不大于其长期连续负荷允许载流量。

(2) 线路末端电压偏移不大于其额定电压的 5%。

(3) 三相四线制的 N 线和 PE 线截面面积不小于相线截面面积的 50%，单相线路的零线截面面积与相线截面面积相同。

(4) 按机械强度要求，绝缘铜线截面面积不小于 10 mm^2，绝缘铝线截面面积不小于 16 mm^2。

架空线路必须有过载保护。采用熔断器或断路器做过载保护时，绝缘导线长期连续负荷允许载流量不应小于熔断器熔体额定电流或断路器延时过流脱扣器脱扣电流整定值的1.25倍。

架空线路必须有短路保护。采用熔断器做短路保护时，其熔体额定电流不应大于明敷绝缘导线长期连续负荷允许载流量的1.5倍；采用断路器做短路保护时，其瞬时过流脱扣器脱扣电流整定值应小于线路末端单相短路电流。

2. 电缆配线与敷设

电缆中必须包含全部工作芯线和用作保护零线或保护线的芯线。需要三相四线制配电的电缆必须采用五芯电缆。五芯电缆必须包含淡蓝、绿/黄两种颜色绝缘芯线。淡蓝色芯线必须用作N线，绿/黄双色芯线必须用作PE线，严禁混用。

电缆线路应采用埋地或架空敷设，严禁沿地面明设，并应避免机械损伤和介质腐蚀。埋地电缆路径应设方位标志。

电缆类型应根据敷设方式、环境条件选择。埋地敷设宜选用铠装电缆；当选用无铠装电缆时，应能防水、防腐。架空敷设宜选用无铠装电缆。

电缆直接埋地敷设的深度不应小于0.7 m，并应在电缆紧邻上下、左右侧均匀敷设不小于50 mm厚的细沙，然后覆盖砖或混凝土板等硬质保护层。

埋地电缆在穿越建筑物、构筑物、道路、易受机械损伤、介质腐蚀场所及引出地面从2.0 m高到地下0.2 m处，必须加设防护套管，防护套管内径不应小于电缆外径的1.5倍。

在建工程内的电缆线路必须采用电缆埋地引入，严禁穿越脚手架引入。电缆垂直敷设应充分利用在建工程的竖井、垂直孔洞等，并宜靠近用电负荷中心，固定点每楼层不得少于一处。电缆水平敷设宜沿墙或门口刚性固定，最大弧垂距地不得小于2.0 m。

装饰装修工程或其他特殊阶段，应补充编制单项施工用电方案。电源线可沿墙角、地面敷设，但应采取防机械损伤和防火措施。

室内配线必须采用绝缘导线或电缆，非埋地明敷主干线距地面高度不得小于2.5 m。

室内配线所用导线或电缆的截面应根据用电设备或线路的计算负荷确定，但铜线截面面积不应小于1.5 mm^2，铝线截面面积不应小于2.5 mm^2。

电缆配线也必须有短路保护和过载保护，整定值要求与架空线相同。

3. 选择电线与电缆

在建筑供配电线路中，使用的导线主要有电线和电缆。正确选用电线和电缆，对建筑供配电系统安全、可靠、经济、合理地运行有着十分重要的意义。因此，电线和电缆的选择中应遵循以下原则。

(1) 按机械强度选择　由于导线本身的重量，以及风、雨、冰、雪等原因，使导线承受一定的应力，如果导线过细，就容易折断，将引起停电等事故。因此，在选择导线时要根据机械强度来选择，以满足不同用途时导线的最小截面面积要求，按机械强度确定导线线芯最小截面面积。

(2) 按发热条件选择　每一种导线截面面积按其允许的发热条件都对应着一个允许的载流量。因此，在选择导线截面面积时，必须使其允许的载流量大于或等于线路的计算电流值。

(3) 与保护设备相适应　按发热条件选择的导线和电缆的截面，还应该与其保护装置

(熔断器、自动空气开关)的额定电流相适应,其截面面积不得小于保护装置所能保护的最小截面面积,即

$$I_{y} \geqslant I_{保} \geqslant I_{j}$$

式中 $I_{保}$——保护设备的额定电流;

I_{y}——导线、电缆允许载流量;

I_{j}——计算电流。

(4) 按允许电压损失来选择 为了保证用电设备的正常运行,必须使设备接线端子处的电压在允许值范围之内,但由于线路上有电压损失,因此在选择电线或电缆时,要按电压损失来选择电线或电缆的截面。

在具体选择电线电缆时,第二和第四两种选择原则通常用来相互校验的,即按发热条件选择后,要用电压损失条件进行校验;或按电压损失要求选择后,还要用发热条件进行校验。

对于按允许电压损失来选择导线、电缆截面面积时,可按下式来简化计算,即

$$\Delta U\% = \frac{P_{j} l}{cS}$$

式中 P_{j}——有功计算负荷,kW;

c——系数;

S——导线电缆截面面积,mm^2;

l——线路长度,m。

在具体选择导线截面时,必须综合考虑电压损失、发热条件和机械强度等要求。

6.5.4 施工现场供配电案例

下面针对某校教学楼的建设项目来确定施工现场电力供应的方案。该校教学大楼施工现场临时电源由附近杆上 10 kV 电源供给。根据施工方案和施工进度的安排,需要使用下列机械设备:国产 QT25-1 型塔吊一台,总功率 21.2 kW;国产 JZ350 混凝土搅拌机一台,总功率11 kW;蛙式打夯机四台,每台功率 1.7 kW;电动振捣器四台,每台功率 2.8 kW;水泵一台,电动机功率 2.8 kW;钢筋弯曲机一台,电动机功率 4.7 kW;砂浆搅拌机一台,电动机功率 2.8 kW;木工场电动机械,总功率 10 kW。

根据以上给定的这些条件及施工总平面图,可以做出如下施工现场供电的设计方案(参见本案例的施工现场电力供应平面图图 6.27)。

1. 确定施工现场的电源

施工现场的电源要视具体情况而定,现给出架空线 10 kV 的电源,该项目电源可采取安装自备变压器的方法引出低压电源,电杆上一般应配备高压油断路器或跌落式熔断器、避雷器等,这些工作应与电力主管部门协商解决。

2. 估算施工现场的总用电量

施工现场实际用电负荷即计算负荷,可以采用需要系数法来求得,也可采用更为简单的估算法来计算。首先计算出施工用电量的总功率,即

$$\sum P = 11 + 21.2 + 1.7 \times 4 + 2.8 \times 4 + 2.8 + 4.7 + 2.8 + 10 = 70.5(\text{kW})$$

考虑到所有设备不可能同时使用，每台设备工作时也不可能是满负载，故取需要系数 $K_x=0.56$，取电机的平均效率 $\eta=0.85$，平均功率因数 $\cos\varphi=0.6$，则计算负荷为

$$S_j = \frac{K_j \sum P}{\eta \cos\varphi} = \frac{0.56 \times 70.5}{0.85 \times 0.6} = 77.41\ (\text{kVA})$$

另加 10% 的照明负荷，则总的估算计算负荷为

$$S_J = S_j + 10\% S_j = 77.41 + 7.741 = 85.15\ (\text{kVA})$$

经估算，施工现场总计算负荷约为 85 kVA。

3. 选用变压器和确定变电站位置

根据生产厂家制造的变压器的等级，以及选择变压器的原则：$S_N \geqslant S_J$，查有关变压器产品目录，选用 S_9-125/10 型(即变压器额定容量为 125 kVA，额定电压为 10 kV/0.3 kV，并且作 $\triangle/Y_{-11}$ 连接)三相电力变压器一台即可。

从施工组织总平面图可以看出，工地东北角较偏僻，离人们工作活动中心较远，比较隐蔽和安全，并且接近高压电源，距各机械设备用电地点也较适中，交通也方便，而且变压器的进、出线和运输较方便，故工地变电站位置设在工地东北角是较合适的。

4. 供电线路的布置及导线截面的选择

从经济、安全的角度考虑，供电线路采用 BLXF 型橡皮绝缘架空敷设。根据设备布置情况，在初步设计的供电平面图中，1 号配电箱控制的设备有钢筋弯曲机和木工场电动机械，总功率为 14.7 kW；2 号配电箱控制的设备有塔吊，总功率为 21.2 kW；3 号配电箱控制的设备有打夯机和振捣机，总功率为 18 kW；4 号配电箱控制的设备有水泵，总功率为 2.8 kW；5 号配电箱控制的设备有混凝土搅拌机和砂浆搅拌机，总功率为 13.8 kW。在计算中除注明外需要系数选取 0.7，功率因数 $\cos\varphi$ 取 0.6，效率 η 取 0.85。

从变电站引出 I_1 和 I_2 两条干线。干线 I_1 用电量大，并且供电距离较短，在选择导线截面时，只需要考虑发热条件即可。根据该线路所供给的负载功率，可用下式简单估算出线路上的工作电流，即

$$I_1 = K_x \sum P_1 / (\sqrt{3} U \eta \cos\varphi)$$

$$\sum P_1 = 21.2 + 4.7 + 10 + 1.7 \times 4 + 2.8 \times 4 + 2.8 = 56.7(\text{kW})$$

所以，$I_1 = 0.7 \times 56.7 \times 1\,000 / (\sqrt{3} \times 380 \times 0.85 \times 0.6) = 118.2(\text{A})$

查橡皮绝缘电线明敷的载流量表可知(环境温度按 40℃考虑)，干线 I_1 应选择截面面积为 50 mm^2 的橡皮绝缘铝芯导线(BLXF)。由于在三相四线制中，零线的选用有一定准则，则选零线截面面积为 25 mm^2。

支路 I_a 的工作电流为

$$\begin{aligned} I_a &= K_x \sum P_a / (\sqrt{3} U \eta \cos\varphi) \\ &= 0.7 \times (21.2 + 11.2 + 6.8 + 2.8) \times 1\,000 / (\sqrt{3} \times 380) \times 0.85 \times 0.6) \\ &= 88(\text{A}) \end{aligned}$$

查橡皮绝缘电线明敷的载流量表可知，支路 I_b应选用截面面积为 25 mm^{2}的线 3 根和截面面积为 16 mm^{2}的线 1 根。

支路 I_b的工作电流为

$$
\begin{aligned}
I_b &= K_x \sum P_b / (\sqrt{3} U \eta \cos \varphi) \\
&= 0.7 \times 14.7 \times 1\,000 / (\sqrt{3} \times 380 \times 0.85 \times 0.6) = 30.7(\mathrm{A})
\end{aligned}
$$

查橡皮绝缘电线明敷的载流量表可知，支路 I_b只需 4 根 6 mm^{2}的 BLXF 导线即可，但是考虑到机械强度的要求，还是应采用 16 mm^{2}的 BLXF 型导线 4 根。

支线 I_c由于没有确定的设备，所以该支线按机械强度选择导线截面积，即选 4 根 16 mm^2 的 BLXF 型导线。

支路 I_d的工作电流为

$$
\begin{aligned}
I_d &= K_x \sum P_d / (\sqrt{3} U \eta \cos \varphi) \\
&= 0.7 \times (11.2 + 6.8 + 2.8) \times 1\,000 / (\sqrt{3} \times 380 \times 0.85 \times 0.6) = 43(\mathrm{A})
\end{aligned}
$$

查橡皮绝缘电线明敷的载流量表可知，支路 I_d采用 10 mm^{2}的 BLXF 型导线即可，但从机械强度上考虑，也应采用 16 mm^{2}的 BLXF 型导线。

支线 I_e的工作电流为(该支线设备不多，故 K_x取 1)

$$
\begin{aligned}
I_e &= K_x \sum P_e / (\sqrt{3} U \eta \cos \varphi) \\
&= 1 \times 2.8 \times 1\,000 / (\sqrt{3} \times 380 \times 0.85 \times 0.6 \times 0.85) = 8(\mathrm{A})
\end{aligned}
$$

由于 I_e支线的电流较小，所以也只按机械强度选择导线的截面面积，即选择 4 根 16 mm^2 的 BLXF 型导线。

干线 I_2是引至混凝土搅拌机处和门房照明用电的工作电流。搅拌机处用电量大，而且离电源变压器也不远，只需要从发热条件来选择导线的截面面积。

干线 I_2的工作电流为

$$
\begin{aligned}
I_2 &= K_x \sum P_2 / (\sqrt{3} U \eta \cos \varphi) \\
&= 0.7 \times (11 + 2.8) \times 1\,000 / (\sqrt{3} \times 380 \times 0.85 \times 0.6) = 29(\mathrm{A})
\end{aligned}
$$

查橡皮绝缘电线明敷的载流量表可知，支路 I_2采用 6.0 mm^{2}的 BLXF 型导线即可，但从机械强度上考虑，则应采用 4 根 16 mm^{2}的 BLXF 型导线。

从分配电箱再到门房的照明线，因供电距离较远，且负荷比较小，所以不必考虑发热条件和电压损失，只需从机械强度上考虑即可。故 I_3也还是应选用 16 mm^{2}的 BLXF 型导线。

5. 确定配电箱的数量和位置

配电系统应设置配电柜或总配电箱、分配电箱、开关箱，实行三级配电。根据设备布置情况，共设分配电箱 5 只。

6. 绘制施工现场电力供应平面图

在施工平面图上，应标明变压器位置、配电箱位置、低压配电线路的走向、导线的规格、电杆的位置(电杆档距不大于 35 m)等。施工现场电力供应平面图如图 6.27 所示。

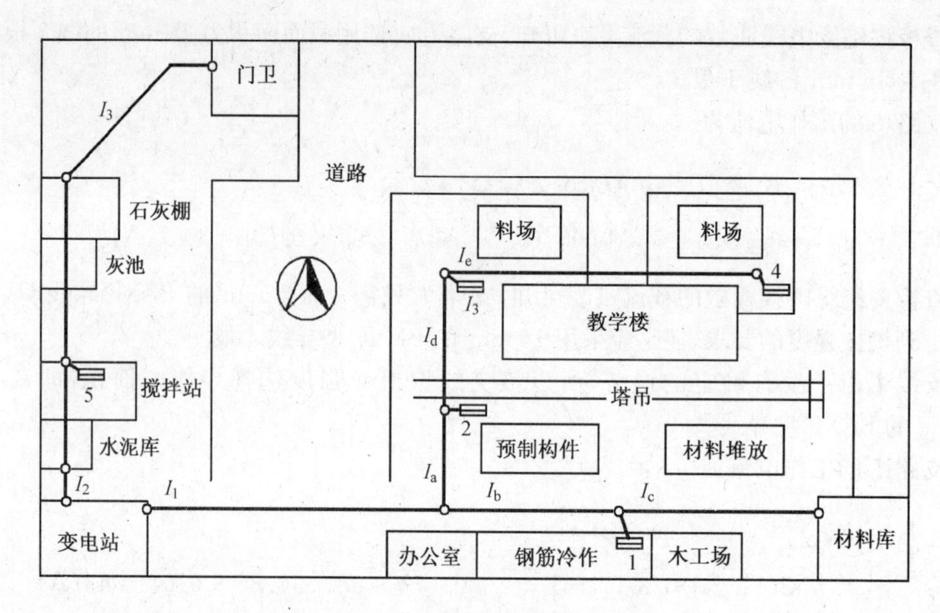

图 6.27 施工现场电力供应平面图

6.5.5 施工现场临时用电的有关规定

施工现场临时用电应严格执行《施工现场临时用电安全技术规范》(JGJ46—2012)的规定及国家现行有关强制性标准的规定。

(1) 建筑施工现场临时用电工程专用的电源中性点直接接地 220 V/380 V 三相四线制低压电力系统,必须符合下列规定:

① 采用三级配电系统。

② 采用 TN-S 接零保护系统。

③ 采用二级漏电保护系统。

(2) 临时用电组织设计及变更时,必须履行“编制、审核、批准”程序,由电气工程技术人员组织编制,经相关部门审核及具有法人资格企业的技术负责人批准后实施。变更用电施工组织设计应补充有关图纸资料。

(3) 临时用电工程必须经编制、审核、批准部门和使用单位共同验收,合格后方可投入使用。

(4) 临时用电工程定期检查应按分部、分项工程进行,对安全隐患必须及时处理,并应履行复查验收手续。

(5) 在建工程(含脚手架)的周边架空线路的边线之间的最小安全操作距离。

(6) 施工现场的机动车道与架空线路交叉时的最小垂直距离。

(7) 起重机与架空线路边线的最小安全距离防护设施与外电线路之间的最小安全距离。

(8) 在施工现场专用变压器的供电的 TN-S 接零保护系统中,电气设备的金属外壳必须与保护零线连接。保护零线应由工作接地线、配电室(总配电箱)电源侧零线、总漏电保护器电源侧零线处引出。

(9) 当施工现场与外点线路共用同一供电系统时,电气设备的接地、接零保护应与原系统保持一致。不得一部分设备做保护接零,另一部分设备做保护接地。

(10) 采用 TN 系统做保护接零时,工作零线(N 线)必须通过总漏电保护器,保护零线(PE 线)必须由电源进线重复接地处或总漏电保护器电源侧零线处,引出形成局部 TN-S 接零保护系统。

(11) 接地装置的季节系数值。

(12) PE 线截面与相线截面的关系。

(13) PE 线上严禁装设开关或熔断器,严禁通过工作电流,且严禁断线。

(14) TN 系统中的保护接零除必须在配电室或配电箱处做重复接地外,还必须在配电系统中间处和末端处做重复接地。在 TN 系统中,保护零线每一处重复接地装置的接地电阻值不应大于 10 Ω。在工作接地电阻值允许达到 10 Ω 的电力系统中,所有重复接地的等效电阻值不应大于 10 Ω。

(15) 施工现场内机械设备及高架设施需安装防雷装置的规定。

(16) 做防雷接地机械上的电气设备,所连接的 PE 线必须同时做重复接地,同一台机械电气设备的重复接地和机械的防雷接地可用同一接地体,但接地电阻应符合重复接地电阻值的要求。

(17) 严格执行母线涂色规定。

(18) 配电柜应装设电源隔离开关及短路、过载、漏电保护电气。电源隔离开关分段时应有明显可见分断点。

(19) 配电柜或配电线路停电维修时,应接地线,并应悬挂"禁止合闸、有人工作"停电标志牌。停送电必须由专人负责。

(20) 发电机组电源必须与外电线路电源连锁,严禁并列运行。

(21) 发电机组并列运行时,必须装设同期装置,并在机组同步运行后再向负载供电。

(22) 电缆中必须包含全部工作芯线和用作保护零线或保护线的芯线。需要三相四线制配电的电缆线路必须采用五芯电缆。五芯电缆必须包含蓝、绿/黄两种颜色绝缘芯线。淡蓝色芯线必须用作 N 线;绿/黄双色芯线必须用作 PE 线,严禁混用。

(23) 电缆线路应采用埋地或架空敷设,严禁沿地面明设,并应避免机械损伤和介质腐蚀。埋地电缆路径应设方位标志。

(24) 每台用电设备必须有各自专用的开关箱,严禁用同一个开关箱直接控制两台及两台以上用电设备(含插座)。

(25) 配电箱的电气安装板上必须分设 N 线端子板和 PE 线端子板。N 线端子板必须与金属电器安装板相绝缘;PE 线端子板必须与金属电器安装板做电气连接。

(26) 进出线中的 N 线必须通过 N 线端子板连接;PE 线必须通过 PE 线端子板连接。

(27) 配电箱、开关箱内电器安装尺寸选择值。

(28) 开关箱中漏电保护器的额定漏电动作电流不应大于 30 mA,额定漏电动作时间不应大于 0.1 s。

(29) 总配电箱中漏电保护器的额定漏电动作电流应大于 30 mA,额定漏电动作时间应大于 0.1 s,但其额定漏电动作电流与额定漏电动作时间的乘积不应大于 30 mA·s。

(30) 配电箱、开关箱的电源进线端严禁采用插头和插座活动连接。

(31) 对配电箱、开关箱进行定期维修、检查时,必须将其前一级相应的电源隔离开关分闸断电,并应悬挂"禁止合闸、有人工作"停电标志牌,严禁带电作业。

(32) 对混凝土搅拌机、钢筋加工机械、木工机械、盾构机械等设备进行清理、检查、维修时,必须首先将其开关箱分闸断电,呈现可见电源分断点,并关门上锁。

(33) 下列特殊场所应使用安全特低电压照明器。

① 隧道、人防工程、高温、有导电灰尘、比较潮湿或灯具离地面高度低于 2.5 m 等场所的照明,电源电压不应大于 36 V。

② 潮湿和易触及带电体场所的照明,电源电压不应大于 24 V。

③ 特别潮湿场所、导电良好的地面、锅炉或金属容器内的照明,电源电压不得大于 12 V。

(34) 照明变压器必须使用双绕组型安全隔离变压器,严禁使用自耦变压器。

(35) 晚间影响飞机或车辆通行的在建工程及机械设备,必须设置醒目的红色信号灯,其电源应设在施工现场总电源开关的前侧,并应设置外电线路停止供电时的应急自备电源。

复习思考题

1. 什么叫电力系统和电力网? 建立大型电力系统有哪些好处?

2. 什么叫电力负荷? 电力负荷按其对供电可靠性的要求可分为哪几级? 各级负荷对供电电源有何要求?

3. 什么叫建筑供配电? 什么又叫建筑供配电系统? 其组成是什么?

4. 高压隔离开关有哪些功能? 它为什么可用来隔离电源保证安全检修? 它为什么不能带负荷操作?

5. 高压负荷开关有哪些功能? 在什么情况下可自动跳闸? 在采用负荷开关的高压电路中,采取什么措施来做短路保护?

6. 高压断路器有哪些功能? 少油断路器中的油和多油断路器中的油各起什么作用?

7. 试比较架空线路和电缆线路的优缺点及适用范围。

8. 什么叫安全电流? 它与哪些因素有关? 我国规定的安全电流为多少?

9. 什么叫安全电压? 我国规定的安全电压额定值为多少?

10. 什么叫直接触电防护和间接触电防护?

11. 什么叫接地? 什么叫接地体和接地装置? 什么叫人工接地体和自然接地体?

12. 什么叫重复接地? 其功能是什么?

13. 什么叫等电位连接? 其功能是什么?

14. 什么叫工作接地? 什么叫保护接地? 各举例说明? 电力系统的工作接地有哪几种运行方式? 什么叫小电流接地的电力系统和大电流接地的电力系统?

15. 什么叫 TN 系统、TN—C 系统、TN—S 系统、TN—C—S 系统、TT 系统和 IT 系统? 各有何主要区别?

16. 什么叫直接雷击和感应雷击? 什么叫雷电波侵入? 雷电流的波形有何特点?

17. 什么叫接闪器? 为什么说避雷针实质上是引雷针?

18. 什么叫"滚球法"? 如何用滚球法确定接闪器的保护范围?

19. 施工现场的供电形式有哪几种?

20. 施工现场的供电线路有几种? 各有什么特点?

21. 变电所选址原则是什么?

22. 施工现场用电专用的电源中性点直接接地的220 V/380 V 三相四线制低压电力系统,必须符合什么规定?

23. 低压配电线路的结构及其特点有哪些?

24. 施工现场对所使用的照明装置有哪些规定和要求?

第 7 单元

电气照明工程

学习内容

主要讲述电气照明的基本技术参数、基本要求和基本方式，电光源与灯具，电气照明供配电系统的组成、性能及照明电器的布置及线路敷设的方式与要求，电气照明施工图的识读等。

学习目标

1. 了解一般电气照明的基本要求、基本概念及衡量照明质量的标准；
2. 了解电光源、灯具的种类、特征及适用的场合；
3. 掌握灯具的合理布置方案；
4. 熟悉照明配电系统的组成、布线方式及其线路的敷设方式；
5. 熟读电气照明施工图。

7.1 电气照明的基本知识

电气照明是人工照明极其重要的手段，电气照明是利用电光源将电能转换成光能，在夜间或天然采光不足的情况下提供明亮的环境，以保证生产、学习、生活的需要。合理的电气照明，对于保护视力、减少生产事故、提高工作效率具有重要的意义。同时，电气照明装置还能起到装饰建筑物，美化环境的作用，是现代建筑中不可缺少的组成部分。

7.1.1 光的实质

从本质上讲，光是分布在一定波长范围内的电磁波，如图 7.1 所示。人们通常所说的“光”指的是能够引起人眼视觉反应的可见光，它的波长在 380～780 nm 之间。

在整个电磁波谱中可见光只占非常狭窄的一小部分。在可见光的区域内，不同波长的单色光呈现出不同的颜色，按波长从大到小依次为赤、橙、黄、绿、青、蓝、紫七种不同的颜色。但各种颜色的波长范围并不是截然分开的，而是由一种颜色逐渐减少另一种颜色逐渐增多进行过渡的，全部可见光线混合在一起就是日光(白色光)。

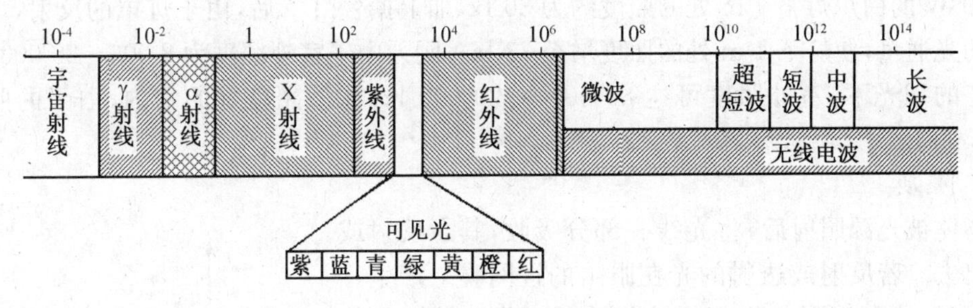

图 7.1　光谱

人眼对不同波长的可见光具有不同的敏感程度。测量表明，正常人眼对波长为 555 nm 的黄绿光最为敏感。

7.1.2　光的度量

光的度量是指对照明在人眼中产生的视觉效果作数量标定。

1. 光通量

一个光源不断地向周围空间辐射能量，在辐射的能量中，有一部分能量使人的视觉产生光的感觉。这种光源在单位时间内，向周围空间辐射的使视觉产生光感觉的能量总和，称为光通量，用符号 Φ 表示，单位是流明(lm)。

光源消耗 1 W 电功率所发出的光通量 Φ，称为电光源的发光效率，单位是流明/瓦(lm/W)，用符号 η 表示，显然，发光效率越高节能性能越好，如 40 W 白炽灯发光效率 $\eta=350/40=8.75$(lm/W)，而 40 W 荧光灯发光效率 $\eta=2\,100/40=52.5$(lm/W)，显然，荧光灯的节能性能好于白炽灯。发光效率是研究光源和选择光源的重要指标之一。

2. 发光强度(光强)

光源在空间某一方向上单位立体角内发出的光通量称为光源在该方向上的发光强度，简称为光强，单位为国际单位制中的一个基本单位——坎德拉(cd)。公式为

$$I=\frac{\Phi}{\Omega},\ 1\text{ 坎德拉(cd)}=\frac{1\text{ 流明(lm)}}{1\text{ 球面度(sr)}}$$

发光强度反映了光源发出的光通量在空间的分布密度，一般来说，电光源发出的光通量在空间的分布是不均匀的，通过在电光源上加灯罩，可以人为地改变和控制整个灯具的光强分布，从而改变和控制室内外的光照环境。例如在桌上吊一盏灯，有灯罩时桌面要比没有灯罩时亮，这是因为有灯罩时桌面所接受的光通量比没灯罩时多，虽然光源发出的光通量投有变化，但由于灯罩的反射，使向下的光通量增加了。灯罩改变了光通量原来在空间的分布状况。

3. 照度

光通量在被照射物体表面上的面密度称为照度，单位为勒克斯(lx)，其公式为

$$E=\frac{\Phi}{S},\quad 1\text{ lx}=\frac{1\text{ lm}}{1\text{ m}^2}$$

照度大小反映了被照面被光源照亮的程度。1 lx 的照度下，人眼只能分辨出物体的轮

廓。40 W 的白炽灯下 1 m 处的照度约为 30 lx，加上搪瓷灯罩后，由于灯罩的反射，增加了向下的光通量，使灯下 1 m 处的照度增至 73 lx。阴天中午室外照度为 8 000～20 000 lx；晴天正午的阳光下，室外照度可达 80 000～120 000 lx；在采光良好的室内，白天的照度为 100～500 lx。

4. 亮度

物体被光源照射后，将光线一部分吸收，其余反射或透射出去。若反射或透射的光在眼睛的视网膜上产生一定照度时，才可以形成人们对该物体的视觉。被视物体（发光体或反光体）在视线方向单位投影面上的发光强度，称为该物体表面的亮度，如图 7.2 所示，用符号 L 表示，单位为坎德拉/米^2（cd/m^2）。按照亮度的定义，公式为

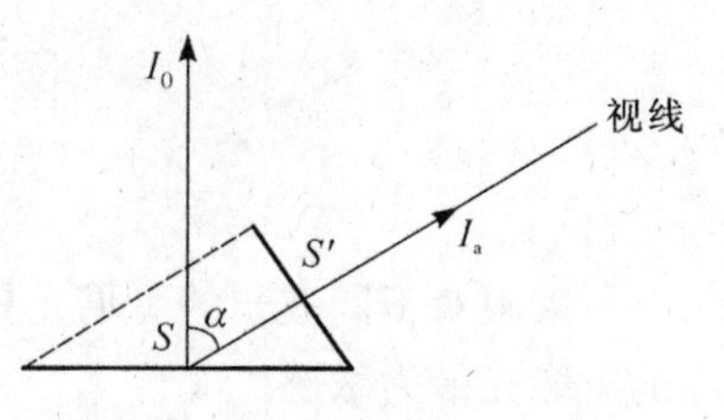

图 7.2 亮度的定义示意图

$$L_\alpha = \frac{I_0}{S} = \frac{I_\alpha}{S\cos\alpha}$$

式中 I_α ——视线方向上的光强，cd；

S——被视物体表面积，m^2；

α ——视线方向与被视表面法线的夹角。

对于被照面来说，其表面的亮度不仅与照度有关，还与其表面的反光性能有关，例如，在相同的光照环境下放置两个反光性能不同的物体（一个白色另一个黑色），虽然两物体的照度相同，但由于白色表面反光能力强，因而，人看起来白色表面要亮得多。

7.1.3 照明质量的基本要求

衡量照明质量的好坏，主要有以下四个方面。

1. 照度均匀

为了减轻人眼因照度不均而造成的视觉疲劳，室内照度分布应具有一定的均匀度。照度的均匀度主要取决于室内灯具在空间的具体排列及各光源所产生的光通量的大小。因此，为了使工作面上的照度均匀，在进行照明计算时，必须合理地布置灯具。

2. 照度合理

不同的照度使人产生不同的感受，照度过低易造成用眼吃力和精神不振；照度过高又太刺眼造成眼部不舒适而使人烦躁，所以必须根据建筑规模、空间尺度、服务对象、设计标准等条件，选择适当的照度值，以保证必要的视觉条件，提高工作效率。表 7.1 列出了部分场所推荐的照度值。

表 7.1 各类建筑中不同房间推荐照度值

场所名称	推荐照度(lx)
公共建筑的庭园道路	2～5
厕所、盥洗室、卫生间、楼梯间、车库、走道、室外广场	5～15
厨房、住宅起居室、餐室、医院病房	15～30
住宅卧室、旅馆客房、医院保健室、影院的放映室、衣帽间	20～50

续表 7.1

场所名称	推荐照度(lx)
单身宿舍、活动室	30～50
办公室、会议室、阅览室、教室、报告厅、书店、服装店	75～150
设计室、绘图室、美术教室、手术室、百货商店、小宴会厅	100～200
饭店的多功能大厅、大会堂、国际会议厅、装饰或展览艺术品	300～750
手术台专用照明	2 000～10 000

3. 限制眩光

光源的亮度较高时，这种对人眼产生刺激作用，且使人有不舒适感觉的光称为眩光。眩光对人的生理和心理都有较大的危害，因此，必须采取相应的措施来限制眩光。一般可以采取限制光源的亮度，降低灯具表面的亮度；也可以通过正确选择灯具，合理布置灯具的位置，并选择适当的悬挂高度来限制眩光。当照明灯具悬挂高度增加，眩光作用就可以减小。照明灯具距地面的最低悬挂高度规定见表 7.2。

表 7.2　照明灯具距地面的最低悬挂高度规定

光源种类	灯具形式	光源功率(W)	最低悬挂高度(m)
白炽灯	有反射罩	≤50 100～150 100～300 ≥500	2.0 2.5 3.5 4.0
	有乳白玻璃漫射罩	≤100 150～200 300～500	2.0 2.5 3.0
卤钨灯	有反射罩	≤500 1 000～2 000	6.0 7.0
荧光灯	无反射罩	＜40 ＞40	2.0 3.0
	有反射罩	≥40	2.0
荧光高压汞灯	有反射罩	≤225 350 ≥400	3.0 5.0 6.0
高压汞灯	有反射罩	≤125 250 ≥400	4.0 5.5 6.5

4. 光源的显色性

同一物体在不同光源照射下，会呈现出不同的颜色(从人眼的视觉)，如一块白布在红光照射下呈红色，而在黄色光照射下则呈现黄色，这种物体在该光源照射下所显示的颜色与在标准光源(通常为日光)照射下所显示的颜色相符合的程度叫光源的显色性。在采用某光源照明时，如果物体表面的颜色基本上保持原来的颜色(在日光下的颜色)即“颜色失真”小，这种光源的显色性就好；反之，在某光源照射下，物体的颜色发生了很大的变化即“颜色失真”大，这种光源的显色性就差。

电光源的显色性用显色指数来表示。标准光源的显色指数规定为100，大多数电光源的显色指数低于100。在需要正确辨别色彩的场所，应采用显色性好的光源。照明质量的好坏除上述诸因素外，还需考虑照度的稳定性、消除频闪效应等。

7.1.4 照明方式

房屋的照明可分为正常照明和事故照明两大类。其中正常照明是满足一般生产、生活需要的照明，又可分为一般、局部、混合三种照明方式。

1. 正常照明

(1) 一般照明

一般照明又称为总体照明，它是灯具比较规则地分布在整个场地，使其能获得较均匀的水平照度的一种照明方式。适用于工作位置密度大而对光照方向无特殊要求的场所，如办公室、教室、阅览室、候车室、营业大厅等都宜采用一般照明。

(2) 局部照明

局部照明是为了满足局部区域特殊的光照要求，在较小范围或有限空间内单独为该区域设置辅助照明设施的一种照明方式。如商场橱窗内的射灯、车间内的机床灯等。局部照明又有固定式和移动式两种。固定式局部照明的灯具是固定安装的，移动式局部照明灯具可以移动。一般移动式局部照明灯具的工作电压不超过36 V，如检修设备时供临时照明用的手提灯等。

(3) 混合照明

由一般照明和局部照明组成的照明方式，称为混合照明。在整个工作场所采用一般照明，对于局部工作区域采用局部照明，以满足各种工作面的照度要求。这种照明方式适用于照度要求高、对照射方向有特殊要求、工作位置密度大的场所，如商场、医院、体育馆、车间等。

2. 事故照明

事故照明是指在正常照明突然停电的情况下，可供事故情况下继续工作和使人员安全通行疏散的照明，如医院的手术室、急救室、大型影剧院等都需要设置事故照明。

事故照明必须采用能瞬时点燃的白炽灯或碘钨灯等光源。当事故照明作为工作照明的一部分而经常点燃，且不需切换电源时，可采用其他光源。用于继续工作的事故照明，在工作面上的照度不得低于一般照明推荐照度的10%；用于人员疏散的事故照明，其照度不应低于0.5 lx。

7.2 电光源与灯具

7.2.1 电光源的类型及主要使用性能

照明系统中最重要的设备是光源。凡是能将其他形式的能源转换光能，从而提供光通量的器具或设备统称为光源。其中能将电能转换成光能的设备则称之为电光源。当前建筑系统中使用的光源基本上都是电光源。

电光源的种类很多，各种形式的电光源的外形和光电性能指标都有较大的差异，但对于建筑系统中使用的电光源就其发光原理来看，仅分热辐射光源和气体放电光源两大类。

1. 热辐射光源

热辐射光源是利用电流的热效应，把具有耐高温、低挥发性的灯丝加热到白炽程度而产生可见光的一种光源。这种光源发展最早，也是实际使用最普遍的一种光源，常用的有白炽灯、卤钨灯等。

(1) 白炽灯　白炽灯俗称灯泡，它主要由灯头、灯丝、引线、支架和玻璃壳等部分组成，如图7.3所示。它是靠灯丝(钨丝)通过电流加热达到白炽状态而辐射发出可见光的。当白炽灯工作时，随着温度的升高和工作时间的延长，钨丝逐渐蒸发到灯泡的玻壳内壁上，使灯泡变黑，同时钨丝变细，直到熔断，所以白炽灯的寿命较短。

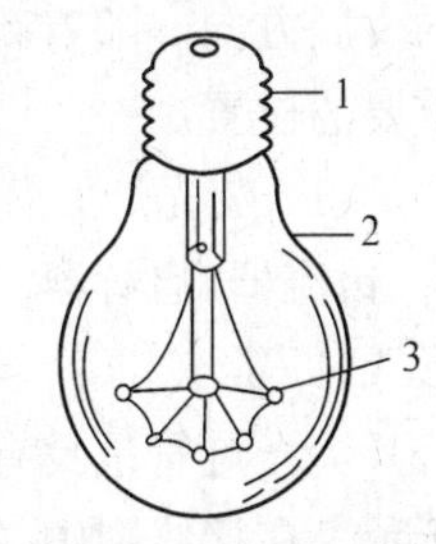

图7.3　白炽灯的结构

1—灯头；2—玻璃泡；3—灯丝

一般在较大功率灯内充入氩、氮或二者的混合气等惰性气体，使得钨在蒸发过程中遇到惰性气体的阻拦，有一部分钨粒子返回到灯丝上，减慢了钨粒子沉积在玻壳上和钨丝变细的速度，从而提高了灯泡的发光效率和使用寿命。由于氩、氮成本较高，因此小功率灯泡(一般40 W及以下)还是真空的。

白炽灯发光效率低，寿命短，耐振性差，色觉偏差较大。但其点燃迅速，构造简单，价格低，使用方便。因此，目前仍然广泛应用于日常生活照明、工矿企业照明及各种场所的应急照明等。从灯罩(控照器)的形式来看，白炽灯又较易组成各成形式，因此，在豪华夺目的大花灯以及在潮湿多尘环境中工作的防水防尘灯中也较多采用白炽灯的光源。

(2) 卤钨灯　白炽灯的主要缺点是发光效率低，寿命短。而卤钨灯与白炽灯虽同属于热辐射光源，其发光原理相同，但其结构、外形等有很大差别，最突出的一点在于卤钨灯泡内充有部分卤素元素或卤化物。

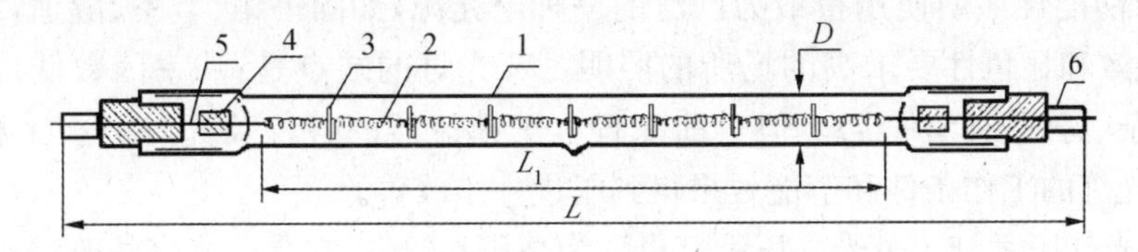

图7.4　管状卤钨灯的结构简图

1—石英玻璃管；2—螺旋状钨丝；3—钨质支架；4—铝箔；5—导线；6—电极(本图为夹式电极)

卤钨灯的灯泡壳由石英玻璃或高硅氧玻璃制成，泡内充入卤素元素(如碘、溴等)，钨灯丝通过支架支悬于管内，如图7.4所示。这样当卤钨灯工作时，在高温下从钨丝上蒸发出的钨元素在管壁附近较低温处与卤素元素化合成卤钨化合物，当卤钨化合物向管心扩散，移到灯丝附近时，受高温而分解为钨和卤素元素，于是，钨回到灯丝上，卤素元素重新向管壁扩散，如此这样循环，减慢了钨丝的挥发速度，防止了灯管发黑，从而改善了灯泡的发光效率，大大延长了使用寿命。

卤钨灯由于光效高、体积小、寿命长、显色性好、使用方便，在高照度的场所使用很多，尤其是定向投影照明和大面积场所，如电视演播室、舞台、摄影、绘画以及建筑工地、体育馆等场合的照明。近年来，一些小功率的卤钨灯已用于商场橱窗、会议室和家庭的台灯壁灯等室内照明电光源。但是卤钨灯工作温度高，抗振性差，所以使用时应注意散热条件及防火，同时注意安装保持水平，不宜在震动场所用。

2. 气体放电光源

气体放电光源是利用电流通过气体或金属蒸气时，使之受到激发导致其电离、放电而产生可见光的。目前，被广泛使用的有荧光灯、高压汞灯、高压钠灯、氙灯和金属卤化物灯等。这种光源具有光色好、发光效率高、使用寿命长、耐振性好等优点，代表着新型电光源的发展方向。随着新品种的不断开发和出现，气体放电光源将会在电气照明工程中占有更重要的位置。

(1) 荧光灯　荧光灯又称为日光灯，是目前广泛使用的一种电光源。荧光灯电路由灯管、镇流器、启辉器三个主要部件组成，如图 7.5 所示。荧光灯管可制成直管，也可以制成环形或"U"形。

荧光灯管是具有负电阻特性的放电光源，需要镇流器和启动器才能正常工作，如图7.6所示。在接线图中，镇流器 L 是与灯管串联的，而启辉器 S 则与灯管并联。

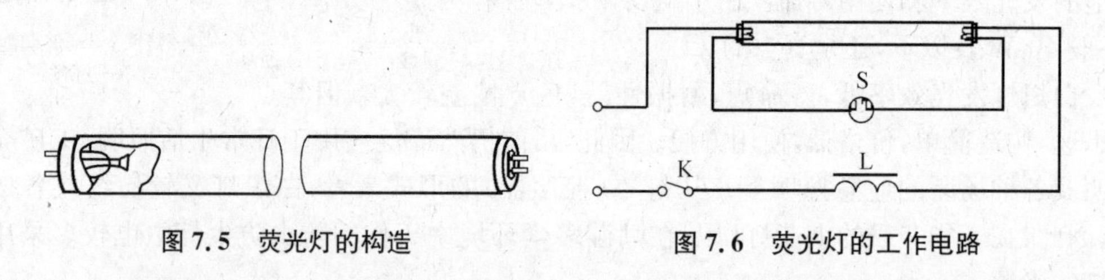

图 7.5　荧光灯的构造　　**图 7.6　荧光灯的工作电路**

荧光灯是利用汞蒸气在外加电压作用下产生弧光放电，发出少量可见光和大量紫外线，后者又激励管壁内的荧光粉，从而发出大量可见光的。作为电光源发展史上第二代光源的典型代表，具有光效高、寿命长、可制成各种光色、发光柔和、热辐射量小等显著优点，是作为室内功能性照明使用得最为广泛的一种电光源，如图书馆、教室、隧道、地铁、商场、办公室等光效和显色性要求高的场所的照明。荧光灯的缺点是:功率因数低，具有频闪效应、结构复杂(需配备镇流器)。但目前配置电子镇流器的各种荧光灯已在工程中得到应用，使得荧光灯的工作条件和节能效果得到了进一步改善。

(2) 荧光高压汞灯　荧光高压汞灯也称为高压水银灯，它是荧光灯的改进产品，属于高气压的汞蒸气放电光源。具有光效高、耐振性能好、耐热、寿命长等特点，可制成功率较大的灯泡，但它启动时间长、显色性较差。它主要用于街道、广场、码头等室外大面积和室内高度较大(一般在 5 m 以上)对显色性要求不高的场所的照明。

高压汞灯的结构和工作原理线路如图 7.7 所示。它是由涂有荧光粉的放电管 1 和玻璃外壳 2 及相应的电极组成。在放电管里面充有水银和惰性气体氩，当电源经镇流器 L 与放电管接通后，先在引燃电极 E_3 和主电极 E_1 之间产生辉光放电，然后过渡到主电极 E_1 和 E_2 之间的弧光放电，此时使放电管内的水银气化，其压力达 100～300 kPa。水银的紫外线照射玻璃壳2内表面的荧光粉而发出荧光，所以，称为高压荧光灯(而日光灯是低压荧光灯)。

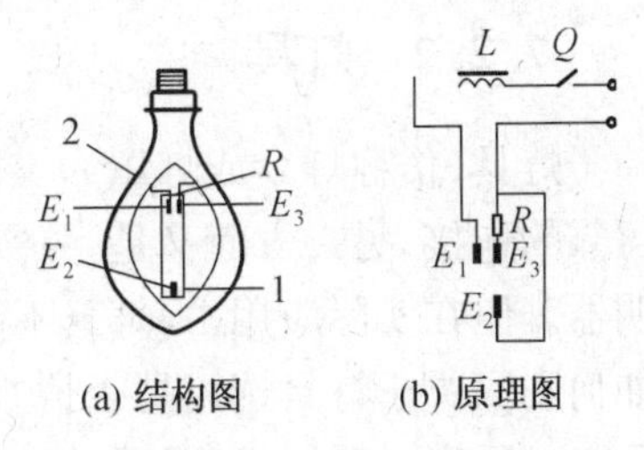

(a) 结构图　　(b) 原理图

图7.7　高压水银灯

1—放电管；2—玻璃外壳；E_1、E_2—主电极；E_3—引燃电极

(3) 金属卤化物灯　金属卤化物灯是一种较新型的电光源，是在高压汞灯的基础上，在放电管中放入了各种不同的金属卤化物而制成的。它通过金属卤化物在高温下分解产生金属蒸气和汞蒸气，依然是依靠这些金属蒸气激发放电辐射出可见光的。适当选择金属卤化物并控制它们的比例，可制成不同光色的金属卤化物灯，如钠铊铟灯和日光色镝灯等。

金属卤化物灯具有体积小、重量轻、光效高、显色性较好但耐振性差、散热要求高等特点，所以适合于体育场馆、展览中心、广场、广告等大面积场所的照明。

(4) 高压钠灯　高压钠灯是通过高压钠蒸气放电发光的一种高强度气体放电光源。它虽然启动时间长、光色较差，但体积小、寿命长，其辐射光谱中多数较强的谱线分布在人眼最为敏感的波长附近，因而其光效很高。光源色调呈金黄色，透雾性能好，所以适合于需要高亮度、高效率但显色性要求不高的场所，如主要交通通路、飞机场跑道、沿海及内河港口城市的路灯，特别适合用高压钠灯。

荧光高压汞灯、金属卤化物灯和高压钠灯统称为高强度气体放电灯(HID灯)，它们具有相似的结构，都有放电管、外泡壳和电极，但所用材料及内部所充的气体不同。

(5) 霓虹灯　霓虹灯是一种辉光放电灯，一般不作为功能性照明的电光源，而是制成各种文字或图案，通过电路中的控制装置，使各种颜色组成的文字图案产生变幻的动感，具有鲜明的特色和生动活泼的气氛。霓虹灯常常用作装饰性的营业广告或作为指示标记牌。

(6) LED节能灯　LED是英文light emitting diode(发光二极管)的缩写，它的基本结构是一块电致发光的半导体材料，置于一个有引线的架子上，然后四周用环氧树脂密封，起到保护内部芯线的作用，所以LED的抗振性能好。LED节能灯有如下优点：

① 高节能：直流驱动，超低功耗(单管0.03～0.06 W)电光功率转换接近100%，相同照明效果比传统光源节能80%以上(能耗仅为白炽灯的1/10，节能灯的1/4)。

② 寿命长：LED光源为固体冷光源，用环氧树脂封装，灯体内也没有松动的部分，不存在灯丝发光易烧、热沉积、光衰等缺点，使用寿命可达6万～10万小时，比传统光源寿命长10倍以上。

③ 多变幻：LED光源可利用红、绿、蓝三基色原理，在让算机技术控制下使三种颜色具有256级灰度并任意混合，即可产生256×256×256=16 777 216种颜色，形成不同光色的组合变化多样，可实现丰富多彩的动态变化效果及各种图像。

④ 利环保：光谱中没有紫外线和红外线，既没有热量，也没有辐射，眩光小，而且废弃物可回收，没有污染，不含汞元素；冷光源，可以安全触摸，属于典型的绿色照明光源。

⑤ 高新尖：LED光源是低压微电子产品，其融合了计算机、网络通信、图像处理、嵌入式控制等技术，也是数字信息化产品，具有在线编程、无限升级、灵活多变的特点。

⑥ 体积小：LED基本上是一块很小的芯片被封装在环氧树脂里，所以它非常小、非常轻。

7.2.2 灯具

灯具(俗称灯伞或灯罩),又称控照器。它一方面可以固定和保护光源,使光源和电源可靠的连接,另一方面又是一种对光源发出的光进行再分配的装置。它与光源共同组成照明器。但在实际应用中,灯具不能独自工作,它配合光源才能发挥作用,而光源的利用程度如何则取决于灯具选用是否恰当,因此,从某种意义上讲,灯具与照明器的分类、选用基本上是一回事,灯具与照明器并无严格的界限。

1. 灯具的作用

(1) 合理配光　裸露的灯泡发出的光线向四周散射,得不到很好地组织和利用,同时强烈的光线又会造成耀眼的强光,但如果采用了合适的灯具,可将光源发出的光通量重新分配,这些缺点就可以得到较好的克服,从而达到合理利用光通量的目的了,这就叫配光。各种灯具分配光通量的特性即配光特性可由灯具的配光曲线来表示。

将光源在空间各个方向的光强用矢量表示,并把各矢量的端点连接成曲线,用来表示光强分布的状态,称为配光曲线(发光强度分布曲线),如图 7.8 所示。

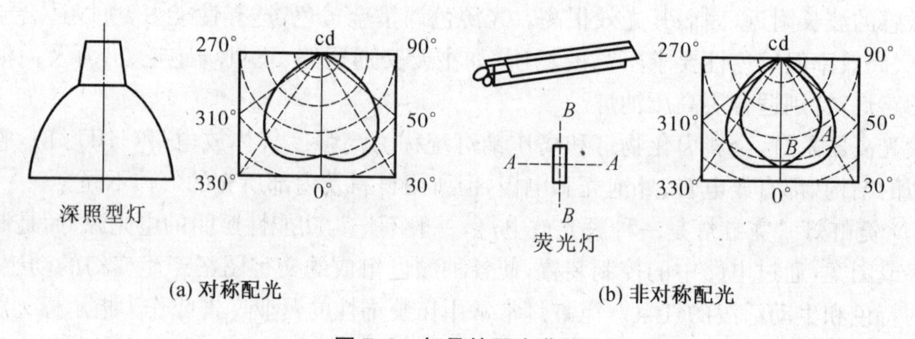

图 7.8　灯具的配光曲线

(2) 限制眩光　在视野内,如果出现刺眼的强光,则称之为眩光。眩光会引起眼睛不舒适感或使视力降低,对眼睛危害很大。限制眩光的方法是限制灯具的表面亮度或者使灯具有一定的保护角(灯具下缘与光源灯丝最外处连线同水平线之间夹角称为保护角,如图 7.9 所示),并配合适当的悬挂高度和安装位置。

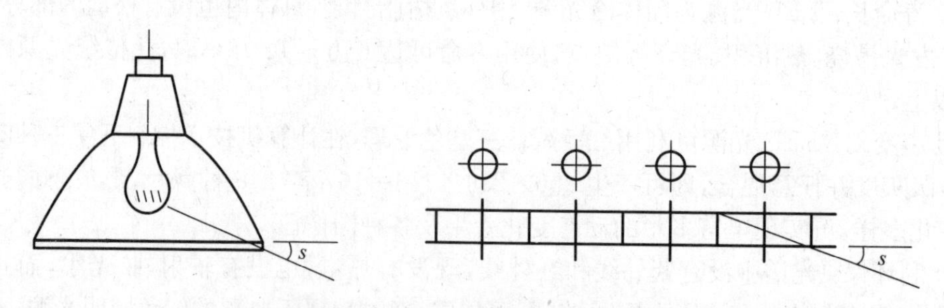

图 7.9　灯具和格栅的保护角

有了灯具的保护角,在规定了灯具的最低悬挂高度下使光源在强光视角区内隐蔽起来,避免直接眩光。另外,还可以将格栅式灯具用在对避免直接眩光要求较高的地方。

(3) 提高光源的效率　灯具的发光效率是从一个灯具射出的光通量 F_2 与灯具光源发

出的光通量 F_1 之比，它表明灯具对光源的利用程度。即

$$\eta = \frac{F_2}{F_1} \times 100\%$$

显然，灯具的发光效率愈高，光源的利用率就愈大，它是反映灯具的技术经济效果的指标。因为 $F_2 < F_1$，所以 $\eta < 1$。各种灯具的效率，可查阅有关照明手册。光源配以适当的灯具，可提高光源的使用效率。

2. 灯具的分类

照明灯具为了便于选择使用，可从不同角度对其进行分类。

(1) 按灯具的配光曲线分类　国际照明委员会(CIE)按照光通量在上、下半球的分布将灯具分为五类(见表7.3)。

表7.3　灯具按光通量上、下比例分配分类表

类　型		直接型	半直接型	漫射型	半间接型	间接型
光通量分布特性	上半球	0～10%	10%～40%	40%～60%	60%～90%	90%～100%
	下半球	100%～90%	90%～60%	60%～40%	40%～10%	10%～0
配光曲线						
实　例						

① 直接型灯具：直接型灯具发出的光通量中有90%以上直接向下到达工作面上，向上投射的光通量极少。灯具效率高，光线集中，因而工作面上的照度高，但顶棚很暗，易形成较强烈的对比眩光，局部的物体有明显的阴影。直接型灯具适用于层高较高的厂房建筑内或广场道路的照明。各种金属灯具属这一类型。

② 半直接型灯具：这类灯具能使60%～90%的光线向下照射，40%～10%的光线向上照射，称为半直射配光。半直接型灯具可使顶棚照度得到提高，室内亮度对比得到改善，阴影变淡。各种敞口玻璃、塑料灯具属这一类型。

③ 漫射型灯具：漫射型灯具向上的光线40%～60%，其余向下。向上或向下发出的光通大致相同，光强在空间基本均匀分布，这类灯具眩光低，光线柔和。但光线被天棚、墙壁和灯具吸收较多，不如直射式灯具经济，多用于生活间、公共建筑等场所。各种封闭型玻璃、塑料灯具属漫射型灯具。

④ 半间接型灯具：这类灯具使10%～40%的光线向下照射，有90%～60%的光线向上照射，这种灯具上半部用透明材料，下半部用漫射透光材料做成，由于上半球光通量的增加，增强了室内反射光的照明效果，光线柔和，但灯具的效率低。

⑤ 间接型灯具：从间接型灯具发出的90%以上的光通向上，到达顶棚和墙壁，经反射后分布于室内，其光线均匀柔和，没有阴影和眩光，但光损失大，不经济，适用于剧场、展览馆等场所。

(2) 按灯具的结构特点分类(见图7.10)

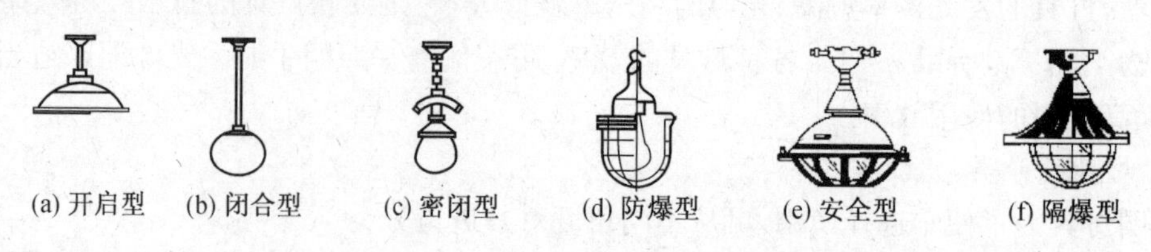

图7.10　照明灯具按结构特点分类

① 开启型：其光源与外界环境直接相通。

② 闭合型：透明灯具是闭合的，它把光源包合起来，但室外空气仍能自由流通，如乳白玻璃球形灯等。

③ 密闭型：透明灯具固定处有严密封口，内外隔绝可靠，如防水防尘灯等。

④ 防爆型：符合《防爆电气设备制造检验规程》的要求，能安全地在有爆炸危险性介质的场所中使用。

⑤ 隔爆型：隔爆型灯具结构非常坚实，且有一定的隔爆间隙，即使发生爆炸也不易破裂。

⑥ 防腐型：防腐型灯具的外壳用防腐材料制成，密封性能好，腐蚀性气体不能进入灯具的内部。

(3) 按灯具的安装方式分类　按照灯具的安装方式可将灯具分为悬吊式、吸顶式、壁式、嵌入式等。

悬吊式是最普通的，也是应用最广泛的安装方式。它是利用线吊、链吊和管吊来吊装灯具，以达到不同的使用效果。

吸顶式是将灯具吸贴装在顶棚上。吸顶式灯具应用广泛，可用于各种室内场合。

壁式是将灯具安装在墙壁、庭柱上。主要用作局部照明和装饰照明。

嵌入式(暗式)是在有吊顶的房间内，将灯具嵌入顶棚内的安装方式。这种安装方式能消除眩光作用，与吊顶结合有较好的装饰效果。

3. 灯具的布置

灯具的布置，就是确定灯具在房间内的空间位置，它确定了光的投影方向、工作面上的照度及其均匀性、有无眩光和阴影等因素。灯具的布置如何，直接关系到照明质量，所以必须对灯具进行合理的布置。灯具的布置包括确定灯具高度的布置和水平方向的布置。

(1) 灯具高度的布置　灯具高度的布置，就是要确定灯具的悬挂高度。确定灯具的悬挂高度主要是考虑不能悬挂过低，以防止眩光及碰撞和触电危险。按《建筑照明设计标准》(GB 50034—2004)规定，制定了室内一般照明灯具的最低悬挂高度(见表7.4)。但灯具也不能悬挂过高，如悬挂过高则降低了工作面上的照度，而要满足照度的要求势必就要增大光源的功率，这样做显然不经济；另一方面维护管理也不方便。所以应将灯具布置在一个合理的高度。

表 7.4　房间内一般照明用灯具在地板面上的最低悬挂高度

光源种类	灯具形式	灯具保护角度	灯泡功率(W)	最低悬挂高度(m)
白炽灯	搪瓷反射罩或镜面反射罩	10°～30°	100 及以下 150～200 300～500	2.5 3.0 3.0
荧光高压汞灯	搪瓷或镜面深罩型	10°～30°	200 及以下 400 及以上	5.0 6.0
碘钨灯	搪瓷反射罩或铝抛光反射罩	30°及以上	500 1 000～2 000	6.0 7.0
白炽灯	乳白玻璃漫射罩		100 及以下 150～200 300～500	2.0 2.5 3.0
荧光灯			40 及以下	2.0

(2) 灯具的平面布置　灯具的平面布置有均匀布置和选择布置两种。

均匀布置是把灯具按一定的规律在室内均匀分布的布灯方式，均匀布置可使得工作面上获得较均匀的照度，适用于一般公共建筑物的室内灯具布置，是常用的布灯方式。

选择布置是指当室内均匀的照度不能满足局部区域的照明要求时，应将灯具有选择地布置在需要重点照明的区域，一般应根据生产设备分布或工作面的特殊要求来确定。在保证照度的前提下，尽量减小安装容量。

由于均匀分布较之选择布置更为美观，所以在既有一般照明又有局部照明的场所，一般照明宜首选均匀布置。均匀布置的灯具的形式有正方形、长方形、菱形等，如图 7.11 所示。

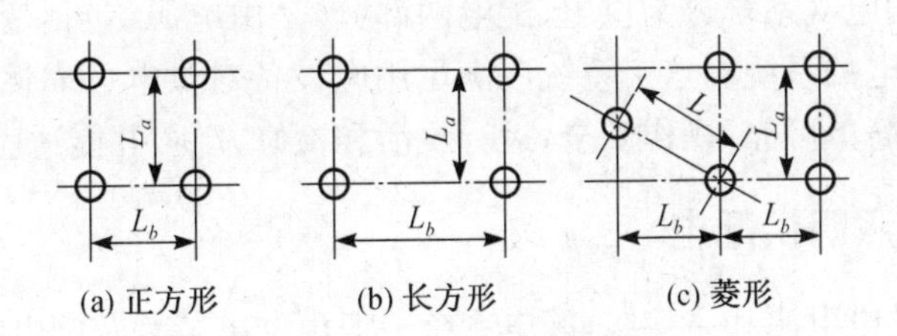

图 7.11　灯具均匀布置图

灯具布置得是否合理，主要取决于室内照度的均匀度。在均匀布灯的场合，计算高度 h（灯具至工作面的距离）一定时，灯具间距离 L 愈小照度愈均匀；而当灯具间距离 L 一定时，计算高度 h 愈大照度愈均匀，由此可以看出灯具的竖向布置与平面布置是密切相关的，它们的比值(L/h)是否恰当，决定了照度是否均匀。为使在一个房间里照度比较均匀，就要求灯具布置有合理的距高比(L/h)。表 7.5 所列值是从电能消耗最省的观点来考虑的，如果要得到更均匀的照度，L/h 值应小于某个值。

表 7.5　各种常用灯具比较合适的距高比值

灯具形式	L/h 较佳值	
	多行布置	单行布置
深照型灯	1.6～1.8	1.5～1.8
配照型灯	1.8～2.5	1.8～2.0
广照型灯、散照型灯、圆球形灯等	2.3～3.2	1.9～2.5
荧光灯	1.4～1.5	1.2～1.4

灯具间的距离应根据灯具的光强分布、悬挂高度、房屋结构及照度要求等诸多因素而定。确定灯具位置时，根据选定的灯具形式，可参考表 7.5 查得这种灯具最大允许距高比值(L/h)，结合预先求出的计算高度 H 值，即可确定灯具之间的距离 L。

$$L=(L/h)\times H$$

此外在灯具布置中，不仅要考虑灯与灯之间的距离 L，还要考虑灯具与墙之间的距离 $L_1(L_2)$。

当靠墙有工作面时　　　$L_1(L_2)=(0.25\sim0.3)L$

当靠墙无工作面时　　　$L_1(L_2)=(0.4\sim0.5)L$

总体来说，布置灯具时，除选择合理的距高比外还应配合房屋结构及工艺设备、其他管道布置情况及满足安全维修要求等诸多因素。在大型民用建筑中，有时根据建筑美观的要求来布置灯具。

7.3　电气照明供配电系统

建筑电气照明的电气系统分为供电、配电两部分，是由电源(包括变压器或室外供电网络)引向照明灯具配电的系统。这个系统应满足用电设备对供电可靠性和对供电质量的要求，接线方式应力求简单可靠，操作安全，运行灵活和检修方便，并能适应建筑的发展。

7.3.1　电气照明供配电

供电系统包括供电电源和主接线，配电系统一般由配电装置及配电线路组成。

1. 照明供电系统

(1) 大型民用建筑照明系统　大型民用建筑如高层办公大楼、大型商场、体育场馆、旅游宾馆等，多为一、二级负荷，设有变(配)电所，它们负荷都很大，虽然动力负荷占较大成分，但是照明负荷比例要比工业厂房中的比例大得多。

如图 7.12 所示是由两路高压电源供电的方式，两路电源中，在正常工作时，一路作为工作电源，另一路作为备用电源。工作电源故障时，备用电源手动或自动投入运行以保证供电的连续性。

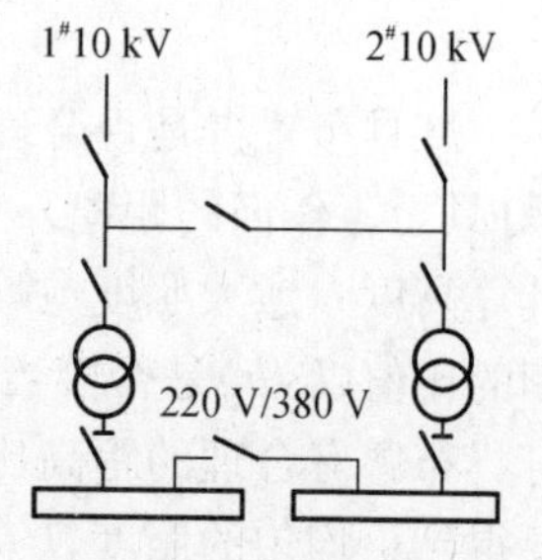

图 7.12　两路 10 kV 电源

两路高压供电投资大，在建筑物中当一、二级负荷不是很大时，如图7.13所示是由一路高压供电、另配应急发电机以满足一、二级负荷不间断供电要求的供电方式。

(2) 普通民用建筑照明供电系统　普通民用建筑的用电设备容量较小，不专设变压器和配电所，由本单位变压器或由小区变(配)电所引来220 V/380 V低压电源供电，一般只需一路进入建筑物内总配电箱，如图7.14所示。

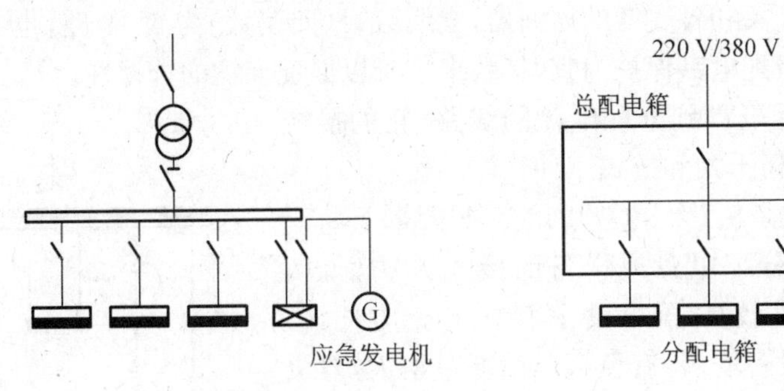

图7.13　一路电源配应急发电机　　图7.14　低压供电

2. 照明配电系统

照明配电系统是进行电能分配和控制的，它由配电装置及配电线路组成，一般一条进户线进入总配电装置，经总配电装置分配后，成为若干条干线，这些干线又把电能送至各分配电箱，各分配电箱分配后成为若干条支线，最后到各用电器。

根据实际工作情况不同，可把配电系统分成多种形式，最常用的有放射式、树干式、混合式、链式等。

7.3.2　照明线路的布置和敷设

1. 照明线路的形式

电能由室外供电网络经接户线、进户线引进建筑内部接入总配电盘，然后经过配电干线接入分配电盘，最后经过室内布线将电能分配给各用电设备和照明灯具的，如图7.15所示。

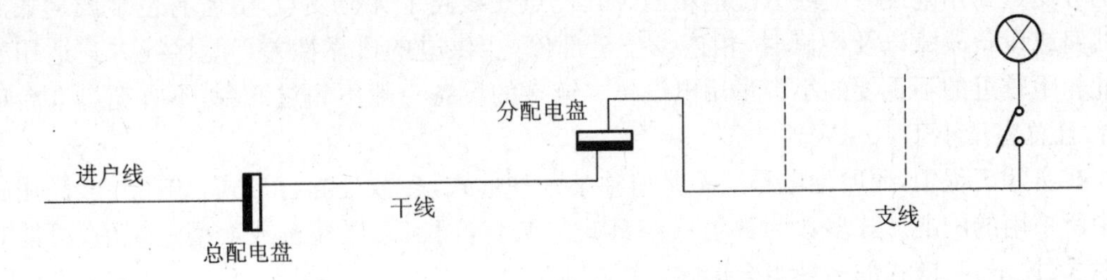

图7.15　照明线路的基本形式

由室外架空供电线路的电杆上引至建筑物外墙的支架的这段架空线路称为接户线。由建筑物外墙的支架到总配电箱(或是室外电缆接到总配电箱)的这一段线路是进户线，室内电气系统由进户线开始算起。干线是从室内总配电箱到各分配电箱的线路。支线则是由分配电箱引到各用电器具的线路。

选择架空线路到外墙进线支架的位置，即进户点位置时，应综合考虑建筑物的美观、供电安全以及工程造价等问题。最好设在建筑物的侧面或背面。若非从建筑物正面进线不可时,可利用建筑物两旁绿化树木遮掩隐蔽,以免影响建筑物的外观。进户点对地距离不得低于 2.7 m。

配电盘是接受和分配电能的枢纽。总照明配电盘内除了照明总开关、总熔断器、总电度表这些控制、保护、计量设备外,各干线上也有干线开关、熔断器等类似设备。

分配电盘有分开关和各支线的熔断器,支线数目(回路数)为 6～9 路,也有 3～4 路的。照明线路一般以两级配电盘保护为宜,级数多了难以保证保护的选择性。

干线是总照明配电盘到分配电盘的线路,它的接线方式通常有放射式、树干式和链式三种。

(1) 放射式　它是从总配电盘引出多条出线,且每一条线路上都接一个分配电盘或设备的接线方式(见图 7.16)。它供电可靠性较高,配电设备集中,检修方便,但线路及线路上相应设备增多,有色金属消耗量增大,投资大。这种方式多用于大容量或要求集中控制或重要的设备。

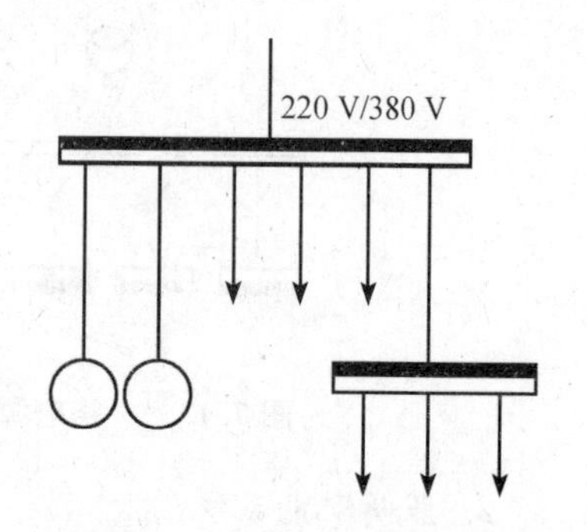

图 7.16　放射式配电系统

(2) 树干式　它是一条配电干线上接多个分配电盘或设备的接线方式(见图 7.17)。它所需配电设备及有色金属消耗量较少,投资省,但干线故障或检修时影响范围大,供电可靠性较差。一般适应于用电设备比较均匀,容量较小或对供电可靠性要求不高的设备。

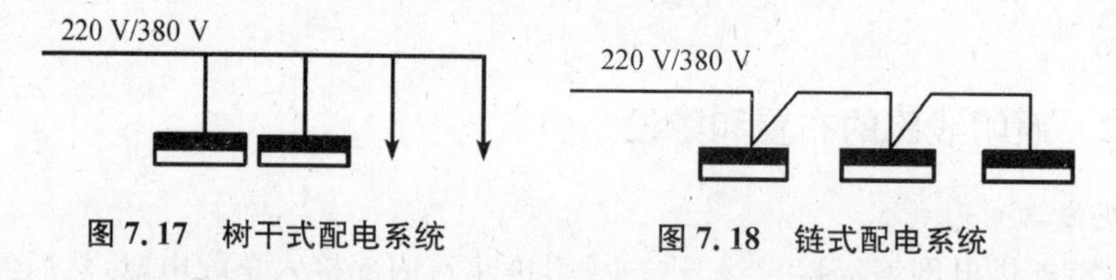

图 7.17　树干式配电系统　　**图 7.18　链式配电系统**

(3) 链式　与干线式相似,也是在一条供电干线上带多个用电设备或分配电箱的接线方式。(见图 7.18)但与树干式不同的是,后面设备的电源引自前面设备的接线端子,即线路的分支点在用电设备上或分配电箱内。其优点是线路上无分支点,节省有色金属。缺点是线路或设备故障以及检修时,相连设备全部停电,供电的可靠性差。此接线方式适用于彼此相距较近的不重要的小容量用电设备。链接的设备一般不超过 5 台,不宜超过 3 台或 4 台,且总容量小于 10 kW。

在实际工程中,照明配电系统不是单独某一种形式,多数是综合形式,如在一般民用住宅中所采用的配电形式多数为放射式与链式的结合,而在高层建筑或大型建筑中,可能是放射式、树干式、链式的多种组合形式。

支线的供电范围,单相支线不超过 20～30 m;三相支线不超过 60～80 m,其每相电流以不超过 15 A 为宜。接向每一盏灯为一根火线,一根零线,开关接在火线上。每一单相火线上所装设的设备(如灯具和插座)应不超过 25 个,且其功率或数目应基本相等。但花灯、彩灯及大面积照明等回路除外。

在照明线路中,有时是两根线在一起,有时是 3～8 根线在一起,在工程施工图中,一般只要是同一个回路的线路,都用一条图线表示,叫单线图。导线根数可以在单线图中进行标注。若只有两根导线就不用标注了,因一个电气回路至少有两根导线。单线图表示法如图 7.19 所示。

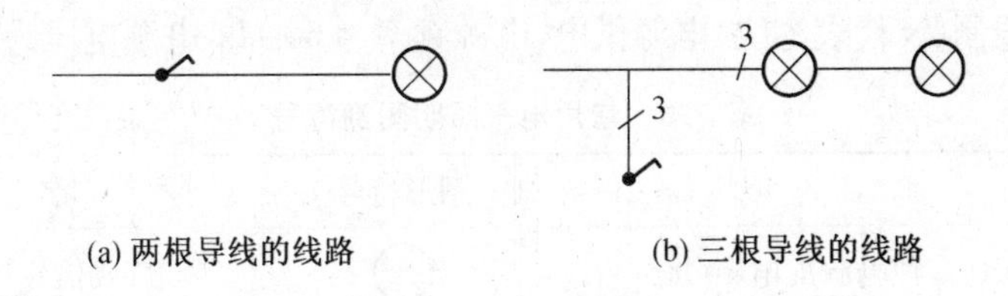

(a) 两根导线的线路　　(b) 三根导线的线路

图 7.19　照明单线图

2. 插座和开关

插座和开关是照明系统中常用的设备。插座分单相和三相,型式分明装和暗装两种。若不加以说明,明装式通常距地面 1.8 m,暗装式通常距地面 0.3 m。跷板(或板把)开关若不加以说明,明装式通常距地面 1.4 m。拉线开关分普通式和防水式,安装高度或距地面 3 m,或距顶 0.3 m。插座是线路中最容易发生故障的地方,如需要安装较多的插座时,可考虑专设一条支线供电,以提高照明线路的可靠性。

插座接线规定:单相两线是左零右相,单相三线是左零右相上接地。

室内照明线路布线,若是明敷设时,为了布线整齐美观,应沿墙水平方向或沿墙垂直方向走线,尽量不走或少走顶棚;若是暗敷设时,可以最短的路径走线,导线穿墙的次数应减至最少。

7.4　电气照明施工图识读

电气照明施工图是将照明供电系统中的导线及各种设备用统一规定的图形、文字符号,按照规定的画法来表达照明供电系统原理及施工方法的图样。它是设计方案的集中表现,也是工程预算和施工的主要依据。

电气照明施工图主要有系统图、平面图、设计说明、主要设备材料表等。下面主要介绍电气照明施工图中的系统图和平面图两部分,图中采用了规定图例符号、文字标注等用来表达实际的线路和实物。常用电气照明图例和文字标注见表 7.6 和表 7.7。

现以一栋三层三个单元的居民住宅楼进行分析、介绍电气照明施工图。

图 7.20 为该楼的电气照明系统图。图 7.21 为该楼一单元二层的电气照明平面图。

7.4.1　识读电气照明系统图

电气照明系统图用来表示照明工程的供配电系统内各设备之间的网络关系,配电线路(包括进户线、干线、支线)分布情况极其相应线路的规格、型号、敷设方式、计算负荷的功率和电流大小等。通过系统图可以表明以下四个方面内容。

1. 供电电源的种类及表示方式

对建筑物的照明供电,通常采用 220 V 的单相交流电源或采用 220 V/380 V 的三相四线制电源,负荷较大时(超过 30 A)用后者,反之用前者。由于照明负荷均为单相负荷,所以在三相四线制电源供电的照明系统中,应使照明负荷尽量均匀地分配在三相中,使负荷趋于平衡以使零线电流达到最小。

如图 7.20 中，进户线旁边的标注为

3 N～50 Hz　220 V/380 V

表示三相四线制（N 代表零线）电源供电，电源频率为 50 Hz，电源电压为 220 V/380 V。

表 7.6　常用电气照明图例符号

图形符号	名　称	图形符号	名　称
	多种电源配电箱（屏）		灯或信号灯一般符号
	动力或动力-照明配电箱		防水防尘灯
	信号板或信号（屏）		壁　灯
	照明配电箱（屏）		球形灯
	单相插座（明装）		花　灯
	单相插座（暗装）		局部照明灯
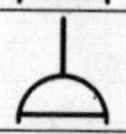	单相插座（密封、防水）		天棚灯
	单相插座（防爆）		荧光灯一般符号
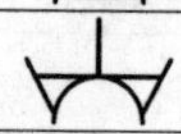	带接地插孔的三相插座（明装）	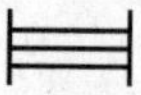	三管荧光灯
	带接地插孔的三相插座（暗装）		避雷器
	带接地插孔的三相插座（密封、防水）		避雷针
	带接地插孔的三相插座（防爆）	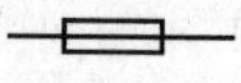	熔断器一般符号
	单极开关（明装）	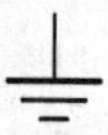	接地一般符号
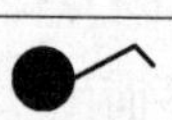	单极开关（暗装）		多极开关一般符号单线表示
	单级开关（密闭、防水）		多线表示
	单极开关（防爆）		分线盒一般符号
	开关一般符号		室内分线盒
	单极拉线开关	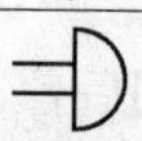	电　铃
	动合（常开）触点一般开关	 Wh	电度表

表 7.7　常用电气照明文字标注

表达线路			表达灯具		
相　序		交流系统：	常用灯具	J	水晶边罩灯
	L_1	电源第一相		S	搪瓷伞形罩灯
	L_2	电源第二相		T	圆筒形罩灯
	L_3	电源第三相		W	碗形罩灯
	U	设备端第一相		P	玻璃平板罩灯
	V	设备端第二相	灯具安装方式	X	吊线式
	W	设备端第三相		L	吊链式
	N	中性线		G	吊杆吊管式
线路敷设方式	M	明敷设		B	壁装式
	A	暗敷设		D	吸顶式
	CP	瓷瓶瓷珠敷设		R	嵌入式
	CJ	瓷夹瓷卡敷设		Z	柱上安装
	S	钢索敷设	灯具标注		$Q-b\frac{c\times d\times L}{e}f$
	QD	铝夹片敷设		a	灯数
	CB	木板、塑料等槽板敷设		b	灯具型号或符号
	GG	穿钢管敷设		c	每盏灯具的灯光数
	DG	穿电线管敷设		d	灯泡容量(W)
	VG	穿硬塑料管敷设		e	安装高度(m)
线路敷设部位	L	沿梁、跨梁		f	安装方式
	Z	沿柱、跨柱		L	光源种类
	Q	沿墙			
	P	沿天棚			
	D	敷在地下或地板下			

2. 进户线、干线、支线

通常，一幢建筑物对同一个供电电源只设一路进户线。当建筑物体较长，用电负荷较大或有特殊要求时，可考虑设置多路进户线。进户线需做重复接地，接地电阻小于 4 Ω。进户线的引入方式有架空引入和电缆引入。多层建筑物的进户线一般沿二层或三层地板引至总配电箱(如此例平面图 7.21 所示)。

从系统图上可以直接表示出从总配电箱到各分配电箱的接线方式是放射式、树干式、还是混合式。一般多层建筑中，干线多采用混合式。

在系统图中要标注进户线和干线的型号、截面、穿管管径和管材、敷设方式及敷设部位等，而支线一般均用 1.5 mm^2 的单芯铜线或 2.5 mm^2 的单芯铝线，所以只在设计说明中做统一说明。但干线支线若采用三相电源的相线则应在导线旁用 L_1、L_2、L_3 注明。本例干

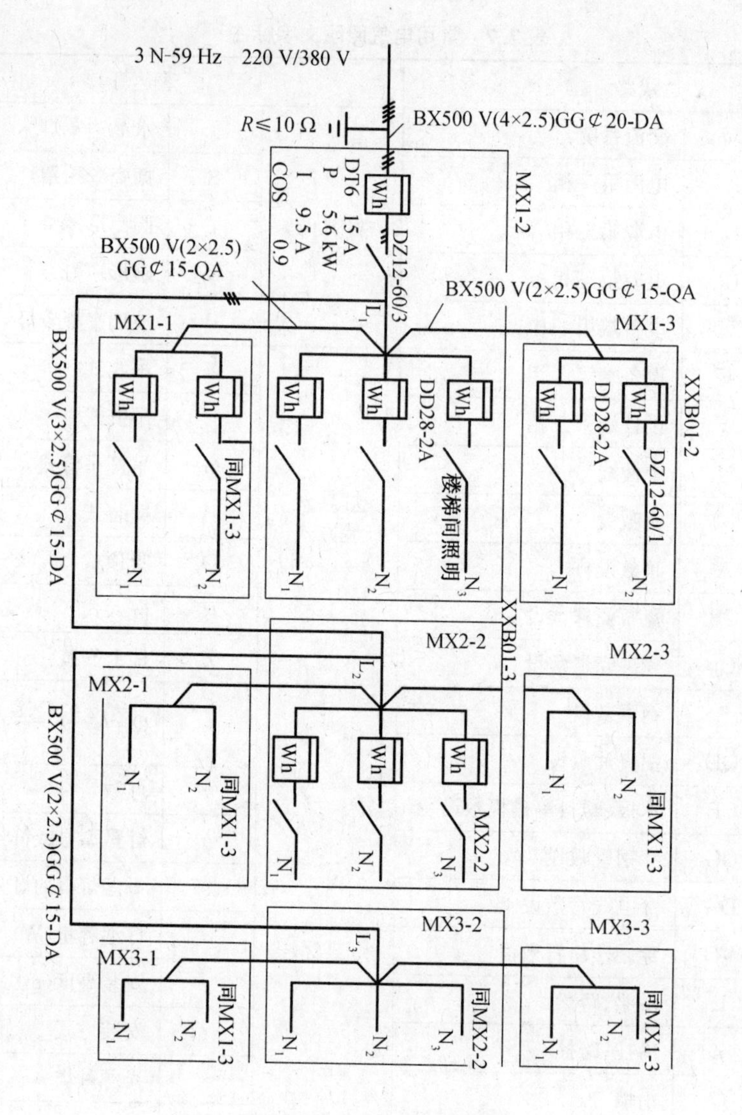

图 7.20 电气照明系统图

线、支线属同一相线，故支线标注可省略。配电导线的表示方式为

$$a-b(c\times d)e-f$$

或

$$a-b(c\times d+c\times d)e-f$$

式中 a——回路编号(有时回路数较少时，可省略)；

b——导线型号；

c——导线根数；

d——导线截面；

e——导线敷设方式(包括管材、管径等)；

f——敷设部位。

例如，在图 7.20 的 L_3 回路，该段干线的标注为

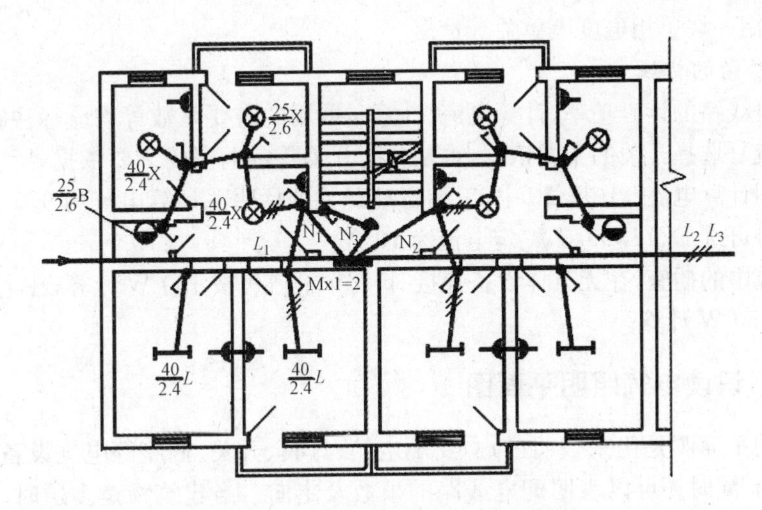

图 7.21 一单元二层电气照明平面图

BX500V(2×2.5)GGϕ15－DA

表明 L_3 回路的干线采用 BX 型铜芯橡皮绝缘线，2 根 2.5 mm^2 的导线，穿管径为 15 mm 的钢管，沿地板暗敷。

从分配电箱引至灯具、插座及其他用电设备的一段线路，称为支线。支线所组成的电路，称为支路。在系统图上需标出支路的计算功率、计算电流和功率因数。

3. 配电箱

配电箱是接受电能和分配电能的装置。对于用电量较小的建筑物，可只安装一个配电箱。对于多层建筑物可以在某层(例如二层)设置总配电箱，并由此引出干线到其他楼层设置的层间分配电箱。

在平面图上只能表示配电箱的位置和安装方式，配电箱内安装的开关、熔断器、电度表等电气元件必须在系统图中标明。配电箱较多时，要进行编号，如图 7.20 中的 MX_1-1、MX_1-2 等。选定产品时，应在旁边标明型号，自制配电箱应画出箱内电气元件布置图。

三相电源的零线不能接开关和熔断器，应直接接在配电箱内的零线板上。零线板固定在配电箱内的一个金属条上，每一单相回路所需的零线都可以从零线板上引出。

一般住宅和小型公共建筑中，配电箱内的总开关、支路开关可选用胶盖刀闸，这种开关可以带负荷操作，而且开关里的熔丝还可以做短路保护。对于规模较大的公共建筑，现在多数采用自动开关对照明线路进行控制和保护。

为了计量负荷消耗的电能，在配电箱内要装设电度表。考虑到三相照明负荷的不平衡，故在计量三相电能时应采用三相四线制电度表。对于民用住宅，应采用一户一表，以便控制和管理。

控制、保护和计量装置的型号、规格应标注在图上电气元件的旁边。如图 7.20 所示，本例中在总配电箱 MX1-2 内设有三相四线制电度表进行总电能的计量，该表的型号及规格为：DT6-15A、DZl2-60/3 为总三极自动开关。分配电箱(即用户配电箱，向每单元每层的两个用户供电)内装有 DZ12-60/1 单极自动开关、DD28-2A 单相电度表(图中未标)，XXB01-2 和 XXB01-3 为配电箱的型号。配电箱 MX_1-2 内的 N_3 支路为该单元 1～3 层楼梯间的照明,用一块单相电度表单独计量。

4. 计算负荷的标注

照明供电线路的计算功率、计算电流、计算时取用的需要系数等均应标注在系统图上。因为计算电流是选择开关的主要依据,也是自动开关整定电流的主要依据,所以,每一级开关都必须标明计算电流。图 7.20 中,三相自动开关处标明总计算电流为 9.5 A,则三相自动开关的型号可选 DZ12-60/3,整定电流为 10 A。

民用建筑中的插座,在无具体设备连接时,每个插座可按 100 W 计算;住宅建筑中的插座,每个可按 50 W 计算。

7.4.2 识读电气照明平面图

电气照明平面图是用来表明进户点、配电箱、灯具、开关、插座等电气设备的平面位置及安装要求的,同时还可以表明配电线路的根数及走向。当建筑物是多层时,应逐层画出电气照明平面图。当各层或各单元均相同时,可以只画出标准层的电气照明平面图。平面图可以表明设备布置和安装的三点要求:

(1) 进户线、配电箱的位置　由平面图可知,进户线是由建筑物的侧墙沿二层地板引至一单元二层总配电箱的,由此确定了进户点的位置。配电箱画于墙外为明装,画于墙内为暗装。图 7.21 中,配电箱均为暗装。

(2) 干线、支线的走向　在图 7.21 中比较清楚地反映出干线的走向、支线的走向及支路的供电范围。例如,L_1 相电源是供给一单元的单相电源,它不仅供给二层,还要通过立管分别引入一层和三层。在平面图上只能用箭头符号表示该相电源线引上和引下的关系,为了表达完整,常在系统图和平面图上互相补充。由于支线条数较多,支线常采用同一种规格的导线和相同的方式进行敷设,所以,在平面图上只标出导线的根数。支路导线的型号、截面、敷设方式等可放在设计说明中表述完整。

(3) 灯具、开关、插座的位置　各种电气元件、设备的平面安装位置都可在平面图上得到很好的体现。由图 7.21 可知,灯具是设在室内中心位置的,卫生间的壁灯设在墙上,插座和灯开关在各个房间的位置也很明确。但要反映安装要求,还需通过标注的方式进一步说明。灯具的表示方式见表 7.7。

当选用普通型灯具,室具数量较少时,可简化标注,如图 7.21 中某灯具的标注为:(40/2.4)L,根据图形符号可判断为单支荧光灯,该荧光灯的额定功率为 40 W,悬挂高度为 2.4 m,安装方式为链吊式的。

各种灯具的开关,一般情况下不必在图上标注哪个开关控制哪个灯具。安装时,只要根据图中导线走向、导线根数,结合一般电气常识和规律,就能正确判断出来。图 7.22 为分支线路的单线表示图。

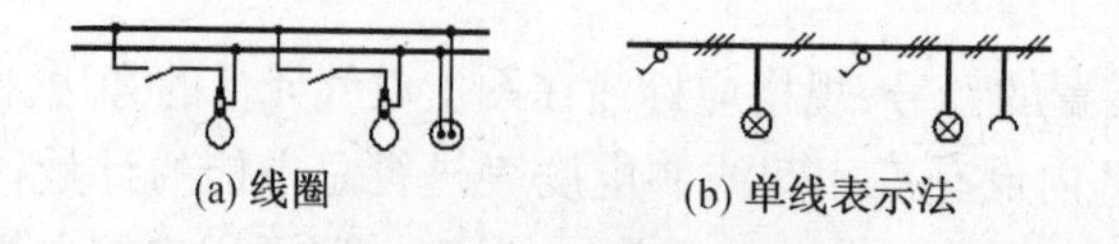

(a) 线圈　　(b) 单线表示法

图 7.22　分支线路的单线表示

在一项工程的系统图和平面图中,各个电气产品的编号标注必须一致。例如,前述的建筑物内有数个配电箱，MX_1-2不同于MX_1-1，也不同于MX_2-2。而MX_1-1与MX_1-3的型号虽然相同，但安装位置不同，前者在一层，后者在三层。若配电箱选用了定型产品，应将型号一并标注在相应的配电箱上。配电箱的外形尺寸可标在系统图上，也可写在设计说明中，以便与土建工程配合，做好配电箱的预留洞工作。

对于支路，在平面图上可直观地表明其供电范围，即哪些灯具、插座、开关等属于一个回路，在系统图上可以表明该支路由哪相电源供电以及该支路的计算电流等。为了识图方便，在系统图和平面图上，各支路的编号也应一致，通常用N_1、N_2、N_3等标注在支路导线的旁边。

7.4.3　识读设计说明

在系统图和平面图上未能表明而又与施工有关的问题，可在设计说明中补充说明。如进户线的距地高度、配电箱的安装高度、灯具开关及插座的安装高度均需说明之。又如进户线重复接地时的做法及其他需要加以说明的条款，均需在设计说明中表述清楚。如图7.20和图7.21设计说明如下：

(1) 本工程采用交流50 Hz、220 V/380 V三相回线制电源供电，架空引入。进户线沿二层地板穿钢管暗敷至总配电箱。进户线距室外地面高度≥3.6 m(距地高度的确定，在设计中是根据工程立面图的层高来确定的)。进户线需做重复接地，接地电阻$R \leqslant 4\ \Omega$。

(2) 电箱外形尺寸为：宽×高×厚(mm)，MX_1-1为350×400×125；MX_2-2为500×400×125，均为定型产品。箱内元件见系统图，箱底边距地1.4 m，应在土建施工时预留孔洞。

(3) 跷板开关距地1.3 m，距门框0.3 m。

(4) 插座距地1.8 m。

(5) 导线除标注外，均采用BLX-500V-2.5 mm^{2}的导线穿15 mm的钢管暗敷。

(6) 施工做法参见《电气装置安装工程施工及验收规范合编(2014年版)》。

7.4.4　识读材料表

材料表应将电气照明施工图中各电气设备、元件的图例、名称、型号及规格、数量、生产厂家等表示清楚。它是保证电气照明施工质量的基本措施之一，也是电气工程预算的主要依据之一。图7.20和图7.21的部分材料见表7.8。

表7.8　图7.20和图7.21住宅楼部分材料表

材料表							备注
序号	图例	名称	型号及规格	数量	单位	生产厂家	
1	⊗	白炽灯(螺钉头)	220 V　40 W	36	个		当地购买
2	◑	壁灯(螺口灯座)	220 V　15 W	18	个		当地购买
3	⊗	防水防尘白炽灯	220 V　25 W	18	个		当地购买
4	◒	天棚白炽灯	220 V　40 W	9	个		当地购买
5	├─┤	带罩日光灯	220 V　40 W	36	套		当地购买

续表 7.8

材料表							
序号	图例	名称	型号及规格	数量	单位	生产厂家	备注
6		单相插座	220V 10 A	72	个		当地购买
7		跷板开关	220 V 6A	117	个		当地购买
8		总配电箱		1	套		订做
9		分配电箱	XXB01-2	6	套	北京光明电器开关厂	《建一集》JD350
10		分配电箱	XXB01-3	2	套	北京光明电器开关厂	《建一集》JD350
11	Wb	三相电度表		1	块		装于配电箱内
12	Wb	单相电度表		21	块		装于配电箱内
13		三相自动开关		1	个		装于配电箱内
14		单相自动开关		21	个		装于配电箱内
15		铜芯橡胶绝缘线	BX500V-2.5 mm^2		m		
16		铝芯橡胶绝缘线	BLX500V-2.5 mm^2		m		
17		水、煤气钢管	ϕ20 ϕ15		m		

复习思考题

1. 光的实质是什么？什么叫可见光？可见光波的波长范围是多少？哪种波长的什么颜色光可引起人眼最灵敏的视觉？

2. 什么叫光通、光强、照度和亮度？单位各是什么？

3. 什么叫光源的显色性？白炽灯与荧光灯相比较，哪一种光源显色性能好？

4. 照明质量的基本要求是什么？为什么要限制眩光？

5. 照明方式有哪几类？分别适合什么情况？

6. 什么叫热辐射光源和气体放电光源？试以白炽灯和荧光灯为例，说明各自的发光原理和性能。

7. 什么是 LED 节能灯？它有何使用优点？

8. 按灯具的结构特点来分，灯具可分为哪几类？选择灯具时应考虑哪些情况？

9. 室内照明灯具有哪几种布置方式？各有什么特点？分别适合于什么场合？什么叫最大距高比？距高比不合理时会出现什么问题？

10. 什么叫照明光源的利用系数？它与哪些因素有关？

11. 照明配电系统的组成和线路的基本形式是什么？

12. 什么叫电气照明系统图？通过电气照明系统图可以表明几个方面的内容？什么叫电气照明平面图？通过电气照明平面图又可以表明几个方面的内容？

第8单元

建筑弱电工程

◇ 学习内容

主要介绍电话通信系统、共用天线电视(CATV)系统、火灾自动报警系统、有线广播音响系统、综合布线系统的基本功能、类型、组成、工作过程及安装布置的要求。

◇ 学习目标

1. 了解电话通信网的基本组成,相关设备的工作原理、安装要求及用户网配线方式;
2. 了解CATV系统的基本组成,相关设备的工作原理、特征及基本安装要求;
3. 掌握火灾自动报警系统的类型、组成及工作原理和火灾探测器的分类、布置、选择及安装布线的要求;
4. 了解有线广播音响系统基本构成及功能;
5. 了解综合布线系统基本构成及功能。

建筑弱电系统是根据现代建筑的多需求、多功能、多用途而发展起来的。它主要是指一般民用建筑的电话通信系统、有线电视系统、火灾自动报警系统、有线广播音响系统、安全防范系统、建筑物自动化系统、综合布线系统等。这些系统的主要功能是实现建筑物内部之间及内部与外部之间信息的交换与传递。由于系统工作在60 V左右的低压,所以相对于建筑动力和照明强电系统而言,称之为建筑弱电系统。

建筑弱电系统是多种技术和多门学科的综合。建筑物的使用功能由于弱电系统的引入而大为增强,随着现代通信、现代计算机与互联网等技术以及国民经济的不断发展,弱电系统正发挥着越来越重要的作用。

8.1 电话通信系统

电话通信系统是建筑弱电系统中的一个基本组成部分。目前现代电话通信网已发展为电话、传真、移动通信和无线寻呼等电信技术和电信设备组成的综合通信系统。

8.1.1 现代电话通信网的功能

(1) 语言信箱系统(VMS) 语言信箱系统是将公用电话网的语言信号经过频带压缩

再经过模数转化后，存储于计算机中，以供用户提取语言信号。这种系统可提高接通率，充分利用线路和设备资源。

(2) 传真信箱系统(FMS)　传真信箱系统的工作原理和语言信箱系统类似，区别仅在于传真信箱系统存储于计算机中的是经过数字化和压缩处理的传真文件。

(3) 数据信息处理系统(MHS)　数据信息处理系统是建立在计算机信息网上的，能实现如电子邮件、电子数据交换、传真存储转发、可视图文系统及可视电话系统等多种业务。

8.1.2　现代电话通信网的组成

电话通信的目的是实现任意两个用户之间的信息交换。由终端设备、传输线路和交换设备三大部分组成的电话通信网就是完成信号的发送、接受、传输和交换任务的。电话通信网的组成如下表示：

电话机 —用户线→ 交换机 —中继线→ 交换机 —用户线→ 电话机

其中，担任信号发送、接受任务的是终端设备，如电话机、传真机等；担任传输信号任务的是传输线路，如用户线、中继线、通信电缆等；担任信号交换任务的是交换设备，如程控电话交换机等。目前电话通信网络已成为世界上最大的分布交换网络，任何建筑物内的电话，都可以通过市话中继线拨通与全国乃至全世界电话网络中的其他电话用户并与之进行通话。随着信息技术的迅猛发展，电话通信网络所能发挥的作用已经远远超出了人们最初对它的期望。

1. 程控交换机

电话交换机是接通电话用户之间通信线路的设备，正是借助于交换机，一台用户电话机能拨打任意一台用户电话机，使人们的信息交流能在很短的时间内完成。

数字式程控交换机是电话交换机发展的最新成果。它把电子计算机的存储程序控制技术引入到电话交换设备中来。这种控制方式是预先把电话交换的动作按顺序编成程序集中存放在存储器中，当用户呼叫时，由程序的自动执行来控制交换机的连续操作，以完成其接续功能。它主要由话路系统、中央处理系统、输出输入系统三部分组成。

2. 电话机

电话机是电话通信网的终端设备。电话机的种类很多，常采用的电话机有拨号盘式电话机、脉冲按键式电话机、双音多频(DTMF)按键式电话机、多功能电话机、无绳式电话机等。

一般住宅、办公室、公用电话服务站等在不需要配合程控电话交换机时普遍选用按键式电话机，反之则应选用双音频按键式电话机。而对于重要用户、专线电话、调度、指挥中心等机构多选用多功能电话机。

3. 用户网络设备

从电信局的总配线架到用户终端设备的电信电路称为用户线路。建筑物内部的传输线路极其设备包括主干电缆、配线设备、配线电缆、分线设备、用户线和用户终端设备，如图

8.1所示。从图中可以看出，由市话局引入的电缆(称为主干电缆)不直接与用户联系，而是通过交接箱(或用户配线架)连接配线电缆；配线电缆根据用户分布情况，将其线芯分配到每个分线箱内；再由分线箱引出用户线通过出现盒连接用户终端设备(如电话机、传真机)。

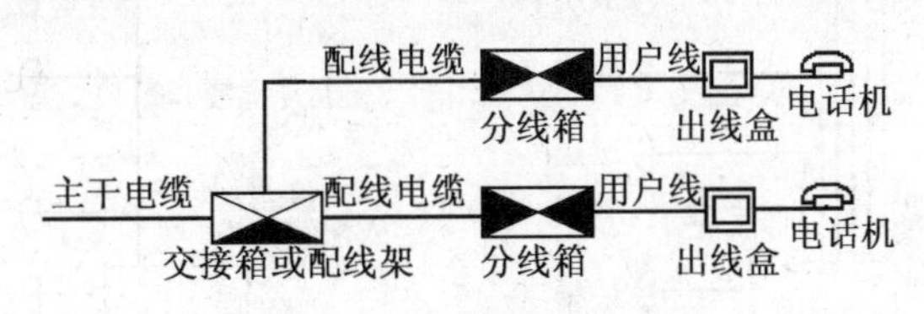

图8.1　用户线路示意图

(1) 交接箱　交接箱是连接主干电缆和配线电缆的接口装置，由市话局引来的主干电缆在交接箱中与用户电缆相连接。交接箱主要由接线模块、箱架结构和机箱组装而成。

(2) 分线箱与分线盒　分线箱与分线盒是连接交接箱或上级分线设备来的电缆，并将其分给各电话出线盒，是在配线电缆的分线点所使用的分线设备。

(3) 电话出线盒　电话出线盒是连接用户线与电话机的装置。按安装方式，电话出线盒可分为墙式和地式两种。

(4) 用户终端设备　包括电话机、传真机、计算机和保安器等。

8.1.3　现代电话通信网室内配线系统

室内配线系统是指由市话局引入的主干电缆直到连接用户设备的所有线路。电话系统的室内配线形式主要取决于电话的数量及其在室内的分布，并考虑系统的可靠性、灵活性及工程造价等因素，选用合理的配线方案。常见的大楼通信电缆的配线有下列几种形式。

(1) 单独式　从总交接箱(或总配线架、总配线箱)分别直接引出各个楼层的配线电缆(各楼层所需电缆对数根据需要确定)到各个分配线箱，然后采用塑料绝缘导线作为用户线从分线箱引至各电话终端出线盒。该方式的优点是各层电缆彼此相对独立，互不影响[图8.2(a)]。其缺点是电缆数量较多，工程造价较高。这种方式适用于各楼层需要线对较多且较为固定不变的建筑物，如高级宾馆或办公写字楼的标准层。

(2) 复接式　由同一条上升电缆接出各个楼层配线电缆，电缆线对部分或全部复接。复接的线对根据各层需要确定[图8.2(b)]。每线对的复接次数一般不超过两次。这种配线工程造价低，且可以灵活调度，缺点是楼层间相互影响、不便于维护检修。此方式一般适用于各楼层需要的线对不等、变化较多的场合。

(3) 递减式　各个楼层的配线电缆引出后，上升电缆逐层递减，不复接[图8.2(c)]。这种配线方式容易检修，但灵活性不如复接式，一般适用于规模较小的宾馆、办公楼等。

(4) 交接式　将整个建筑物分为几个交接配线区域，每个区域由若干楼层设一只容量较大的分线箱，再将出线电缆接到各层容量较小的分线箱组成，即各层配线电缆均分别经有关交接箱与总交接箱(或配线架)连接[图8.2(d)]。这种方式各楼层配线电缆互不影响，主干电缆芯线利用率高，适用于大型办公写字楼、高层宾馆等场合。

(5) 混合式　这种方式是根据建筑物内的用户性质及分区的特点，综合利用以上各种配线方式的特点而采用的混合配线方式。

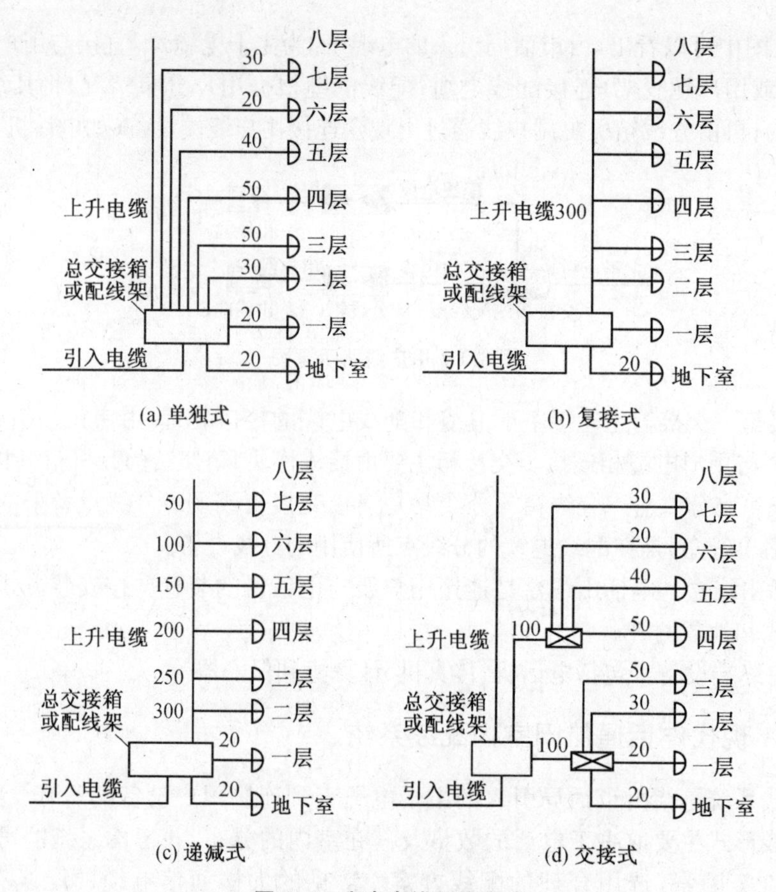

图 8.2 室内电缆配线方式

8.1.4 现代电话通信网室内设备的安装

电话通信设备安装时，有关技术措施要符合国家和邮电部门颁布的标准、规范、规程，并接受邮电部门的监督指导。

1. 分线箱(盒)的装设

建筑物内的分线箱(盒)多在墙壁上安装，可分为明装和暗装两种。分线箱是内部仅有端子板的壁龛。

(1) 明装时分线箱用木钉安装在墙壁表面的木板上，装设应牢固周正，木板上应至少用3个膨胀螺栓固定在墙上，木板四周超出分线箱盒各边 2 cm，分线箱底部一般高于地面1.2 m左右。

(2) 暗装时电缆分线箱、电缆接头箱和过路箱等统称为壁龛，是埋置在墙内的长方体形的箱子，以供电话电缆在上升管路及楼层管路内分支、接续、安装分线端子板用。

壁龛的大小由上升电缆和分支电缆进出的条数、外径和电缆的容量、端子板的大小和尾巴电缆的情况(如有无气闭接头等)决定。如采用铁质壁龛，要事先在预留壁龛中穿放电缆和导线的孔，还需要按照布置线路在壁龛内安装固定电缆、导线的卡子。如采用木质壁龛，木板材要坚实，厚度为 2～2.5 cm，且内部和外面均应涂防腐漆，以防腐蚀。壁龛的底部一般离地 500～1 000 mm 处为合适。

2. 交接箱安装

交接箱的安装可分为架空式和落地式两种，主要安装在建筑物外。

3. 电话机安装

电话机一般不直接与线路接在一起，而是通过接线盒与电话线路连接，主要是为了检修、维护和更换电话机方便。室内线路明敷时，采用有4个接头，即2根进线、2根出线明装接线盒，明装接线盒很简单。电话机两条引线无极性区别，可以任意连接。

室内采用线路暗敷，电话机接至墙壁式出线盒上，这种接线盒有的需将电话机引线接入盒内接线柱上，有的则用插头插座连接。墙壁出线盒的安装高度一般距地30 cm，根据用户需要也可装于距地1.3 m处，这个位置适用于安装墙壁电话机。

8.2　共用天线电视系统

共用天线电视(Community Antenna Television，缩写为CATV)系统是指用一副或一组公共天线将接受到的电视信号先经过适当处理(如放大、混合、频道变换等)，然后采用同轴电缆将信号传输、分配给各电视机用户的电视接收系统。由于系统各部件之间采用了大量的同轴电缆作为信号传输线，因而CATV系统又叫电缆电视系统，也就是目前城市正在发展的有线电视系统。

自20世纪40年代出现了最早的有线电视系统至今，CATV系统已得到了迅猛的发展。有线电视系统的出现有效地解决了远离城市的边远地区由于高山或高层建筑的遮挡或反射造成电视信号微弱、无法收看的困难以及城市内收看电视节目时出现的重影、雪花等干扰问题，使得千家万户的电视机通过电缆分配网络联系起来，收看电视台播放的清晰的电视节目；通过卫星地面站接收卫星传播的世界各地的新闻和体育比赛等实况转播的电视节目；还可以接收通过录像机、摄像机、调制器播放的自办节目以及从事传真通信和各种信息的传递工作。目前CATV系统已在各类建筑中得到广泛应用，如住宅建筑、宾馆建筑、教学建筑、办公建筑、候车建筑、候船建筑、候机建筑等。

8.2.1　CATV系统的组成

CATV系统主要由前端系统、传输系统、分配系统三部分组成(图8.3)。

1. 前端系统

前端系统主要是对信号进行接受和处理。

前端系统的信号源部分主要有天线、卫星电视接收机、光缆信号源、各类摄录放像机、多媒体计算机等设备。它对系统提供视频、音频及射频信号(视频、音频等信号的混频信号)。

前端系统的信号处理部分主要有天线放大器、卫星接收器、频道变换器、衰减器、混合器以及调制解调器等。它主要对系统提供的信号进行必要的处理和控制。

前端一般建在网络所在的中心地区，且设在比较高的地方，这样既可避免某些干线传输太远造成传输质量下降，又有利于卫星信号和微波信号的接收。前端位置应避开地面邮电微波或其他地面微波的干扰。

2. 传输系统

传输系统主要是将前端系统输出的高质量信号可靠的传输给用户分配网络。它主要

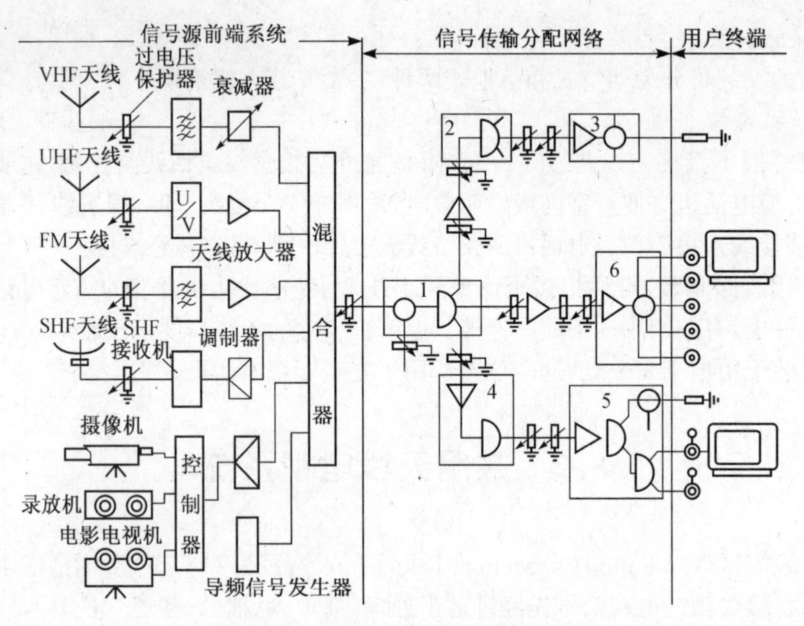

图 8.3　共用天线电视系统的基本组成

有干线放大器、光缆或同轴电缆、均衡器等。

3. 分配系统

分配系统主要是将干线传输来的射频信号分配给所有用户,并保证各用户的信号质量及各用户终端的电平衡度。它主要有同轴电缆、线路延长放大器、分支器、分配器及用户终端(即电视出口插座)等。

诚然,上述系统不一定在每一个 CATV 系统都出现,而是视系统的大小、对质量要求的高低而定。如图 8.3 所示是一个具体的 CATV 系统实例。

8.2.2　CATV 系统的主要设备

各国电视频道都不一样,因而采用的制式也不一致。我国在电视频道上规定每 8 MHz 为一个频道所占用的带宽。目前已规定"Ⅰ"频段划分为 5 个频道,"Ⅲ"频段划分为 7 个频道,"Ⅳ"频段划分为 12 个频道,"Ⅴ"频段划分为 44 个频道。总共在甚高频(VHF)段有 12 个频道,在特高频(UHF)段有 56 个频道,其具体频率可参阅相关手册。

1. 天线

CATV 系统所使用的接受天线与一般家用天线并没有本质的区别,它接受载有图像和伴音信号的空间各类电视信号(如无线电视信号、调频广播信号、微波传输电视信号和卫星电视信号)电磁波,使之变成感应电压和电流,并经过电缆传输到 CATV 系统,它是电视信号进入电视机的门户。对 C 波段微波和卫星电视信号大多采用抛物面天线;对 VHF(甚高频)、UHF(特高频)电视信号和调频信号大多采用引向天线(八木天线)。系统信号的质量好坏主要取决于天线接受信号能力的高低。因此为了保证好的收视效果,常选用方向性强、增益高的天线,并将其架设在易于接收、干扰少、反射波少的高处。

(1) 引向天线　共用天线电视系统中,一般最常用的是引向天线(又叫八木天线)。它由一个辐射器(即有源振子)、一个反射器和多个无源振子组成,结构如图 8.4 所示。

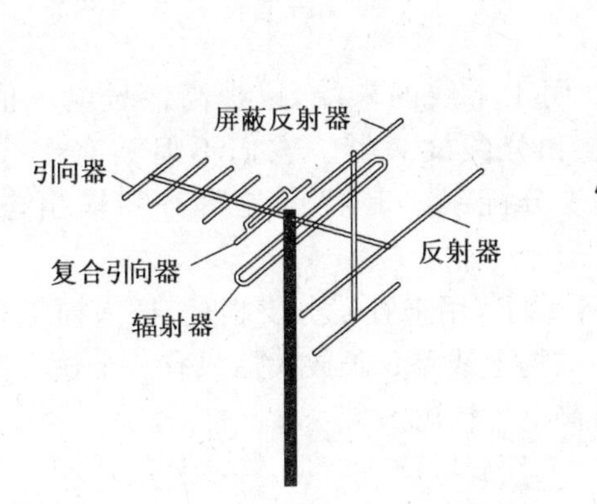

图 8.4 VHF 引向天线结构外形示意图

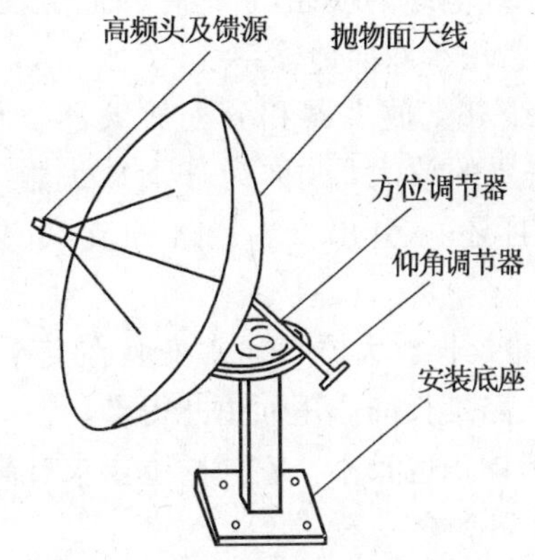

图 8.5 抛物面天线的结构示意图

在有源振子前的若干个无源振子，统称为引向器。引向器越多，则天线增益越高，方向性越强。但其数目也不宜过多，否则会使天线频带变窄，输入阻抗降低。

引向天线有单频道的，也有多频道或全频道的。由于引向天线具有简单轻变、架设容易、方向性好、增益高等优点，因此得到广泛的应用。

(2) 抛物面天线　抛物面天线是卫星电视广播地面站使用的设备，现在也有一些家庭使用小型抛物面天线。它一般由反射面、背架及馈源与支撑件三部分组成，其结构如图 8.5 所示。卫星电视广播地面站用的天线反射面板一般分为两种形式，一是板状，另一种是网状面板，对于 C 频段电视接收两种形式都可满足要求。相同口径的抛物面天线，板状要比网状接收效果好。网状防风能力强。

天线一般架设在建筑物最高部位，尽可能与建筑物保持 6 m 以上的距离，还要避开电磁干扰考虑防雷安全(通常做法是天线架竖杆顶部设避雷针，其引下线引至天线架基座底部与接地装置做良好的连接)。

2. 放大器

将输入的微弱信号放大从而得到较强的信号输出，这种设备称为信号放大器，一般简称为放大器。在 CATV 系统中有天线放大器、干线放大器、分支放大器和分配放大器、线路延长放大器等，其工作原理基本相似，只是根据设置场合要求其构造和技术指标有所差异。

(1) 天线放大器　直接与天线相连的放大器称天线放大器。天线放大器的主要功能是放大弱场强区的接收信号。在电视场强较高的地区，可将天线输出信号直接送至信号分配网络，因为天线输出的信号足够推动若干台电视机；而在场强较弱的地区，因天线输出的信号功率不够，不能同时间向大量电视机提供足够的信号电平，所以应安装天线放大器。

常用的天线放大器有两种：一种是单频道天线放大器，只对某一频道的电视信号进行放大，其带宽与射频电视信号相同为 8 MHz；另一种是分波段的宽带天线放大器，如 VHF Ⅰ波段(1～5 频道)、VHFⅢ波段(6～12 频道)、UHF 波段(13～50 频道)。一般可根据实际需要配合使用。

天线放大器一般采用密封结构，并有电源设备，它安装在屋顶天线竖杆上，用传入信号的电缆馈电。

(2) 干线放大器　用于传输干线上的放大器称干线放大器。干线放大器是安装在干线上，以补偿干线电缆的损耗，它具有一个输入和输出。干线放大器一般带有ALC(自动电平控制)电路，常用于双向传输系统。

(3) 干线分支放大器和分配放大器　用于干线的末端，以提高信号电平值满足分配和分支需要的放大器，称为分支放大器和分配放大器。它们不但具有干线放大器的功能，而且还可引出2～4路分支线或分配线。其特点是增益和输出电平值均较高。

(4) 线路延长放大器　通常安装在支干线上，用来补偿分支损耗、插入损耗和电缆损耗，因起到线路延长的作用而由此得名。在结构上线路延长放大器只有一个输入端和一个输出端，外形体积也较小。它同样也要求有高电平输出。

3. 混合器和分波器

混合器是将所接收的两个或多路信号混合在一起，合成一路输送出去，而彼此又不互相干扰的一种设备。混合器在CATV系统的前端能将多路电视信号(无线电视接收信号、卫星电视信号、调频广播信号、放像设备信号等)混合成一路射频输出，共用一根同轴电缆进行传输；将一个输入端(覆盖某个频段)上的信号分离成两路或多路输出，每路输出都覆盖着该频段某一部分的装置，称为分波器，也称频段分离器。它在电路结构上，相当于分配器或定向耦合器的反向使用。

4. 分配器

将一路高频信号的电平能量平均地分成两路或两路以上的输出装置，称为分配器。分配器的作用是将输入信号均等地分配到各路输出线路中，且各路输出线路上的信号互不影响，具有相互隔离的作用。它主要用于线路信号能量的平均分配，可用于前端系统和分配系统。分配器的输出端不能开路或短路，否则会造成输入端严重的不匹配。常见的有二分配器、三分配器、四分配器和六分配器。

5. 分支器

分支器是从干线(或支干线)上取出一小部分信号馈送到各用户终端，而大部分信号仍传送给干线的器件。目前，我国生产的分支器有一分支(串接单元)、二分支和四分支等规格。

6. 同轴电缆和光缆

在分配网络中各元件之间均用馈线连接。现在馈线一般采用同轴电缆，它是信号传输的通路，分为主干线、干线、分支线等。同轴电缆是由同轴的内外两个导体组成(图8.6)，内导体是单股实心导线作芯线，外导体为金属编织网作屏蔽网，外包塑料套、保护层，电视信号在内外导体之间的绝缘介质中传输。在共用天线电视系统中均使用特性阻抗为75 Ω的同轴电缆。

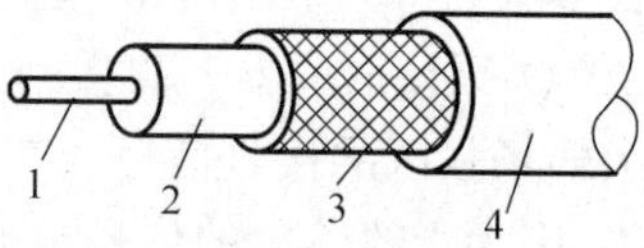

1　2　3　4

图8.6　同轴电缆

1—导体；2—绝缘介质；3—织网；4—保护层

同轴电缆不能与有强电流的线路并行敷设，也不能靠近低频信号线路，如广播线和载波电话线。

电视电缆在室内可采用明敷或暗敷，新建建筑物内线路应尽量采用暗敷，一般用金属管或塑料管作保护管，在电磁干扰严重的地区，宜选用金属管。线路应尽量短直，减少接头，管长超过25 m时，须加接线盒，电缆的连接应在盒内进行。线路做明敷时，要求管线横平竖直，并采用压线卡固定，一般每米长线路不少于一个卡子。

7. 用户终端盒

用户终端盒又称终端盒、用户盒、用户端插座盒等，如图8.7所示。它是有线电视系统暴露于室内的部件，是系统的终端。电视机从这个插座得到电视信号。

用户接线盒有单孔盒和双孔盒两种形式。单孔盒仅输出电视信号，双孔盒既能输出电视信号又能输出调频广播信号。终端插座盒的外形和安装位置对室内装饰会产生一定的影响，其安装高度一般在室内地面以上0.3 m。

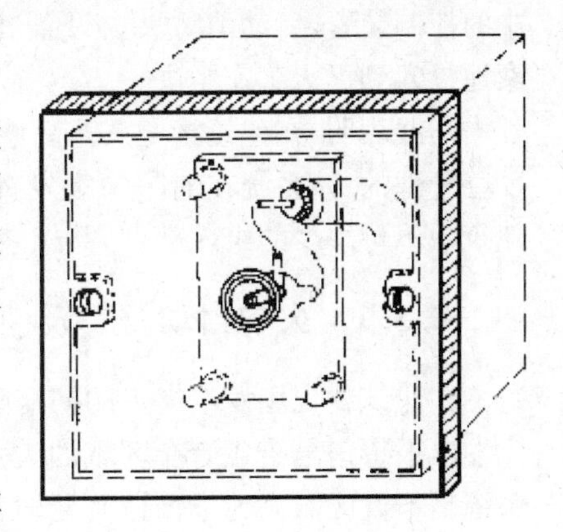

图8.7　用户终端盒

8.2.3　CATV系统的安装

共用天线电视系统工程全套设备的安装与技术要求，在《建筑电气安装工程图集》中已作详尽的说明，这里不再赘述。但有几点，在此再作简要说明。

(1) 线路应尽量短直，安全稳定，便于施工及维护。前端设备箱一般安装在顶层，尽量靠近天线，与其距离不应超过15 m。

(2) 电缆管道敷设应避开电梯及其他冲击性负荷干扰源，与其保持2 m以上距离；与一般电源线(照明线)在钢管敷设时，间距也应不小于0.5 m。

(3) 系统中应尽量减少配管弯曲次数，且配管弯曲半径应不小于10倍管径。

(4) 前端设备箱距地1.8 m，预埋箱件一般距地0.3 m(或1.8 m)，便于安装、维修。

(5) 配管切口不应损伤电缆，伸入预埋箱体不得大于10 mm。SYV－75－9电缆应选ϕ25 mm管径，SYV－75－5－5－1电缆应选ϕ10 mm管径(或按图纸要求)。

(6) 管长超过25 m时，须加接线盒。电缆连接亦应在盒内处理。

(7) 穿线时可使用滑石粉以免对电缆施加强力操作，造成线缆划伤。

(8) 明线敷设时，对有阳台的建筑，可将分配器、分支器设置在阳台遮雨处。电缆沿外墙敷设，由门窗入户。对于无阳台的建筑，可将分配器、分支器设置在走廊内。明缆敷设可利用塑料涨塞、压线卡子等件，要求走线横平、竖直，每米不得少于一个卡子。

(9) 两建筑物之间架设空中电缆时，应预先拉好钢索绳，然后将电缆挂上去，不宜过紧。架空电缆最好不超过30 m。

(10) 电缆线路可以和通信电缆合杆架设。

8.3　火灾自动报警及消防联动系统

火灾自动报警及消防联动系统就是指在建筑物内或高层建筑中建立的自动监控、自动灭火系统。它是现代消防系统中的一个重要组成部分，是现代电子技术、自动控制技术与计算机技术在消防中应用的产物。

火灾自动报警及消防联动系统用以监视建筑物现场的火情，当存在火患开始冒烟而还未明火之前,或者是已经起火但还未成灾之前发出火情信号(声、光报警等),实现了火灾的早期报警,有利于迅速有效的组织灭火及安全疏散,将火灾可能引起的损失降低到最低限度。火灾自动报警系统在报警的同时,一旦火情得到确认还具有"联动"功能,即通过系统中的控制装置,启动消防灭火设备和防排烟设备,按照预定的要求动作,密切配合,有条不紊地投入到灭火工作中去。

实践表明,在建筑物尤其是高层建筑物中安装有火灾自动报警及消防联动系统并加以妥善管理的,该系统在消防中都发挥了积极的作用。因此,火灾自动报警系统已成为现代建筑中不可缺少的组成部分,并越来越受到人们的重视。

8.3.1 火灾自动报警及消防联动系统的工作流程及原理

在建筑物现场发生火灾的初期阶段,现场采集到的温度、烟、光等信息使火灾探测器首先发出报警信号给各所在区域的火灾报警控制装置,再传至消防控制中心的系统主机(当系统是不设区域自动报警控制器时,将直接发信号给系统主机);或当有人员发现后,用手动火灾报警按钮、消防专用电话报警给系统主机。系统主机收到报警信号后,首先迅速进行火情确认,即将火灾探测器提供的现场信号送到系统主机给定端——火灾报警控制器,火灾报警控制器将上述信息与现场正常状态(无火灾)时的烟雾浓度、温度(或温度上升速率)及火光照度等参数的规定(标定)值即系统给定值作比较、分析、判断,只有确认是火灾时,火灾报警控制器才发出系统控制信号。

(1) 启动火灾警报装置的信号　如及时开启着火层及上下关联层的疏散警铃、广播通知人员尽快疏散。

(2) 启动减灾设备的信号　如打开着火层及上下关联层电梯前室、楼梯前室的正压送风机及走道内的排烟系统。在开启防排烟系统的同时,停止空调机、抽风机、送风机的运行,关闭电动防火门及防火卷帘门等。

(3) 启动灭火设备的信号　如启动消防泵、喷淋泵等运行。

与此同时还有诸如开启紧急诱导照明灯,迫降电梯回底层,普通电梯停止运行,消防电梯投入紧急运行,应急电源开启等以实现快速、准确灭火的最终目的。在上述过程中火灾自动报警系统主机对各过程报警、消防进程都将有明确监控,如图 8.8 所示。

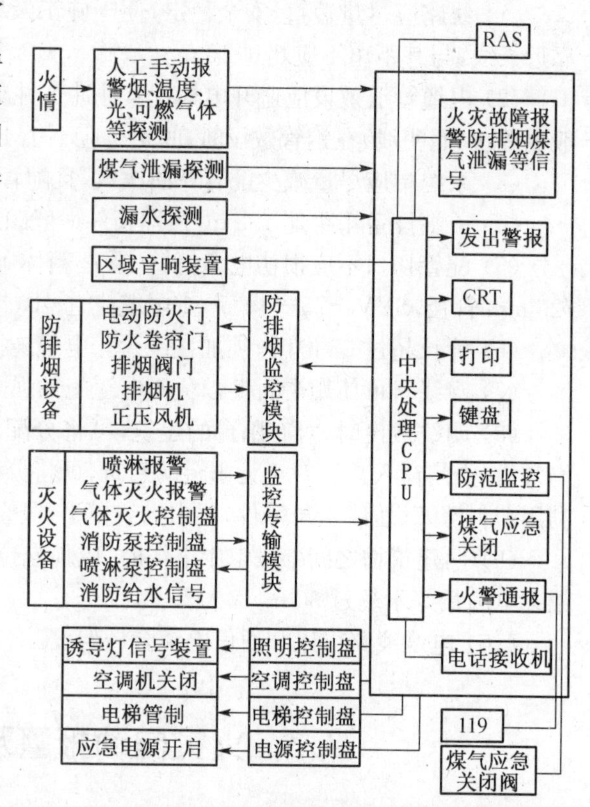

图 8.8　火灾自动报警系统工作流程及原理图

8.3.2　火灾自动报警及消防联动系统的组成

火灾自动报警及消防联动系统主要由火灾报警控制装置、灭火设备、减灾设备等组成，如图8.9所示。其中火灾报警控制装置主要由火灾探测器和火灾报警控制器组成。

1. 火灾探测器

火灾探测器是组成各种火灾报警及消防联动系统最基本和最核心的器件，是系统的感应部件。它能连续地监视和探测现场火灾的初期信号(烟、光、温度)并将之转换成电信号，送到火灾报警控制器，完成信号的检测与传递。

(1) 分类　火灾现场的情况千差万别，为了及时识别各种火灾情况，就需要有各种对应的火灾探测器，最早感受火灾信号，这是把火灾扑灭在初起阶段，防患于未然的前提。火灾探测器按其被探测的烟雾、高温、火光及可燃性气体等四种火灾参数，可分为四种基本类型，分别是感烟式探测器、感温式探测器、感光式探测器和可燃气体探测器。

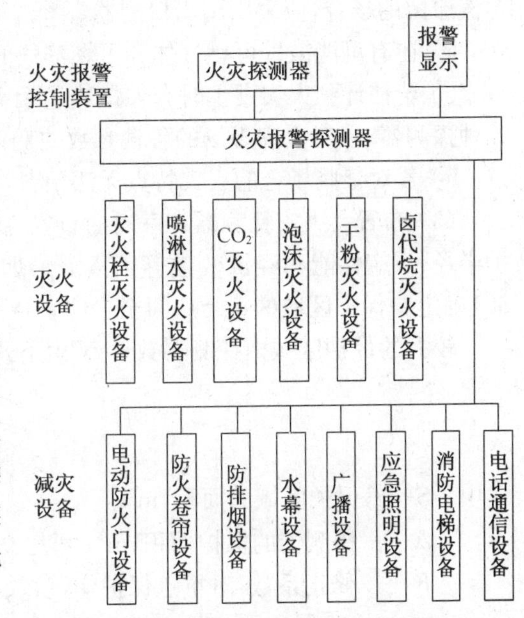

图8.9　火灾自动报警系统的组成示意图

① 感烟式探测器：烟雾是火灾的早期现象，利用感烟探测器就可以最早感受火灾信号，并进行火灾预报警或火灾报警，从而可以把火灾扑灭在初起阶段。感烟探测器常见的有三种类型：离子感烟探测器、光电感烟探测器和激光感烟探测器。

② 感温式探测器：火灾初起阶段，除了有大量烟雾产生以外，周围环境的温度也急剧上升。所以，用对热敏感的元件来探测火灾的发生也是一种有效的手段。特别是在那些无法使用感烟探测器的经常存在大量粉尘、烟雾、水蒸气的场所，用感温探测器是较佳的选择。

③ 感光式探测器：感光式探测器亦称为光辐射探测器，它能对火灾初起时产生的光信息进行有效捕捉以实现早期报警的功效。其种类主要有红外感光探测器和紫外感光探测器。它们分别是利用红外线探测元件和紫外线探测元件，接收火焰自身发出的红外辐射线和紫外辐射线，并使之转换成相应电信号来进行报警的。

④ 可燃气体探测器：严格来讲，可燃气体探测器并不是火灾探测器，它既不探测烟雾、温度，也不探测火光这些火灾信息，它是装设在存在可燃气体泄漏而又可能导致燃烧和爆炸的场所，专门用来探测可燃气体浓度的。一旦可燃气体外泄且达到一定浓度时，能及时给出报警信号，可以避免高浓度可燃气体遇明火发生燃烧和爆炸的可能，从而提高系统监控的可靠性。所以，它是在消防(火灾)自动监控系统中帮助提高监测精确性和可靠性的一种探测器。在石油工业、化学工业等的一些生产车间，以及油库、油轮等布满管道、接头和阀门的场所，应装设可燃气体探测器。

(2) 选择　为了正确及时地判断火灾的发生，确保整个灭火工作的顺利开展，就必须正确地选择火灾报警探测器。一般来说：

① 感烟探测器适合于火灾初期有大量烟雾产生而热量和火焰辐射很少的场合。

② 感光探测器实用于火灾发展迅速，且有强烈的火焰辐射和少量的烟、热的场合。

③ 在如厨房、锅炉房、发电机房、吸烟室等处，可能发生无烟火灾或正常情况下有烟和蒸汽滞留的场合，应采用感温探测器。

④ 在有可能散发可燃气体和可燃蒸气的易燃易爆场合，应采用可燃气体探测器。

⑤ 若估计到火灾发生时有大量热量烟雾和火焰辐射，则应同时采用感温、感烟和感光几种探测器，以对火灾现场的各种参数的变化作出快速反应。

⑥ 若对某些场合的火灾特点无法预料，应进行模拟试验，根据试验结果进行选择。

(3) 布置　火灾探测器在室内的布置应考虑建筑物的消防要求、探测器的保护面积、保护半径、系统性能和经济效益等因素。感烟和感温探测器的保护面积和保护半径应按表8.1确定。保护区域的每个房间至少应安装一只探测器。

较大的保护区域内探测器数量 N 由下式计算

$$N \geqslant \frac{S}{K \cdot A} \tag{8.1}$$

式中　S——保护区域的面积，m^2；

A——探测器的保护面积，m^2，由表 8.1 查得；

K——修正系数，对重点保护建筑，取 0.7～0.9，非重点保护建筑取 1.0。

表 8.1　感烟、感温探测器的保护面积 A 和保护半径 R

探测器类型	地面面积 $S(m^2)$	房间高度 $h(m)$	屋顶坡度					
			≤15°		15°～30°		≥30°	
			$A(m^2)$	$R(m)$	$A(m^2)$	$R(m)$	$A(m^2)$	$R(m)$
感烟探测器	≤80	≤	80	6.7	80	7.2	80	8.0
	>80	6～12	80	6.7	100	8.0	120	9.9
		≤6	60	5.8	80	7.2	100	9.0
感温探测器	≤30	≤8	30	4.4	30	4.9	30	5.5
	>30	≤8	20	3.6	30	4.9	40	6.3

实际工程中，应按公式(8.1)确定保护区域内至少应安装的探测器数量，进行具体布置，然后按表 8.1 检验每只探测器的保护半径。若保护半径超过规定值，则应进行调整或增加探测器的数量，直至满足要求。此外，在宽度小于 3 m 的内走道顶棚上，感烟探测器间距不应超过 15 m，感温探测器的间距不应超过 10 m。探测器到端墙的距离不应超过探测器布置间距的一半。在空调房间内，为了防止从送风口流出的气流阻碍烟雾扩散到探测器中，规定探测器到空调送风口边的距离应大于 1.5 m。

感光探测器应布置在阳光或灯光不能直射或反射到的地点，且应处在被保护区域的视角范围以内，以免形成“死区”。

可燃气体探测器应布置在可燃气体可能泄漏点的附近或泄漏出的可燃气体易流经或易滞留的场所，探测器的安装高度应根据可燃气体与空气的密度来确定。当可燃气密度大于空气密度时，探测器安装高度一般距地坪 0.3 m 左右；当可燃气体密度小于空气密度时，探测器一般距顶棚 0.3 m，同时距侧壁大于 0.1 m。

2. 火灾报警控制器

火灾报警控制是火灾自动报警系统的核心部分，它是整个火灾自动报警系统的指挥中心，它的先进与完善是现代建筑消防系统高度现代化的重要体现。火灾报警控制器的主要功能有：监视火灾探测器与整个系统的工作状态；接受从各种火灾探测器传来的报警信号；经过逻辑运算确认火灾后发出声、光报警信号；启动灭火联动系统（是指联动执行器如继电器组、电磁阀等与灭火设备的合称）用以驱动各种灭火设备；启动连锁减灾系统（是指连锁控制器与减灾设备的合称），用以驱动各种减灾设备；指示及记忆报警部位、报警时间；为探测器和其他辅助设备提供电源。

火灾报警控制器可分为区域报警控制器和集中报警控制器两种。它们在结构上没有本质区别，只是在功能上分别适应区域工作状态和集中工作状态。区域报警控制器接收火灾探测区域的火灾探测器送来的火警信号，可以说是第一级的监控报警装置。集中报警控制器用作接收各区域报警控制器发送来的火灾报警信号，还可巡回检测与集中报警控制器相连的各区域报警控制器有无火警信号、故障信号，并能显示出火灾区域和部位与故障区域，发出声、光报警信号，是设置在建筑物消防中心（或消防总控制室）内的总监控设备，它的功能比区域报警控制器更全。

火灾报警控制器必须满足火灾自动报警系统的要求，一般情况下火灾探测器和区域报警控制器、区域报警控制器和集中报警控制器要配套使用。区域报警控制器的容量（寻线数）应大于火灾探测器的探测回路数；集中报警控制器的容量（寻线数）应大于区域报警控制器的数量；火灾报警控制器的输出信号回路数应满足消防设备的联动要求等。

3. 灭火设备

灭火系统的灭火方式分为液体灭火和气体灭火两种，常用的是液体灭火方式。无论哪种灭火方式其作用都是当接到火警信号后应立即执行灭火任务。灭火设备受控于联动执行器，而联动执行器又受控于火灾报警控制器。

火灾自动报警系统的灭火设备包括水质灭火器、二氧化碳灭火器及卤代烷灭火器等。

(1) 水质灭火器

① 消火栓：室内消火栓系统是由消防给水、管路及室内消火栓等设备组成的。消火栓主要由水枪、水带及消火栓三部分构成。每个消火栓均相应配有远距离启动、控制消防水泵的按钮及指示灯。消防控制中心控制消防水泵的启、停并显示其按钮的位置及消防水泵的工作状态。

② 自动喷水灭火装置：自动喷水灭火装置是由自动喷头、管路、控制装置及压力水源等组成。它（一般又称水喷淋自动灭火系统）是消防联动监控系统中的重要分支系统。自动喷水灭火装置是利用安装在火灾区域内的闭式喷头里的热敏元件在火灾发生初期，因热气流的作用而脱离喷头本体，使得和配水管网相连的喷头自动喷水灭火的。与喷头喷水灭火的同时，火灾警报装置发出声、光警报，同时显示失火回路及地点；喷淋加压泵或喷淋水泵启动，使管网中供水增压；消防控制中心得到警报后，立即采取相应的消防措施。

③ 水帘与水幕：是灭火的辅助设备，有利于火灾的扑灭与隔离，主要由喷头、管路及控制阀等构成。

(2) 液体灭火器

① 二氧化碳灭火器：主要由贮存二氧化碳的容器(钢瓶)、瓶头阀、管道、喷嘴、操作系统及其附属设备等构成。

② 卤代烷灭火器：它是一种较新型的灭火设备，其结构与二氧化碳灭火器类似。这种灭火设备有很多优点，它是现代高层建筑防火中不可缺少的主要灭火设备。

4. 减灾设备

减灾设备的作用是有效地防止火灾蔓延，便于人员及财物的疏散，尽量减少火灾损失。减灾设备和灭火设备一样受控于联锁控制器，而联锁控制器又受控于火灾报警控制器。

(1) 电动防火门与防火卷帘　电动防火门及防火卷帘是一种防火分隔设施。在发生火灾时可将火势控制在一定的范围内，阻止火势蔓延，以有利于消防扑救，减少火灾损失。无火灾时电动防火门处于开启状态，防火卷帘处于收卷状态；有火灾时则处于关闭状态和降下状态。它们与安全门开启状态正好相反——安全门在无火灾时处于关闭状态，而在有火灾时则处于开启状态。

(2) 防排烟设施　所谓防排烟，就是在着火房间和着火房间所在的防烟区内将火灾产生的烟气加以排出，防止烟气扩散到疏散通道和其他防烟区中去，确保疏散和扑救用的防烟楼梯间、消防电梯内无烟。

防排烟设施是为了在着火时使火灾层人员疏散和灭火救灾的需要，保证火灾层以上各层人们生命安全而设置的。

防排烟设施主要是根据火灾自动报警系统中的防排烟方式选择的。自然排烟、机械排烟和机械加压送风排烟是高层建筑的主要排烟方式。排烟设施通常由排烟风机、风管路、排烟口、防烟垂帘及控制阀等构成。

(3) 火灾事故广播　它负责发出火灾通知、命令，指挥人员灭火和安全疏散。广播系统主要由火灾广播专用扩音机、扬声器及控制开关等构成。

(4) 应急照明灯　应急照明灯包括事故照明灯与疏散照明灯。应急照明灯由消防专用电源供电。事故照明灯主要用于火灾现场的照明，疏散照明灯主要用于疏散方向的照明及出入口的照明。应急照明灯应采用白炽灯等能立即点燃的热辐射电光源。

(5) 消防电梯　消防电梯是发生火灾时的专用电梯。消防电梯受控于消防人员或消防控制中心，实行灭火专用。

8.3.3 火灾自动报警系统的分类

1. 区域报警系统

区域报警系统由区域报警控制器、火灾探测器、手动火灾报警按钮、火灾警报装置等组成。一般适用于二级保护对象，其系统框图如图 8.10 所示。

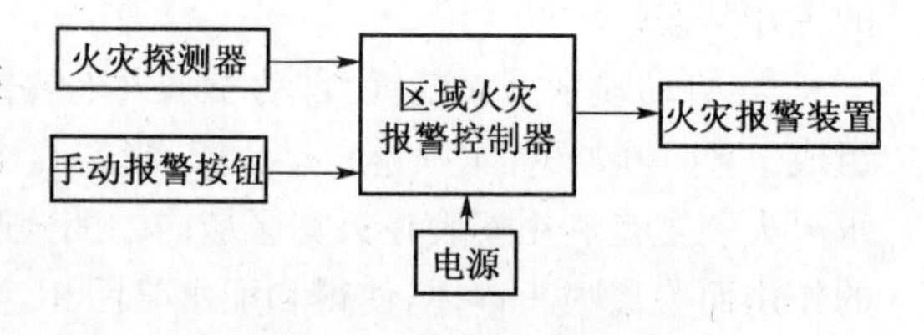

图 8.10　区域报警系统

2. 集中报警系统

集中报警系统由火灾探测器、区域报警控

制器和集中报警控制器等组成。一般适合于一、二级保护对象，其系统框图如图8.11所示。

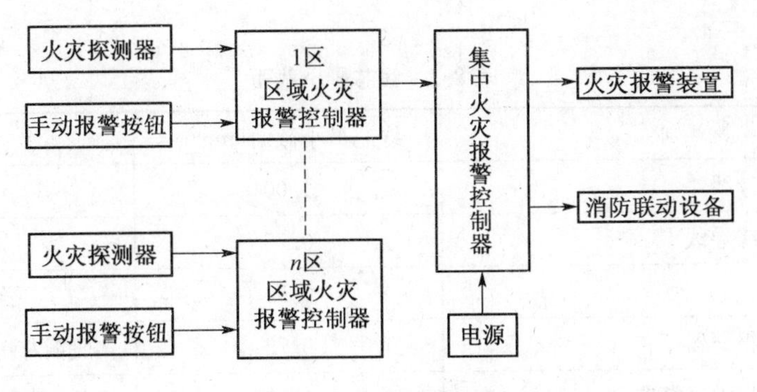

图8.11　集中报警系统

3. 消防控制中心报警系统

消防控制中心报警系统是由设置在消防控制室的消防控制设备、集中报警控制器、区域报警控制器和火灾探测器等组成的火灾报警系统。一般适合于特级、一级保护对象，其系统框图如图8.12所示。

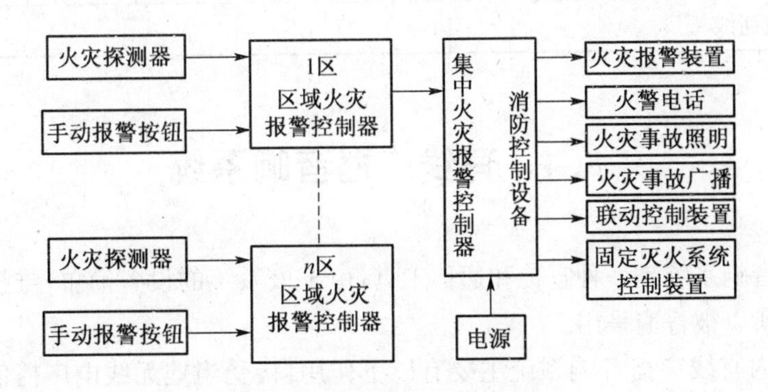

图8.12　消防控制中心报警系统

8.3.4　系统的布线

火灾自动报警系统中的线路包括消防设备的电源线路、控制线路、报警线路和通信线路等。线路的合理选择、布置与敷设是消防系统发挥其应有作用的重要保证。

消防系统内的各种线路均应采用铜芯绝缘导线或电缆，耐压等级不低于500 V。火灾自动报警系统传输线路采用屏蔽电缆时，应采取穿金属管或封闭线槽保护方式布线。消防联动控制、自动灭火控制、通信、应急照明、紧急广播等线路，应采取金属管保护，并宜暗敷在非燃烧体结构内，其保护层厚度不应小于3 cm。

消防设备的电源线路以允许载流量和允许电压损失为主选择导线或电缆的截面。报警线路中的工作电流较小，在满足负载电流的情况下，一般以机械强度要求为主选择导线或电缆截面。其最小截面见表8.2。为便于施工和维护，还应采用不同颜色的导线。

总而言之，火灾自动报警系统是涉及火灾监控各个方面的一个综合性的消防技术体系，也是现代化智能建筑中的一个不可缺少的组成部分。其安装施工是一项专业性很强的工作，施工安装须经过公安消防部门的批准，并由具有许可证的安装单位承担。设计和施工必须严格按照国家有关现行规范执行,以确保系统实现火灾早期报警及各种设备的联动。

表 8.2　线芯最小截面

类　别	线芯最小截面(mm^2)	备　注
穿管敷设的绝缘导线	1.00	—
线槽内敷设的绝缘导线	0.75	—
多芯电缆	0.50	—
由探测器到区域报警器	0.75	多股铜芯耐热线
由区域报警器到集中报警器	1.00	单股铜芯线
水流指示器控制线	1.00	—
湿式报警器及信号阀	1	—
排烟防火电源线	1.5	控制线>1.00 mm^2
电动卷帘门电源线	2.5	控制线>1.50 mm^2
消火栓箱控制按钮线	1.5	—

8.4　有线广播音响系统

有线广播音响系统是一种宣传和通信工具,由于该系统的设备简单,维护使用方便,影响大,易普及,所以被普遍采用。

在建筑物内有线广播音响系统主要有以下作用:接受当地无线电广播信号,改善信号质量并将信号功率放大;自办广播节目和背景音乐节目;火灾事故广播指挥。

8.4.1　系统分类

1. 业务性广播系统

该系统主要用于以业务和行政管理等要求为主的语言广播,如设置于办公楼、商场、教学楼、车站、客运码头等建筑物内的广播系统。该系统一般较简单,在设计和设备选型上没有过高的要求。

2. 服务性广播系统

该系统主要用于欣赏音乐或背景音乐等的播放业务,如大型公共活动场所和宾馆饭店内的广播系统。

3. 火灾事故广播系统

该系统主要用于火灾事故处理和人员疏散的广播指挥。对具有综合防火要求的建筑物,特别是高层建筑,应设置紧急广播系统,用于火灾时或其他紧急情况下,指挥扑救并组织引导人员疏散。该系统对运行的可靠性有很高的要求,应保证在发生紧急情况时仍然能正常工作足够长时间。

一般情况下，建筑物内的一个广播系统常常兼有几个方面的功能，如对于既有业务广播(或服务性广播)要求，又有火灾事故广播要求的建筑物，通常只采用一套广播系统，平时作为业务广播(或服务性广播)，火灾或其他紧急情况下转换成火灾事故广播；而对于只要求业务广播或服务性广播的建筑物，往往也只设一套广播系统，随时按需所用。

8.4.2 系统设备

有线广播系统中的设备主要有信号源、综合控制台、音响主机(功率放大器)、端子箱、控制器、扬声器及广播线路等。

1. 信号源

信号源是将音频信号输入到有线广播音响系统中的设备。通常包括有无线电广播接收天线、传声器(话筒)、电唱机、激光唱机(CD)、收录机和电子音响设备等。如传声器俗称话筒，亦称麦克风。它是将声音信号转换为相应的电信号并输入到有线广播音响系统中的设备。最常用的是动圈式传声器和电容式传声器，前者耐用且便宜，后者性能优良但价高。

2. 综合控制台

综合控制台除了对音频信号的电平、输入和输出以及转换等进行控制，还对音频信号进行前置放大。

3. 音响主机(功率放大器)

音响主机主要由机架和功率放大器组成，有时也俗称扩音机或功率放大器，它是扩音系统的主机，是广播系统的重要设备之一。功率放大器负责整个广播音响线路所连接的扬声器的输入功率的放大，其总功率应大于各扬声器功率的总和。

功率放大器的输出有定阻输出和定压输出两种。在定压输出方式中，负荷在一定范围内变化时，其输出电压能保持一定值，可使扩音系统获得较好的音质。定压输出的扩音机普遍应用于建筑物内的有线广播系统。

4. 端子箱

端子箱主要是音响设备和音频传输线路的连接器件。

5. 控制器

控制器是调节扬声器音量高低或信号通断的旋钮，一般安装在系统终端的扬声器处。

6. 扬声器

扬声器是有线广播音响系统的终端设备，可将音频信号还原成声波信号，一般装设在专用的音箱内。

7. 声柱

声柱是多只扬声器经排列组合连接而成的。一般来说，组成声柱的扬声器的数量越多，主轴上的灵敏度就越高，声辐射的距离就越远。因此，利用声柱合理控制声柱的悬挂高度和俯角，可以使得声场比较均匀清晰。

8.4.3 广播音响系统安装

1. 广播线的选择与敷设

室内广播线一般采用铜芯双股塑料绝缘导线，导线应穿钢管沿墙、地坪或吊顶暗敷，钢管的预埋和穿线方法与强电线路相同。

2. 综合控制台、音响主机的安装

综合控制台、音响主机一般为落地式安装,安装时应与室内设备布置、地板铺设及广播线路敷设相配合。

3. 扬声器的安装

扬声器分为电动式、静电式和电磁式等若干种,其中电动式扬声器应用最广。

选择扬声器时应考虑其灵敏度、频率响应范围、指向性和功率等因素。一般 1～2 W 电动式纸盆扬声器装设在办公室、生活间、客房等场所,可在墙、柱等 2.5 m 处明装也可嵌入吊顶内暗装;3～5 W 的纸盆扬声器则用于走廊、门厅及商场、餐厅处的背景音乐或业务广播,安装间距为层高的 2～2.5 倍,当层高大于 4 m 时,也可采用小型声柱;室外安装高度一般为 4～5 m。安装位置应考虑音响效果,纸盆扬声器在墙壁内暗装时,预留孔位置应准确,大小适中。助声箱随扬声器一起安装在预留孔中,应与墙面平齐;挂式扬声器采用塑料胀钉和木螺丝直接固定在墙壁上,应平正、牢固。在建筑物吊顶上安装,应将助声箱固定在龙骨上。

4. 声柱

声柱只能竖直安装,不能横放安装。安装时应先根据声柱安装方向、倾斜度制作支架,依据施工图纸预埋固定支架,再将声柱用螺栓固定在支架上,应保证固定牢固、角度方位正确。

8.5 综合布线系统

建筑物综合布线系统(PDS)又称为开放式布线系统,它是建筑物或建筑群内部之间的传输网络。它将建筑物内部的语音交换设备、智能数据处理设备及其他数据通信设施相互连接起来,并采用必要的设备与建筑物外部数据网络或电话线路相连接。

综合布线系统采用了一系列高质量的标准材料,以模块化的组合方式把语音、数据、图像和部分控制信号系统用统一的传输媒介进行综合,非常方便地在智能建筑中组成一套标准、灵活、开放的布线系统。它的出现打破了数据传输和语音传输之间的界限,使不同的信号在同一条线路上传输,为综合业务数据网络(ISDN)的实施提供了传输保证。

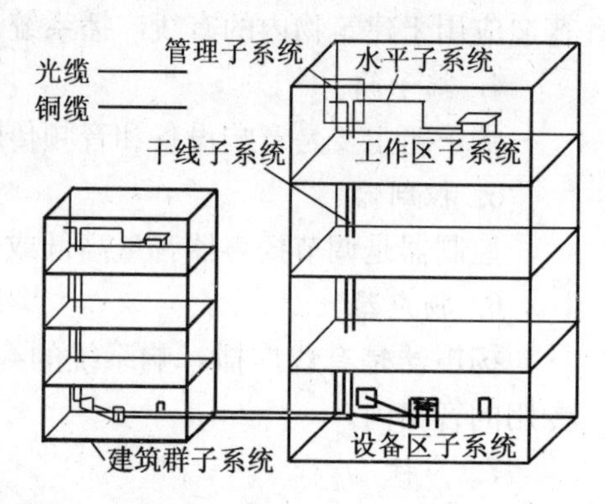

图 8.13 综合布线系统示意图

综合布线系统一般由下列六个独立的子系统所组成,如图 8.13 所示。

1. 工作区子系统

工作区子系统是由工作区内的终端设备连接到信息插座的连接线缆(3 m 左右)所组成。它包括带有多芯插头的连接线缆和适配器,起到使工作区内的终端设备与信息插座插孔之间的连接匹配作用。用户可使用的设备包括电话、数据终端、计算机设备以及控制器、传感器、可视设备等弱电通信设备。

2. 水平布线子系统

水平布线子系统是指由每一个工作区子系统的信息插座开始，经水平布置一直到管理区的内侧配线架的线缆所组成。水平子系统一般布置在同层楼上，其线缆均沿大楼的地面或吊平顶中布线，一端接在信息插座上，另一端接在楼层配线间的跳线架上。它的功能在于将干线子系统线路延伸到用户工作区。

3. 管理子系统

管理子系统是结构化综合布线系统中用于实现不同功能的重要组成部分，它在不同的通信系统之间建立起可以灵活管理的"桥梁"。管理子系统中包括双绞线跳线架和跳线，在有光纤的布线系统中，还应有光纤跳线架和光纤跳线。这样，当终端设备位置或局域网的结构变化时，往往只需改变跳线方式，而无需重新布线即能满足用户的需要。

4. 干线子系统

干线子系统由建筑物内所有的(垂直)干线多对数线缆所组成，一般是大对数的电缆馈线或光缆，两端分别端接在设备间和管理间的跳线架上。

5. 设备间子系统

设备间子系统是由设备间内的线缆、连接跳线架及有关支撑硬件、防雷保护装置等组成。它把公共系统中的不同设备连接在一起。通常将计算机房、交换机房等设备间设计在同一楼层中，这样既便于管理，又节省投资。对于结构化综合布线系统而言，设备间子系统与管理子系统的功能十分相似。

6. 建筑群子系统

建筑群子系统(或建筑群接入子系统)是将多个建筑物的数据通信信号连成一体的布线系统，它包括各种线缆、连接硬件、保护设备和其他将建筑物之间的线缆与建筑物内的布线系统相连接所需要的各种设备。

综合布线系统是能够满足建筑物内部及建筑物之间的所有计算机、通信设备以及楼宇自动化系统设备的工作需求的网络系统。目前，国内已建成的综合布线系统中，绝大多数是国外的通信与网络公司的产品。这些产品共同的特点是，可将各种语音、数据、视频图像以及楼宇自动化系统中的各类控制信号在同一个系统布线中传输，在室内各处设置标准的信息插座，由用户根据需要采用不同的跳线方式选用。

综合布线系统与传统的布线方式相比较有很多优越性：其系统为开放式的结构体系，符合目前通行的多种标准，能兼容国际上许多厂家的计算机和通信设备；当室内使用的设备因房间使用功能的变化而需要更换时，只需在管理间或设备间的跳线架上做相应的跳线操作，即可将所需设备接入使用，而无需重新布线，因而不会破坏室内原有的装饰效果和建筑物的结构，具有传统的布线方式所不具备的灵活性；布线系统中，除去敷设在建筑物内的铜芯线和光缆外，其余所有的接插件都是积木似的标准件，以方便维修人员的管理和使用，从而具有模块化的特性；其技术的先进性和性能价格比也是传统的布线系统所无可比拟的。根据国际通信技术的发展和我国的情况，目前设计安装的综合布线系统，足以保证今后10～15年时间内的技术先进性，因而具有很好的投资保护性和经济效益，成为建筑物用户的一种技术储备。

复习思考题

1. 弱电系统主要包括哪几个部分?

2. 室内电话系统可采用哪些配线方式?

3. 采用有线方式传输电视信号有哪些优点?

4. 有线广播音响系统主要有哪些功能?

5. 火灾自动报警系统的组成、分类及工作原理各是什么?

6. 火灾探测器一般可分为哪几类? 分别适用于什么场合? 应如何选择和布置火灾探测器?

7. 综合布线系统的主要功能是什么? 它由哪些子系统组成? 各自的组成和功能又是什么?

参考文献

[1] 汤万龙.建筑设备安装识图与施工工艺.第1版.北京:中国建筑工业出版社,2015

[2] 汤万龙.建筑设备.第二版.北京:化学工业出版社,2014

[3] 强条协调委员会.房屋建筑部分 第二篇 建筑设备.第1版.北京:中国建筑工业出版社,2014

[4] 刘金生.建筑设备.第1版.北京:中国建筑工业出版社,2014

[5] 李界家.建筑设备工程.第1版.北京:中国建筑工业出版社,2013

[6] 王喜红.建筑设备.第1版.北京:化学工业出版社,2013

[7] 李祥平,闫增峰,吴小虎.建筑设备.第2版.北京:中国建筑工业出版社,2013

[8] 艾湘军,刘铁鑫.建筑设备安装与识图.第1版.武汉:武汉大学出版社,2013

[9] 曾澄波.建筑设备.第1版.武汉:武汉理工大学出版社,2013

[10] 韦节廷.建筑设备工程.第4版.武汉:武汉理工大学出版社,2012

[11] 胡红英.建筑设备.第1版.北京:机械工业出版社,2011

[12] 徐欣,孙桂涧.建筑设备.第1版.郑州:黄河水利出版社,2011

[13] 张思忠.建筑设备.第1版.郑州:黄河水利出版社,2011

[14] 郭卫琳,黄奕沄,张宇,等.建筑设备.第1版.北京:机械工业出版社,2010

[15] 李亚峰,邵宗义.建筑设备工程.第1版.北京:机械工业出版社,2009

[16] 余宁.安装工程估价.第1版.北京:中央广播电视大学出版社,2007

[17] 万建武.建筑设备工程.第1版.北京:中国建筑工业出版社,2007

[18] 余宁.通风与空调系统安装.第1版.北京:中国建筑工业出版社,2006

[19] 余宁.建筑设备.第1版.北京:中央广播电视大学出版社,2006

[20] 赵兴忠.建筑设备工程.第1版.北京:科学出版社,2005

[21] 张健.建筑给水排水工程.第1版.北京:中国建筑工业出版社,2000